初めてで 超初心者のための スマホ完全ガイド

CONTENTS

CONTENTS

CONTENTS

WARNING!!

本書掲載の情報は2021年7月27日現在のものであり、各種機能や操作方法、価格や仕様、Webサイトのurlなどは変更される可能性があります。本書の内容はそれぞれ検証した上で掲載していますが、すべての機種、環境での動作を保証するものではありません。以上の内容をあらかじめご了承の上、すべて自己責任でご利用ください。

スマホは、電話持ち歩ける

この本を手にとっていただいた方は、スマホを買ったばかりの方、これからスマホを買おうと思っている方、もしくは、しばらく前にスマホを買ったものの、使いこなせなくて困っている方……さまざまだと思います。

どの方にも共通して関わってくることが、スマホを使うには、新しくいろいろと操作を覚えなければいけませんし、スマホを使うことは「携帯電話を使う」という、従来までの基本的な考え方からいったん離れないと理解できないこともあるかもしれない、ということです。

それというのも、スマホは「スマートフォン」の略称なので、電話ではあるわけですが、どちらかというと機能はパソコンの方に近く、できることはパソコンと同様にものすごく多いのです。

ただ、パソコンのような操作を全部やらなければいけないわけではまったくありません。電話やメールの使い方から始め、それ以降は、ゆっくりとステップアップしていけば大丈夫です。また、メールと電話しか使わない利用法でも特に問題はありません。

というより パソコンです!

スマホを覚えるのに、本など読まずに、すべて自分流でスマホを触って覚えていきたい……という方もいるかもしれません。しかし、現代ではスマホの使用法によっては、一歩間違うと致命的なエラー、または社会的な問題を引き起こす可能性もありますので、最低限の指針となる、本書のようなマニュアルを読みながら進めていくのがベストでしょう。ゆっくりと楽しみながら、スマホの操作を覚えていきましょう。

新しいことを覚えていくのは大変ですが、今までできなかったことができるようになる、それは新鮮な体験です。脳の活性化にもつながるでしょう。

遠方の人とのメールでのやりとり、写真の撮影、スケジュール管理、お金の支払い、友だちとの交流、読書やニュースの閲覧……できることは無限といっていいほどです。ポケットに楽々と入ってしまう、小さなスマホで、これだけのことができてしまうのは本当に驚きです。

iPhone 11 Pro

ホーム画面

ステータスバー

時間やバッテリーの残量、電波の強度などが表示される領域です。

通知センター

ステータスバーの左側を下方向にスワイプすると通知センターを表示できます。さまざまなアプリからの通知を一覧でき、通知をタップするとアプリが起動します。iPhone 8以前の機種でも操作は同様です。

サイレントスイッチ

マナーモードにする際にボタンをスライドさせて利用します。

音量ボタン

上のボタンで音量をアップ、下のボタンで音量をダウンさせます。サイドボタンと組み合わせて使う場合（電源オフ、スクリーンショット撮影など）もあります。

ドックメニュー

ホーム画面下部にある、アプリを固定表示できる部分です。ホーム画面を移動しても、ここの部分のアプリは常時表示されます。アプリを入れ替えることもできます。

ケーブル接続端子

ライトニングケーブルでの充電や、イヤフォンの利用などに使用します。

カメラ

iPhoneの裏面にはカメラのレンズが配置されています。

マルチタスク画面

ホーム画面の下部から上方向にスワイプし、指を離さずにいると表示させることができます。起動しているアプリを一覧でき、アプリの終了、アプリの切り替えができます。iPhone 8以前の機種の場合は、ホームボタンをダブルタップすることで表示できます。

フロントカメラ

Face IDやビデオ通話などに使用するフロントカメラが配置されています（iPhone 8以前の機種にはない場合もあります）。

コントロールセンター

ステータスバーの右上を下方向にスワイプすると表示されます。Wi-Fiや機内モード、画面の明るさや音量などの設定をすばやく行うことができます。iPhone 8以前の機種の場合は、画面下を上方向にスワイプすることで表示できます。

サイドボタン

電源のオン／オフや、画面のスクリーンショットを撮る際などに使います。電源オフからオンにする際はサイドボタンを単独で長押し、電源が入った状態から切る際は、サイドボタンと音量ボタン（+/-のどちらか）を長押しします。iPhone 8以前の機種ならば、電源のオン／オフともにサイドボタンの長押しでOKです。

iPhoneの基本画面と文字入力の方法

文字入力

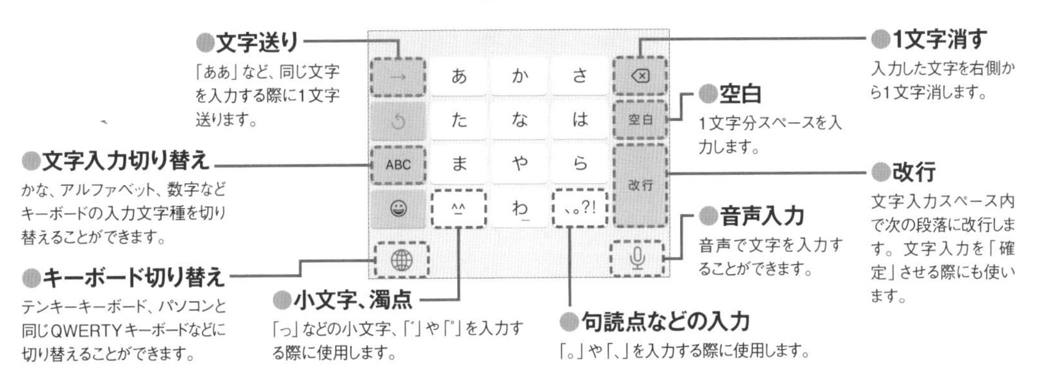

トグル入力 で文字を入力する

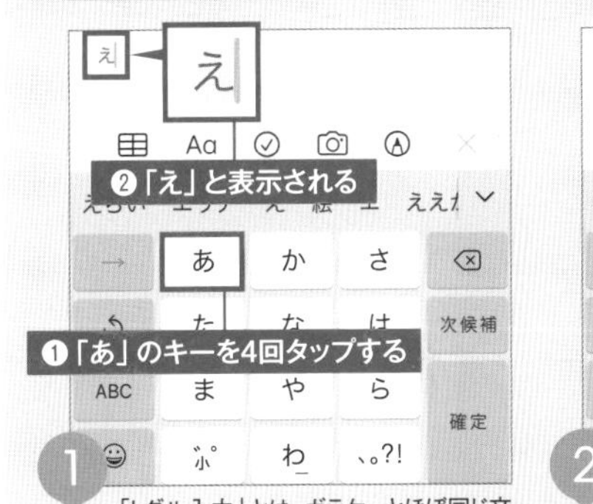

1 「トグル入力」とは、ガラケーとほぼ同じ文字入力方法で、キーを押した数によって文字を選択していく方法です。「え」を入力する場合は、「あ」のキーを4回タップします。

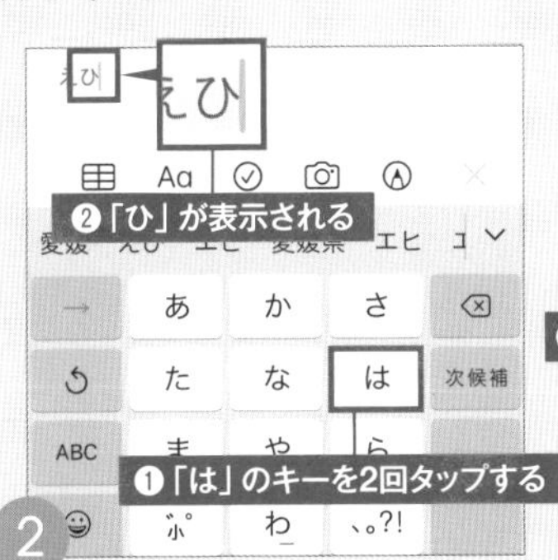

2 同様に「ひ」と入力するには「は」のキーを2回タップします。

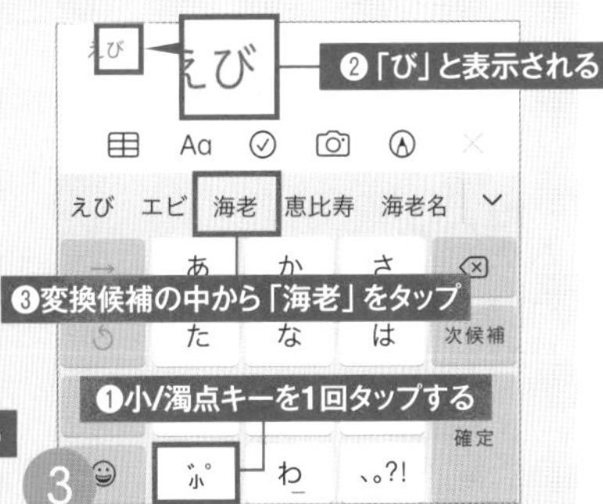

3 「海老」と入力したいので、小/濁点キーを1回タップします。「ひ」が「び」になります。変換候補から「海老」をタップすれば入力が完了です。

フリック入力 で文字を入力する

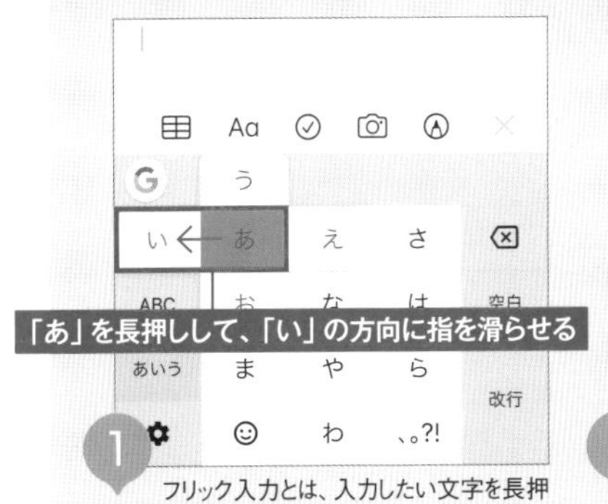

1 フリック入力とは、入力したい文字を長押しして、表示される候補の方向に指を滑らせて入力する方法です。「あ」を長押しして「い」の方向に指を滑らせます。

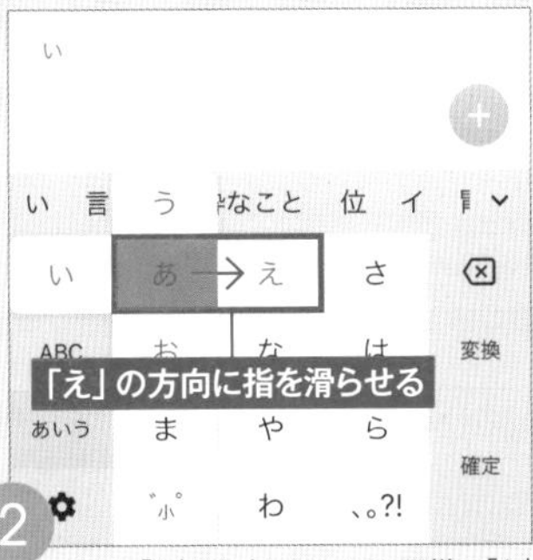

2 次に、「え」と入力したいので、同様に「あ」を長押しして「え」の方向に指を滑らせましょう。

3 「いえ」と表示されました。あとは変換候補から「家」をタップすれば完了です。フリック入力は、慣れてくれば候補を見ずに指の操作だけで入力できるので、高速で入力が可能です。

iPhoneは、アメリカのApple社が作っているスマートフォンです。本体の価格は高めですが、使いやすいOSのせいもあり、日本でもとても人気があります。iPhone X以降の機種と、iPhone 8以前の機種で形が変わっていますが、ホームボタンの操作方法以外には、基本的な操作方法はそれほど違いがありません。本体にはサイドボタン、音量ボタン、サイレントスイッチがあります。

Pixel 3a

ホーム画面

ステータスバー

時間やバッテリーの残量、電波の強度、通知のあるアプリのアイコンなどが表示される領域です。

通知パネル

ステータスバーを下方向に1度スワイプすると、通知パネルを表示できます。通知の内容の確認や、対応アプリを起動することなどが可能です。

クイック設定パネル

通知パネルが表示されている状態で、さらに下方向にスワイプするとクイック設定パネルが表示されます。Wi-FiやBluetooth、機内モードなどの設定をすばやく行えます。

戻るボタン

ひとつ前の画面に戻ります。何回か続けてタップするとホーム画面に戻ります（現在は表示されていません）。

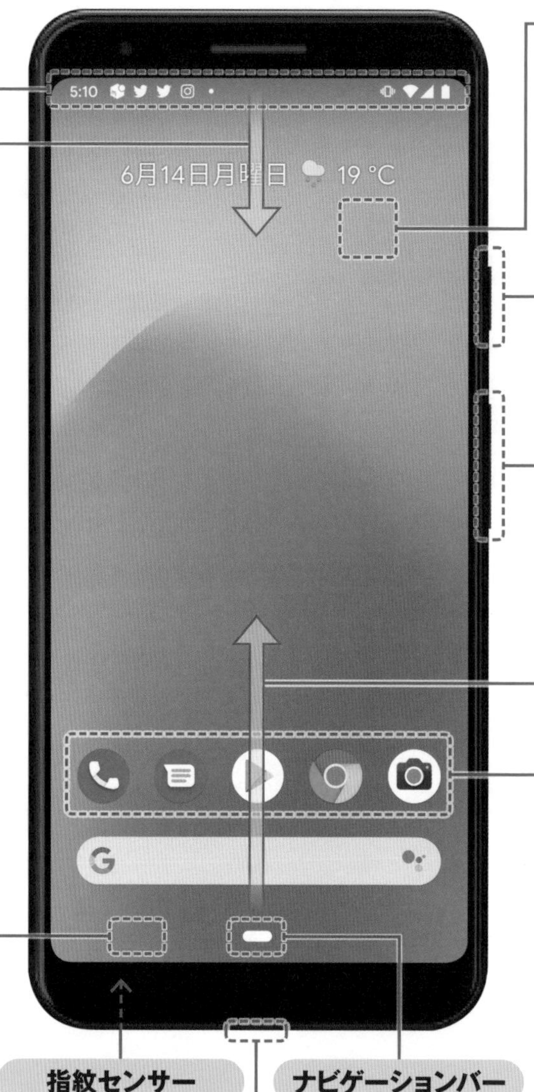

ウィジェット

検索ボックスや天気など、そのほかさまざまなアプリをホーム画面上に「ウィジェット」として配置できます。

電源ボタン

長押しすることで、電源のオン/オフができます。

音量ボタン

上のボタンで音量をアップ、下のボタンで音量をダウンさせます。

マルチタスク画面

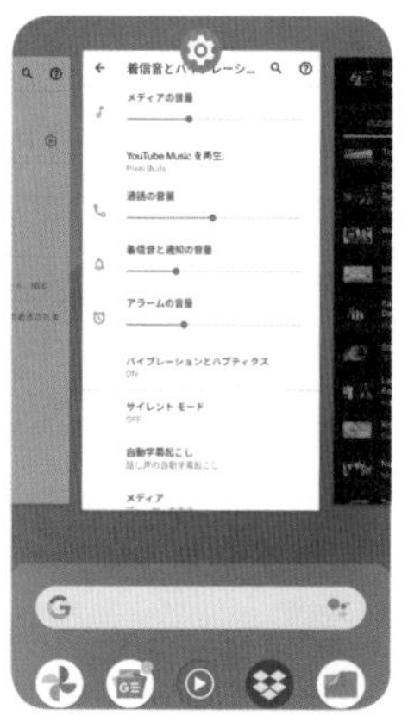

ナビゲーションバーを上方向にスワイプすると、現在起動中のアプリの一覧を表示できます。スワイプしてアプリを切り替えたり、終了させることができます。

指紋センサー

指をあてて、指紋を認証させることでスマホのロック解除ができます。背面にあります。

カメラ

スマホの裏面には、カメラのレンズが配置されています。

ナビゲーションバー

アプリの起動中にタッチするとホーム画面に戻ります。長押しすることでGoogleアシスタントを起動できます。また、上にスワイプすることでマルチタスク画面を表示することができます。

ケーブル接続端子

充電ケーブルや、イヤフォンの接続などに使用します。

ドックメニュー

ホーム画面下部にある、アプリを固定表示できる部分です。ホーム画面を移動しても、ここの部分のアプリは常時表示されます。アプリを入れ替えることもできます。

Androidの基本画面と文字入力の方法

文字入力

※Androidのキーボードは機種によってさまざまな違いがあります。

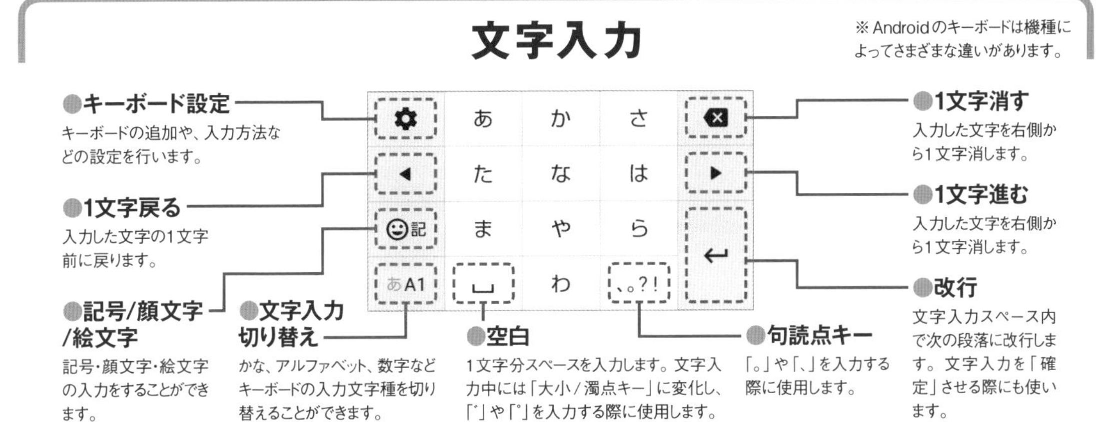

トグル入力で文字を入力する

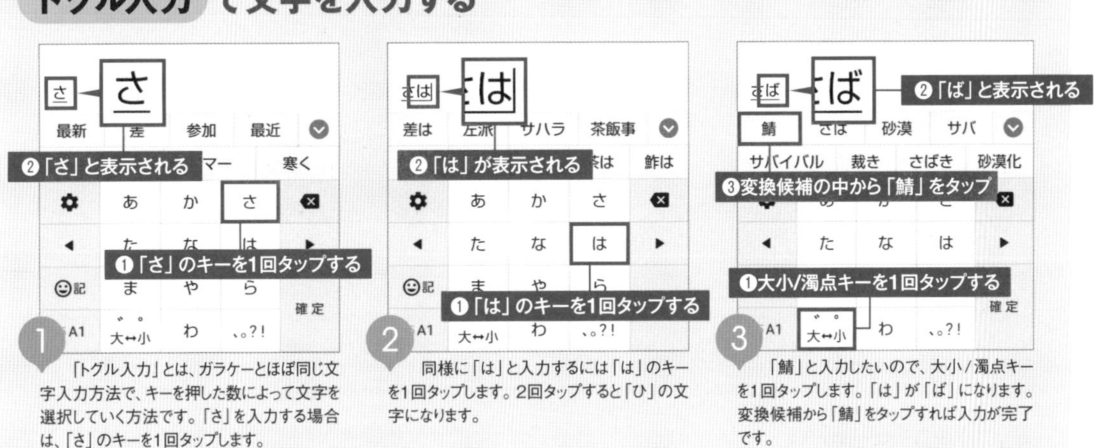

1 「トグル入力」とは、ガラケーとほぼ同じ文字入力方法で、キーを押した数によって文字を選択していく方法です。「さ」を入力する場合は、「さ」のキーを1回タップします。

2 同様に「は」と入力するには「は」のキーを1回タップします。2回タップすると「ひ」の文字になります。

3 「鯖」と入力したいので、大小/濁点キーを1回タップします。「は」が「ば」になります。変換候補から「鯖」をタップすれば入力が完了です。

フリック入力で文字を入力する

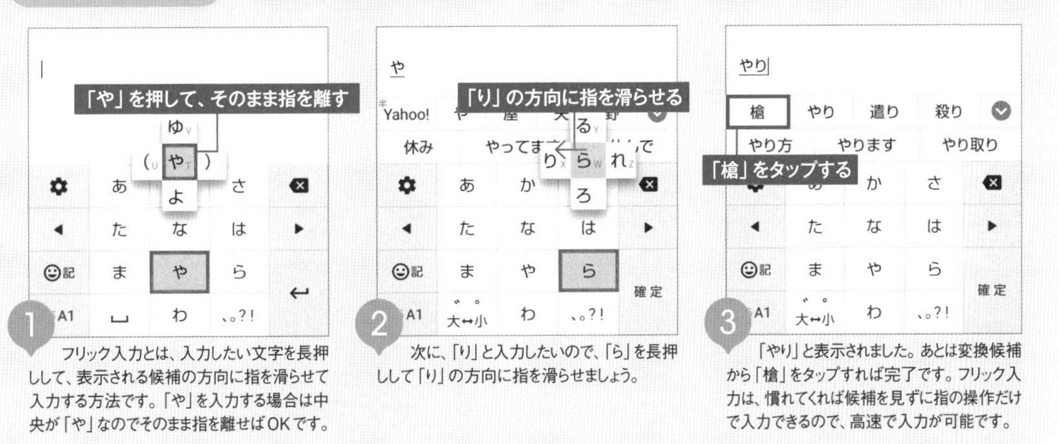

1 フリック入力とは、入力したい文字を長押しして、表示される候補の方向に指を滑らせて入力する方法です。「や」を入力する場合は中央が「や」なのでそのまま指を離せばOKです。

2 次に、「り」と入力したいので、「ら」を長押しして「り」の方向に指を滑らせましょう。

3 「やり」と表示されました。あとは変換候補から「槍」をタップすれば完了です。フリック入力は、慣れてくれば候補を見ずに指の操作だけで入力できるので、高速で入力が可能です。

Androidは、アメリカのGoogle社が開発したAndroid OSで動作するスマートフォンのことです。Google社自体もAndroidスマホを作っていますが、SONYやシャープ、ほか多くの企業から端末が発売されているところがApple社との違いです。本体の価格は高いものも安いものもあり、機能も違いがあります。本体ストレージに加え、外部ストレージとして、SDカードを使うことができます。

すべての操作の基本となる「タップ」

画面を軽く「トン」と叩く

電話のアイコンを人差し指で軽く「トン」と叩いてみましょう。

画面を指1本で「トン」と軽くたたくように触れて、すぐに離す操作です。アプリの起動やウェブサイトでリンクを開くとき、何かを決定する際に使います

電話アプリが起動

電話アプリが起動し、操作ができる状態になりました。

画面を2回続けて軽く叩く「ダブルタップ」

画面を2回続けて軽くタップ

地図や写真などを表示している際に、画面を2回連続で軽く叩いてみましょう。

使用頻度はあまり高くないかもしれませんが、サッと表示を拡大・縮小できる便利なテクニックです。ダブルタップする位置を変更すると拡大する箇所も変わります。

写真が拡大された

写真の一部が拡大されて、細部が見やすくなりました。

スマホの基本操作をしっかり学ぼう!

タッチパネルの操作方法

2本指で、狭める／広げる操作をする「ピンチイン／ピンチアウト」

2本指を狭めると縮小

画面を触れた2本の指（親指と人差し指を使うのが基本）を狭めるとピンチインという操作になり、画面表示を縮小できます。

2本指を広げると拡大

2本の指を逆に広げるとピンチアウトという操作になり、画面表示を拡大できます。

画面を1秒ほど押し続ける「長押し」

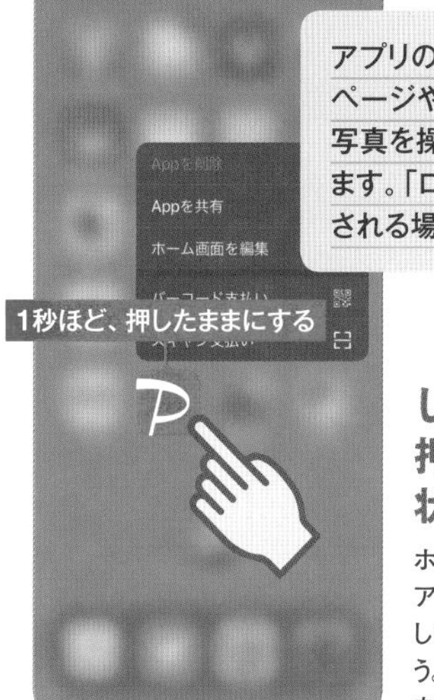

アプリのアイコンや、ウェブページやLINEの画面中の写真を操作する際に使用します。「ロングタップ」と表記される場合もあります。

しっかりと押したままの状態を保つ

ホーム画面のアプリのアイコンを指で長く押したままにしてみましょう。メニューが表示されます。

画面を払うようになぞる「スワイプ」

使用頻度は多く、画面をめくる際や、写真アプリで次の写真を見る際などに使用します。左右だけでなく上下にも使います。特定のものをなぞるわけではなく、画面全体を動かします。

指をサッと払う

写真アプリの画面で、1本の指をつけた状態で、サッと左右に払ってみましょう。この操作がスワイプです。

電源ボタンや音量操作のボタン以外に、ほぼ物理的なボタンがないのがスマホの特徴です。それゆえに操作の大部分はタッチパネルを使うことになります。このページでは一通りタッチパネル操作を解説していますが、すべてをこの場でできなくても、本書の解説でこれらの操作が必要になったときに見返してもらって試してもらえれば、できるようになると思います。

スマホを使う上で これだけは覚えておきたい用語集

アイオーエス（iOS）

➡Apple社のiPhone、iPadに搭載されているOS（基本システム・ソフトウェア）のことです。iPhoneのスマホアプリはこのiOSの上で動いています。

アカウント

➡パソコンやスマホを使う上で必須の「権利」のようなもの、または「会員No.」のようなものです。いろいろなサービスを使うため個人の識別に利用されます。Windowsパソコンなら「Microsoftアカウント」、Androidスマホなら「Googleアカウント」が必要になります。

アンドロイド・オーエス（Android OS）

➡Googleの開発してている、Androidスマートフォンに搭載されているOS（基本システム・ソフトウェア）のことです。AndroidのスマホアプリはこのAndroid OSの上で動いています。

ウェブブラウザ

➡インターネット上にあるウェブサイト（ホームページ）を閲覧するためのアプリです。iPhoneでは「Safari」、Androidでは「Chrome」が基本となりますが、これ以外にも多くのウェブブラウザアプリが存在します。

サインイン

➡アプリやウェブサービスで、アカウントとパスワードを入力し、個人情報を認識させることのことです。「ログイン」「ログオン」と呼ばれることもあります。

ドラッグする

➡アプリのアイコンなどを、指で押したまま上下左右に動かす動作のことをいいます。指を離した位置にアイコンなどが移動します。

シムカード（SIMカード）

➡スマホに挿入する、契約者の情報が記載された小さなICカードのことです。通話が可能な「通話SIM」と、インターネットのデータのやりとりのみに対応した「データSIM」があります。「標準」「ナノ」「マイクロ」とサイズに違いがあり、スマホごとに対応サイズが異なります。

にだんかいにんしょう（2段階認証）

➡一部のウェブサービスで見られる、セキュリティを高めた認証方法です。いくつかのスタイルがありますが、アカウントとパスワードを入れたあとに、時限性の暗証番号を入力する方法などが一般的です。

ブルートゥース（Bluetooth）

➡マウスやキーボード、またはイヤフォンやスピーカーなどの機器をワイヤレスでパソコンやスマホに接続するための統一規格です。

ワイファイ（Wi-Fi）

➡一定の規格によって設けられた無線のネットワークで、これを介してスマホやパソコンをインターネットにつなぐことができます。一般の家庭では、無線LANルーターを設置することでWi-Fiによる接続が可能になります。

初めてでもOK!

超初心者のための スマホ完全ガイド

アカウントの
パスワードは
すごく重要だから
簡単なものにしたら
ダメだよ!

第1章 スマホの基本操作と基本設定

ここでは、電源を入れたり、消したり、といったスマホの本当に基礎的な部分から、画面や音量など環境の設定、アプリのインストールなどを解説します。

ひとまずとても重要なのは、アカウントの登録です。iPhoneなら自分のApple ID、Androidならば自分のGoogleアカウントをスマホに登録しないとスマホを使うことはできません。どちらもアカウントはメールアドレスになっており、そのメールを受信できる必要があることを覚えておきましょう。

スマホが使えるようになり、通信状態などの設定をスムーズに行えるようにできれば、スマホを快適に使用できます。iPhoneならばコントロールセンターを、Androidならばクイック設定パネルで調整できます。

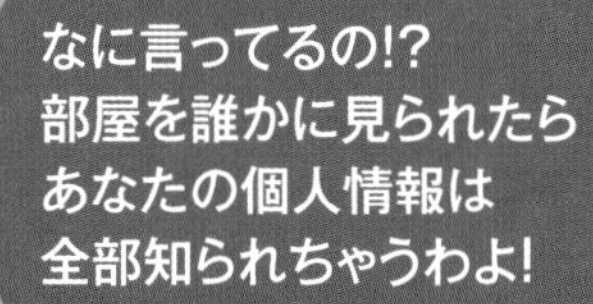

じゃあ、アカウントとパスワードは大きな紙に書いて部屋の壁に貼っておけばいいね!
なに言ってるの!?部屋を誰かに見られたらあなたの個人情報は全部知られちゃうわよ!

重要項目インデックス

スマホの電源を入れてみよう

スマホを使うには電源を入れる必要があります。iPhoneの電源ボタンは端末右上にあります。2〜3秒押し続けましょう。Androidの電源ボタンは端末側面にあります。電源入力がうまくいくとどちらもロゴが表示されます。そのまましばらく待ちましょう。

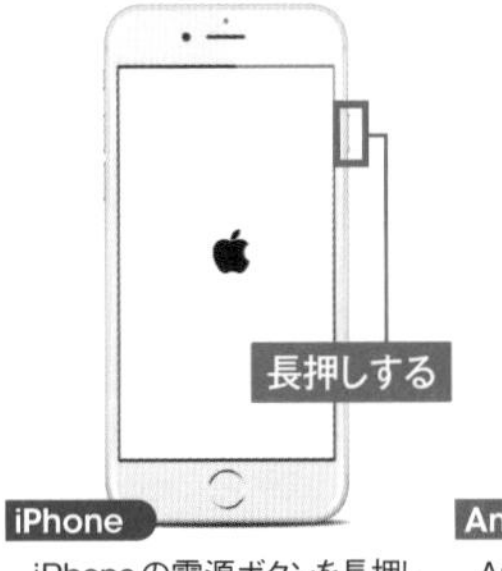

iPhoneの電源ボタンを長押しします。電源が入るとリンゴのロゴが表示されます。

Androidは端末側面に電源ボタンと音量調節ボタンがあるので注意しましょう。

画面にロックがかかっていて開けない

スマホから指を離してしばらくすると自動的にロックがかかり操作ができなくなります。これはスマホの誤動作を防ぐためです。再び利用するにはロックを解除する必要があります。iPhone、Androidともに基本的なロック解除方法は同じです。

iPhoneでは画面下から上へ指をゆっくりなぞりましょう。

Androidも同じく画面下から上へ指をゆっくりなぞりましょう。

画面の文字を大きく、読みやすくする

スマホは画面が小さいこともあり文字が読みづらいことがあります。文字のサイズを**読みやすいサイズに変更**しましょう。スマホの文字のサイズを変更するにはスマホの「設定」画面を開いて進めましょう。

iPhoneの場合はホーム画面にある「設定」アプリを起動し「画面表示と明るさ」を開きましょう。Androidでも同じくアプリ一覧画面から「設定」アプリを起動し「ディスプレイ」を開きます。ここで文字サイズの変更ができます。

1 iPhoneで文字サイズを変更する

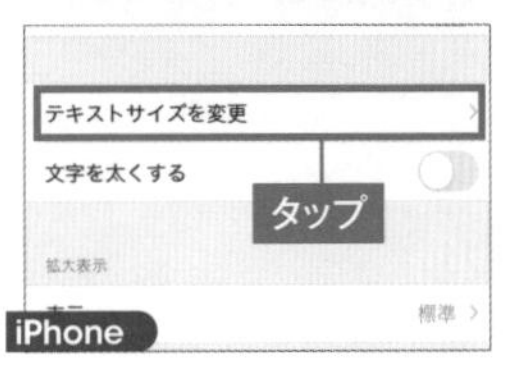

ホーム画面から「設定」アプリをタップして、メニューから「テキストサイズを変更」をタップします。

2 左右にスライダで調節する

画面下部にあるスライダを左右に調節することで文字のサイズを変更できます。

1 Androidで文字サイズを変更する

アプリ一覧画面から「設定」アプリをタップして、メニューから「ディスプレイ」をタップします。

2 左右にスライダで調節する

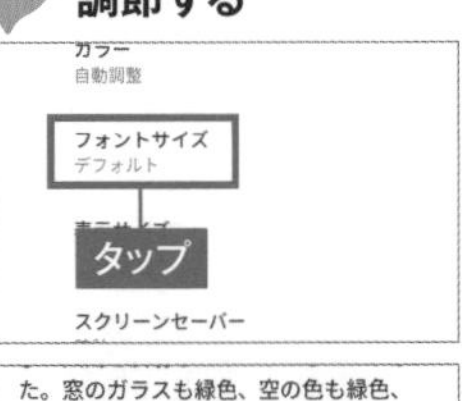

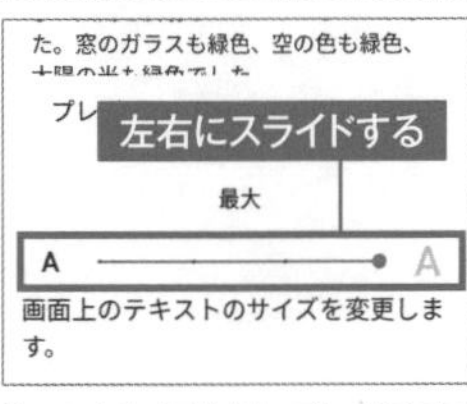

「フォントサイズ」をタップして画面下部にあるスライダを左右に調節しましょう。

スマホにアカウントを登録しよう(iPhone)

iPhoneを操作していると画面にたびたびApple IDの登録や入力を促す画面が現れます。これでは快適に操作ができません。iPhoneユーザーは起動後、Apple IDを取得しましょう。誰でも無料で取得でき、取得後も支払いは発生しません。

Apple IDとは、iPhone端末とユーザーの個人情報を結びつけるための**識別番号のようなもの**です。Apple IDを取得することでApp Storeでアプリをダウンロードしたり、iTunes Storeから曲や映画を購入することができるようになります。

また、Apple IDはFaceTimeでの通話やiMessageなどのコミュニケーションアプリなどで個人の識別番号としても利用されます。

Apple IDを取得しよう

1 「設定」アプリをタップ

iPhone

ホーム画面にある「設定」アプリをタップして「iPhoneにサインイン」をタップします。

2 Apple IDを取得する

Apple IDのサインイン画面が表示されます。「Apple IDをお持ちでないか忘れた場合」をタップします。

3 Apple IDを作成する

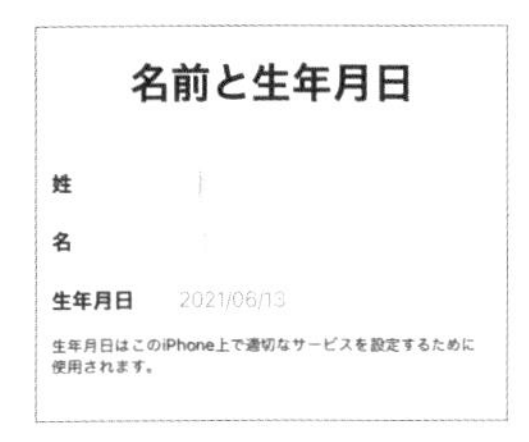

「Apple IDを作成」をタップし、自分の名前と生年月日の情報を入力しましょう。

4 メールアドレスの入力、または作成

Apple IDとして使用したいメールアドレスがない場合は「メールアドレスを持っていない場合」をタップし、「iCloudメールアドレスを入手する」をタップします。

5 メールアドレスの設定

メールアドレスの文字列を設定しましょう。@以下は自動的に「icloud.com」に設定されます。

6 パスワードの設定

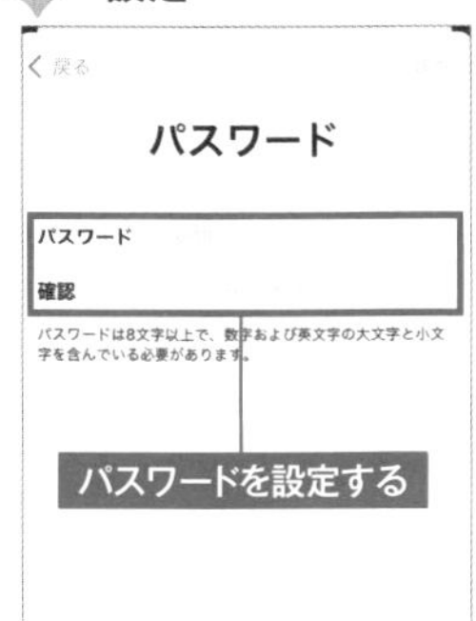

続いてパスワードの設定をします。Apple IDの入力とセットで、ここで設定するパスワードを入力して使います。パスワードは8文字以上で、数字および英文字の大文字と小文字を含む必要があるなど条件が難しいので注意深く設定しましょう。

7 電話番号を設定する

電話番号を設定します。今使っているスマホの電話番号を使うなら「続ける」をタップしましょう。

8 パスコードを設定する

最後に6桁のパスコードを設定します。これはロック画面を解除するときなどに利用する数字で、先に設定したパスワードとは異なるものです。

スマホにアカウントを登録しよう(Android)

Androidを使いこなすにはGoogleアカウントの取得が必須です。Googleアカウントをスマホに登録すると、インストールされているアプリを利用できたり、Playストアからダウンロードしたりできるようになります。

Googleアカウントは Androidの「設定」アプリから登録できます。アカウント追加画面を開くとさまざまなサービスが表示されますが「Google」を選択しましょう。Googleのログイン画面が表示されたら「アカウントを作成」をタップします。

すでにGoogleのメールアドレスを所有している人は、そのメールアドレスを登録すれば完了です。まだ、取得していない人はアカウントを作成しましょう。

Googleのアカウントを作成する

1 設定アプリを開く

アプリ一覧画面から「設定」アプリを開き、メニューから「アカウント」をタップします。。

2 アカウントを追加する

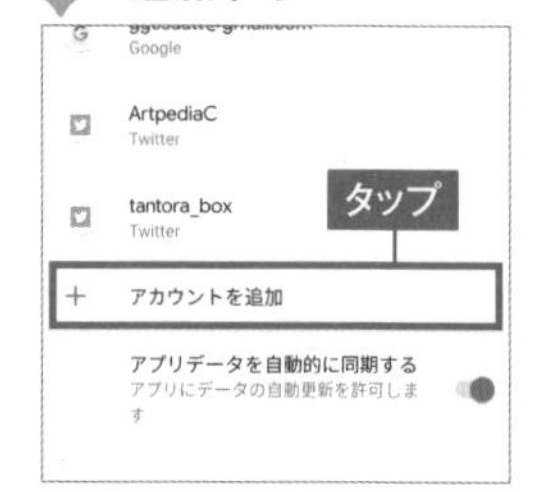

「アカウントを追加」をタップして「Google」をタップします。

3 アカウントを作成する

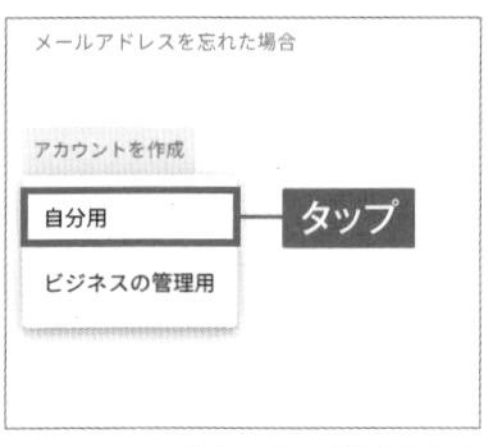

Googleのログイン画面が表示されます。「アカウントを作成」をタップし「自分用」を選択します。

4 基本情報を入力する

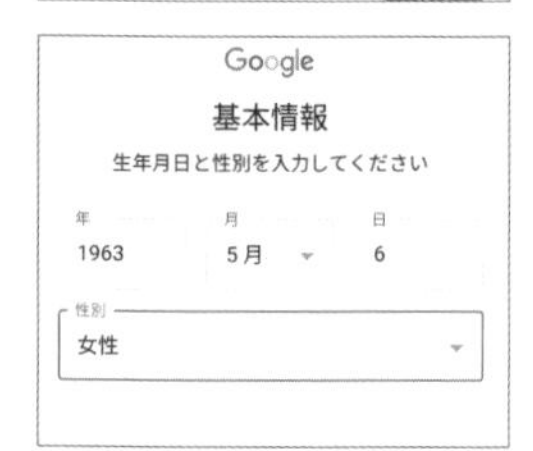

Googleのアカウントに表示する名称や生年月日、性別などを入力しましょう。

5 アカウント名を設定する

アカウント名となるGmailアドレスを設定しましょう。あとで変更できないので慎重に設定しましょう。このアドレスがAndroid端末のアカウントになります。すでにGmailアドレスを持っているなら、それを入力すればOKです。

6 パスワードを設定する

続いてパスワードの設定をします。Googleアカウントの入力とセットで、ここで設定するパスワードを入力して使います。パスワードは半角アルファベット、数字、記号を組み合わせる必要があります。

7 設定を進める

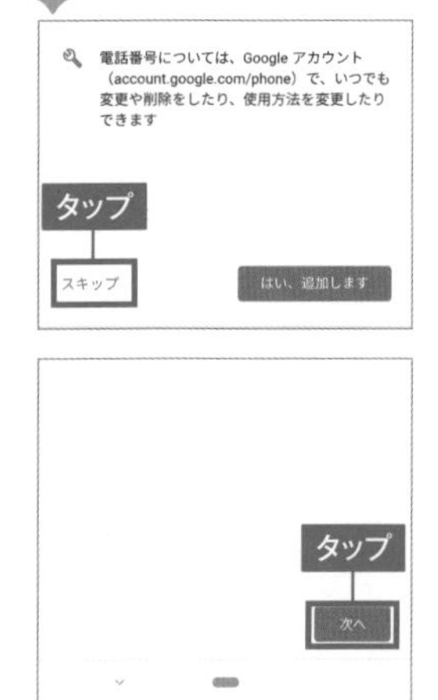

ほかにもさまざまな設定画面が表示されますが、「次へ」や「スキップ」をタップして進めて問題ありません。

8 初期設定の完了

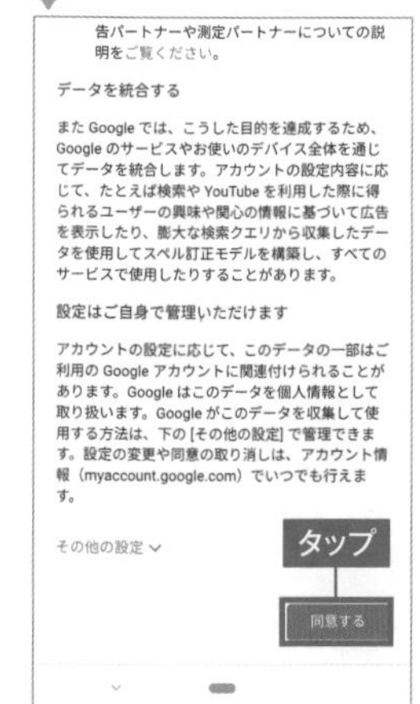

最後に規約画面が表示されます。下にある「同意する」をタップすればアカウントの登録は完了です。

インストールしたアプリはどこにある？

アプリをインストールしたのに該当のアプリアイコンが見つからないときがあります。原因の1つはホーム画面がいっぱいになっているからでしょう。iPhoneの場合は**ホーム画面を左右にスワイプ**してみましょう。次のページにアイコンが追加されている可能性があります。また検索ウインドウにアプリ名を入力して探す方法もあります。

Androidの場合は画面下部から上へスワイプして**アプリ一覧画面を表示**させましょう。ここではAndroidにインストールされているアプリが一覧表示されます。ホーム画面の検索スペースにアプリ名を入力して探すこともできます。

1 ホーム画面を左右にスワイプ

iPhoneでは画面を左右にスワイプするとホーム画面が切り替わります。新しいアプリが次の画面にあることがあります。

2 検索からアプリを探す

画面上を上から下へ軽くスワイプすると検索ボックスが表示されます。アプリ名を入力しましょう。

1 下から上へスワイプする

Androidではアプリ一覧画面を表示させます。画面下部から上へスワイプしましょう。

2 アプリ一覧画面から探す

アプリ一覧画面が表示されます。上下にスクロールして目的のアプリを探しましょう。

身体に悪影響を与えるブルーライトをカットするには？

スマホの画面からはブルーライトという光が発せられており、寝る前に長時間浴びると睡眠の妨げになります。スマホにはブルーライトの悪影響を防ぐための機能がいくつか備わっています。「夜間モード」や「リラックスビュー」などの機能を利用しましょう。

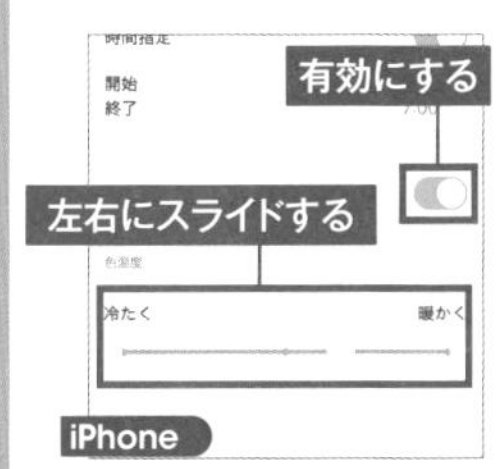

「設定」から「画面表示と明るさ」→「Night Shift」へ進み各スイッチを有効にします。スライドを左右して明るさの調節をします。

「設定」アプリから「ディスプレイ」→「夜間モード」と進みオン・オフボタンを切り替えましょう。

画面がすぐ消えてしまうのを防ぐには？

スマホを一定時間操作しないでいると、自動的に画面がオフになります。再度操作するのに毎回画面をタップしたり、ロックを解除するのが煩わしく感じます。画面が消灯する時間の長さを調整しましょう。「なし」に設定して自動で消灯させないようにすることもできます。

「設定」から「画面表示と明るさ」→「自動ロック」と進み消灯する時間を指定しましょう。

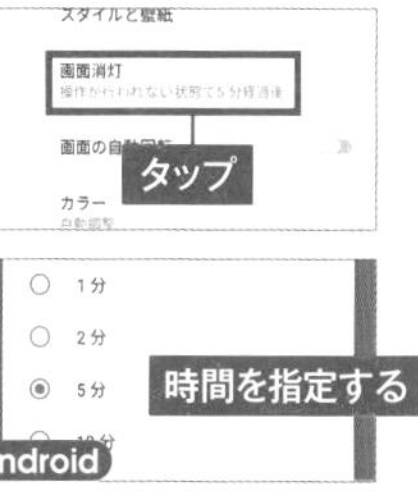

「設定」アプリから「ディスプレイ」→「画面消灯」と進み時間を指定しましょう。

クイック設定パネルの使い方を理解する(Android)

画面の明るさやネットワークなどちょっとした端末設定を切り替えるたびに「設定」アプリを開くのは煩わしく感じます。素早く端末の各種設定を変更するなら「クイック設定パネル」を使いこなせるようになりましょう。

クイック設定パネルは、Android端末の画面上部にあるステータスバーから下方向にスワイプすると表示される設定アイコンが集合したパネルです。各設定アイコンをタップするとその設定の**オン・オフを素早く切り替える**ことができます。「設定」アプリを起動して操作をする手間を大幅に軽減することができます。また、標準の設定アイコンのほかにもたくさんの設定が用意されており、編集画面でカスタマイズすることができます。

クイック設定パネルを使いこなそう

1 上から下へスワイプ

画面上部のステータスバーから下へスワイプすると通知センターと一緒にクイック設定パネルが表示されます。完全表示するにはつまみをさらに下へスワイプします。

2 クイック設定パネルの項目をチェック

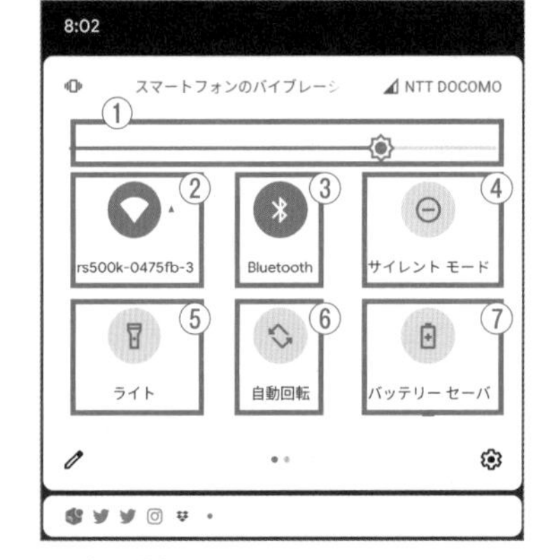

さまざまな設定ボタンが表示されます。各ボタンをタップすると設定のオン・オフの切り替えができます。

①明るさ調整バー
左右にスライドして画面の明るさを調節します。

②Wi-Fi
Wi-Fi通信のオンとオフの切り替えができます。

③Bluetooth
Bluetooth通信のオンとオフの切り替えができます。

④サイレントモード
マナーモードと呼ばれるもので通知音などをミュートします。

⑤ライト
端末背面にあるライトを点灯/消灯します。

⑥自動回転
画面の回転を防ぎ固定します。

⑦バッテリーセーバー
有効にするとバッテリーの消費量を抑えますが利用できる機能も制限されます。

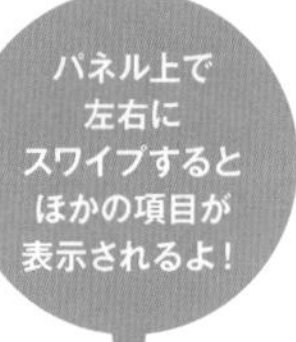

3 クイック設定パネルを閉じる

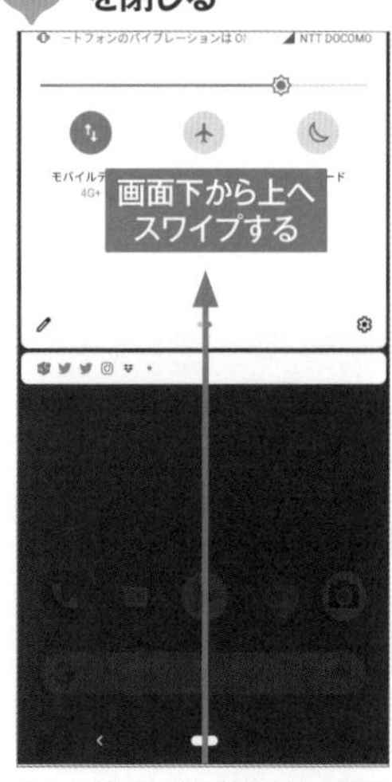

クイック設定パネルを閉じるには画面下部から上にスワイプしましょう。

4 カスタマイズする

クイック設定パネルの内容をカスタマイズするには、左下にある編集アイコンをタップします。

5 ドラッグで移動する

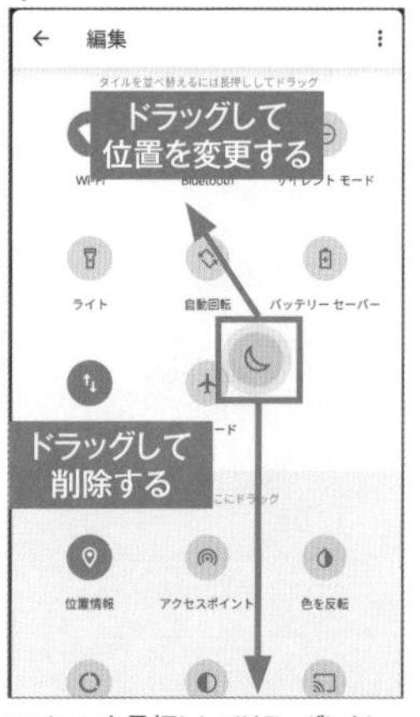

アイコンを長押ししてドラッグしましょう。位置を変更したい場合はその場所へ、削除したい場合は画面下部へドラッグします。

6 項目を追加する

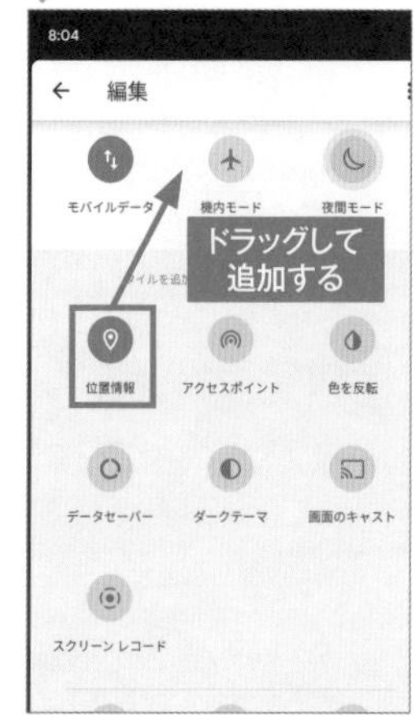

標準では表示されていない項目を追加する場合は、追加したい項目を画面上部へドラッグしましょう。

コントロールセンターの使い方を理解する(iPhone)

iPhoneの画面右上端から下へスワイプすると「コントロールセンター」が表示されます。コントロールセンターでは、Wi-Fiの切り替えや音量調節など、iPhoneでよく使う**端末設定のオン・オフが素早く行えます**。わざわざ「設定」アプリを起動して目的の設定メニューにアクセスする必要はありません。

コントロールセンターはホーム画面表示中だけでなく、アプリ使用中やロック画面などからでも呼び出すことができます。なお、コントロールセンターに表示するアイコンは「設定」アプリの「コントロールセンター」でカスタマイズすることができます。よく使う設定項目を追加し、不要な項目は削除しましょう。

コントロールセンターを使いこなそう

1 コントロールセンターを開く

画面右上から下方向にスワイプするとコントロールセンターが表示されます。

2 コントロールセンターの詳細

①機内モード
②モバイルデータ通信
③Wi-Fi通信
④Bluetooth通信
⑤音声コントロールセンター
⑥画面ロック
⑦おやすみモード
⑧明るさ調節
⑨音量調節
⑩画面ミラーリング
⑪ライト
⑫タイマー
⑬計算機
⑭カメラ
⑮QRコードリーダー
⑯録画

3 「設定」アプリでカスタマイズ

「設定」アプリを起動したら「コントロールセンター」をタップします。

4 表示項目をカスタマイズする

コントロールセンターから削除したい項目は「ー」をタップ、追加したい項目は「+」をタップしましょう。

iPhone8以前の機種では画面下端から上方向に向かってスワイプすると表示されるよ!

画面が明るすぎてチカチカするときは?

明るい場所では特に問題ないですが、暗い場所でスマホを見ると画面がチカチカして見づらく、また目に負担がかかりやすいです。スマホにはこうした**目の負担を軽減する「ダークモード」**という機能が用意されています。有効にすると端末デザイン全体が黒色基調に、また文字が白色基調に変化します。

ダークモードの変更は、Androidの場合は「設定」アプリの「ディスプレイ」から、iPhoneの場合は「設定」アプリの「画面表示と明るさ」で変更できます。

1 iPhoneで切り替える

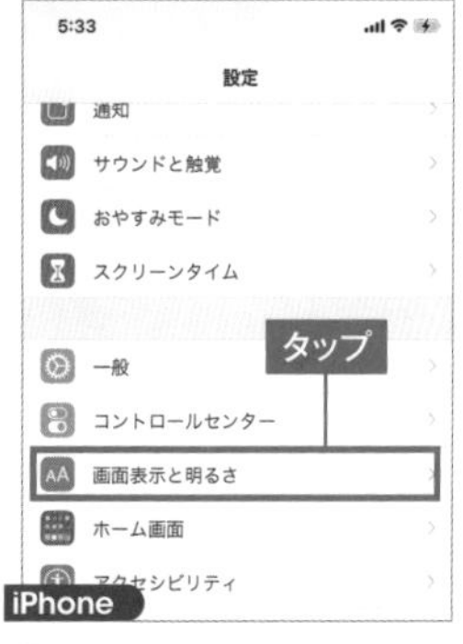

「設定」アプリを起動して「画面表示と明るさ」を選択します。

2 ダークモードに変更する

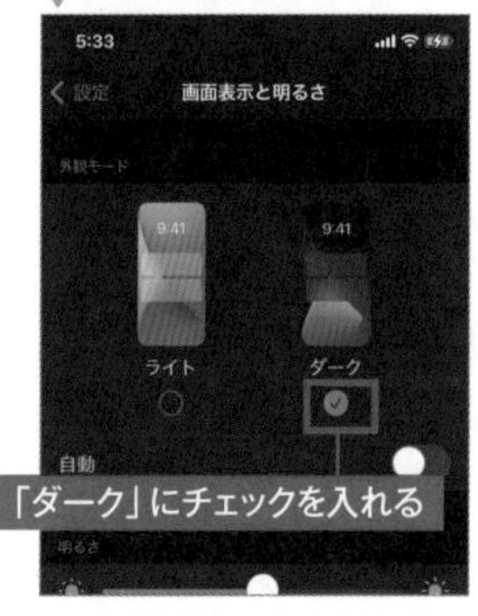

外観モードで「ダーク」にチェックを入れると画面全体が黒色、文字が白色に変化します。

1 Androidで切り替える

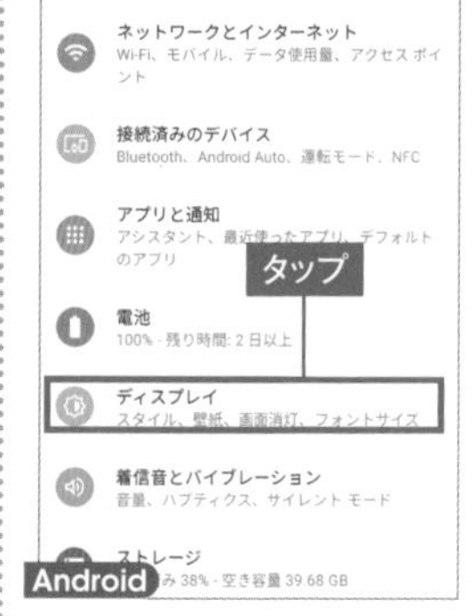

「設定」アプリを起動して「ディスプレイ」を選択します。

2 ダークモードに変更する

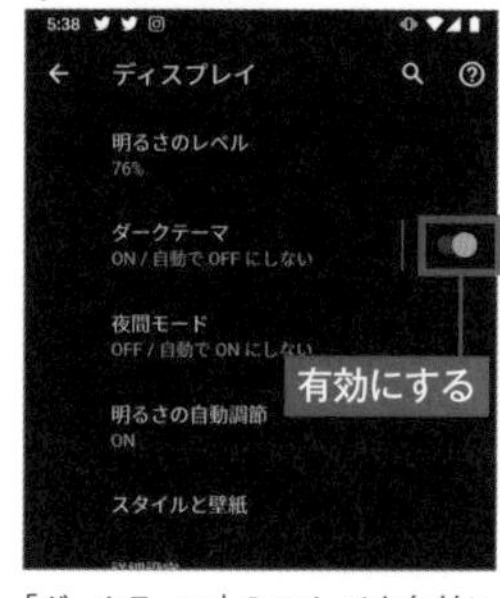

「ダークテーマ」のスイッチを有効にすると画面全体が黒色、文字が白色に変化します。

タッチ操作を間違えたときは「戻る」を行う

タッチ操作を間違えて意図しない設定画面を開いてしまった場合は**「戻る」ボタンをタップ**しましょう。1つ前の設定画面の状態に戻すことができます。Androidの古い機種などで端末下部に物理的な「戻る」ボタンが付いておりそれを押せばよいですが、最新のAndroidや、iPhoneではこのボタンがなく、画面上で行う特定のジェスチャ操作を覚えておく必要があります。

また、ブラウザなどのアプリにはアプリのどこかに「戻る」ボタンが用意されているので探してみましょう。

1 iPhoneで「戻る」操作

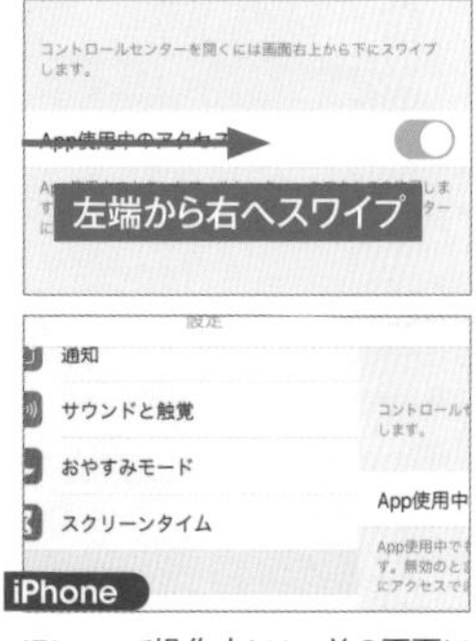

iPhoneで操作中に1つ前の画面に戻りたいときは、画面左端から右へ指をスワイプしましょう。

2 アプリの「戻る」ボタン

Safariなどのアプリにはメニューに「戻る」ボタンが付いていることがあります。このボタンをタップしましょう。

1 Androidで「戻る」操作

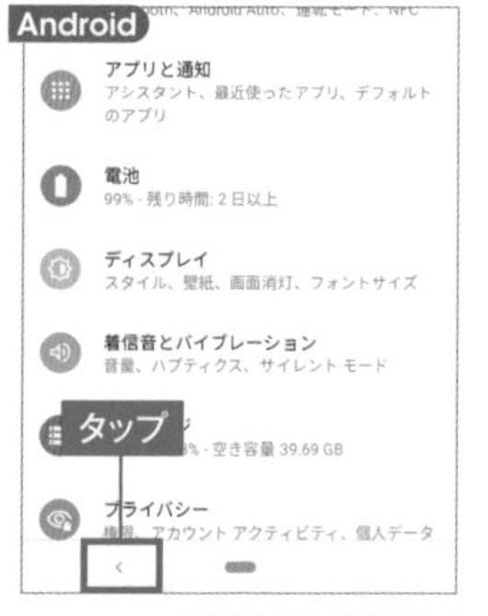

Androidでは画面左下に「戻る」ボタンが常に表示されており、これをタップすれば1つ前の画面に戻ります。

POINT ホーム画面に戻る

ホーム画面に戻りたい場合は、iPhoneでは画面下部から上へスワイプ、Androidでは画面下部中央にあるナビゲーションバーをタップしましょう。

スマホの持ち方で画面が勝手に傾くのを止めたい

標準だとスマホを横に傾けると、画面も一緒に横向きになってしまいます。動画を視聴するのに便利ですが、少し傾けただけで切り替わるため煩わしく感じることもあります。自動的に回転しないようにするには自動回転機能を無効にしましょう。

iPhoneの場合はコントロールセンターを開き「自動回転」ボタンをタップしましょう。

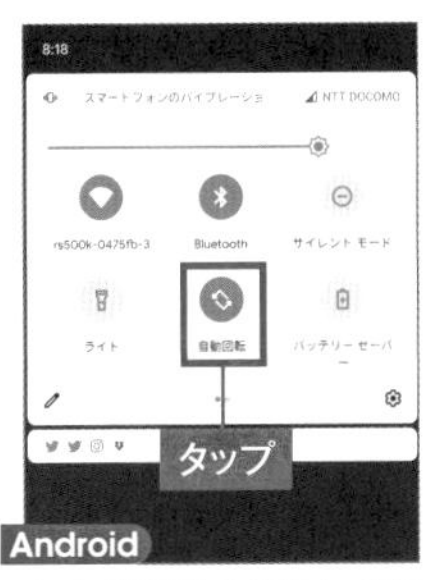

Androidの場合はクイック設定パネルを開き「自動回転」ボタンをタップしましょう。

壁紙を好みのものに変更したい

スマホのホーム画面やロック画面の壁紙は変更することができます。標準でさまざまな壁紙が用意されていますが、自分で撮影した写真を壁紙に適用することもできます。また、静止画だけでなく、動画のように動くライブ壁紙を設定できる機種もあります。

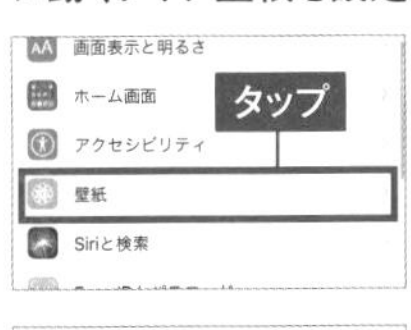

「設定」アプリを開き「壁紙」から「壁紙を選択」をタップして壁紙を選択しましょう。

「設定」アプリを開き「ディスプレイ」から「スタイルと壁紙」を開き、壁紙を設定しましょう。

スマホの画面をスクリーンショットとして保存したい

スマホで開いている画面を撮影して保存したい場合はスクリーンショット機能を使いましょう。スマホで写っている画面をそのまま撮影でき、おもにチャットやソーシャルネットワークサービスの画面を写真撮影して保存したいときに便利です。

iPhoneでは**電源ボタンと音量(+)ボタンを同時に押す**と撮影され、「写真」アプリに自動で保存されます。Androidでも方法はよく似ており**電源ボタンと音量ボタンを同時に長押し**することで撮影され、Googleフォトや「ファイル」アプリに保存されます。

1 iPhoneでスクリーンショットを撮影する

サイドボタンと音量(+)ボタンを同時に押すと「カシャ」と音が鳴り、画面を保存できます。

2 写真を確認する

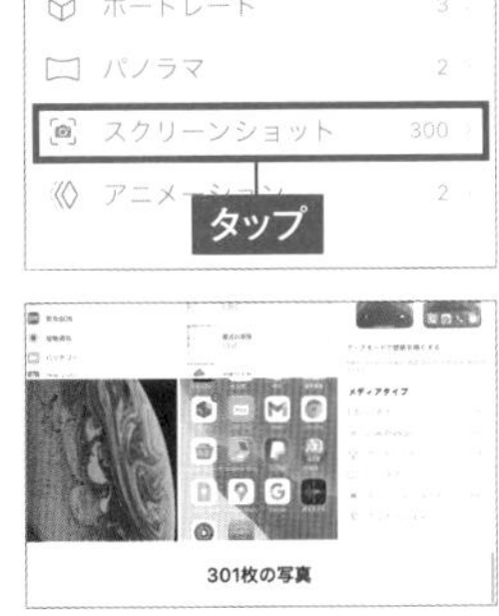

撮影した写真は「写真」アプリの「アルバム」から「スクリーンショット」で閲覧できます。

1 Androidでスクリーンショットを撮影する

サイドボタンと音量(+)ボタンを同時に押すと「カシャ」と音が鳴り、画面を保存できます。

2 Googleフォトに保存される

撮影した写真はGoogleフォトの「アルバム」タブにある「Screenshots」フォルダに自動的に保存されています。

通知にはどのような種類があるかを知っておこう

スマホでは、電話やメールの着信があると音声、バイブレーション、メッセージなどさまざまな方法で通知をしてくれます。その中でもメッセージによる通知方法は複数のバリエーションがあり、通知があったときの**スマホ環境によって表示形式が異なる**ので注意しましょう。

スマホを操作していないとき、メッセージの通知はロック画面に表示されます。また、ロック解除後にホーム画面を開くとアプリアイコンの右上に通知（バッジ）が表示されます。スマホ操作中に通知があった場合は画面上部のステータスバーに通知が表示されます。

1 ロック画面の通知

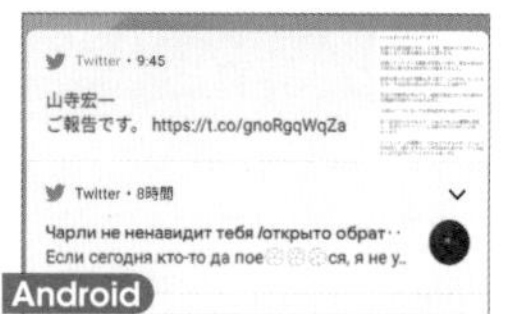

スマホ操作をしていないときに通知があるとロック画面上にバナー表示されます。

2 バッジでの通知

アプリアイコンの右上での通知をバッジ通知といいます。iPhoneは通知数も知らせてくれます。

3 ステータスバーでの通知

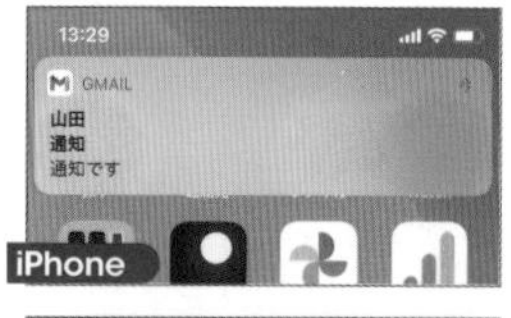

スマホ操作中に通知があったときは画面上部のステータスバーで通知してくれます。iPhoneはバナー形式、Androidはアイコンで表示されます。

POINT 通知方法をカスタマイズする

iPhoneではアプリごとに通知方法をカスタマイズできます。「設定」アプリの「通知」画面でアプリを選択して通知形式を選択しましょう。

通知センターで大量の通知をチェックする

大量の通知が届くと大事な通知を見逃してしまうことがあります。通知の見逃しを防ぐには通知センターをチェックしましょう。iPhoneではステータスバーを下方向にスワイプすると表示され、Androidも同じくステータスバーを下方向へスワイプすると表示されます。

iPhone8以前ならばステータスバーを下方向にスワイプで開けますが、機種によっては左上端をスワイプする必要があります。

Androidでもステータスバーを下へスワイプすると通知センター（通知パネル）が表示されます。

スマホの音量を調節するのは？

音量を調節する方法は2つあります。1つは本体側面に設置されている音量調節ボタンを押す方法です。iPhone、Android端末ともに音量調節ボタンは備わっています。もう1つは画面に表示された音量調整バーを使って調整する方法です。ここでは画面から調整する方法を解説します。

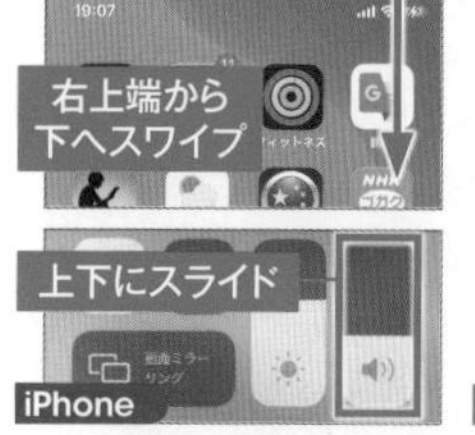

iPhoneで音量調節するにはコントロールセンターを引き出し、音量調節バーを上下にスライドさせましょう。

AndroidもiPhoneと同じように設定パネルを表示させ、音量調節バーをスライドさせましょう。

画面をタップするたびに音が出るのを消したい

初期状態のスマホは、キーボードで文字キーをタップしたときや電話アプリでダイヤルキーをタップすると効果音が鳴るようになっています。静かな場所でスマホを操作をするとき、音量調節バーで音はミュートにすることができますが、効果音は消せなくて困ることがあります。効果音をオフにする方法を知っておきましょう。

コントロールパネルからマナーモードを有効に変更すれば、操作音はオフになりますが、通知音など重要な音もオフになってしまいますので設定画面の「音」で、**キーの効果音だけをオフ**にしましょう。

1 設定アプリを開く

iPhoneで効果音をオフにするには「設定」アプリを開き「サウンドと触覚」をタップします。

2 音をオフにする

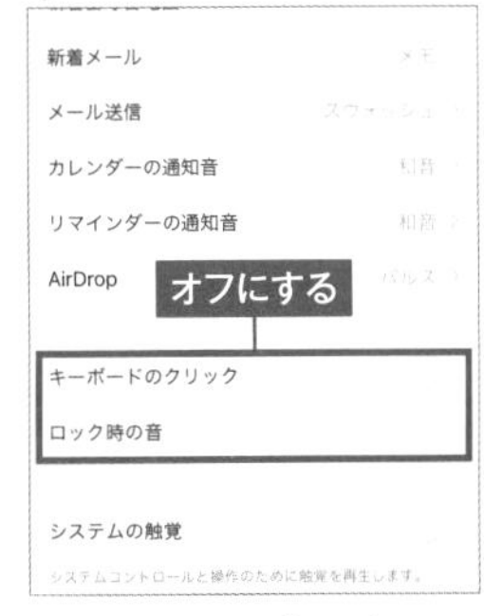

下にスクロールして「キーボードのクリック」と「ロック時の音」をオフにしましょう。

1 設定アプリを開く

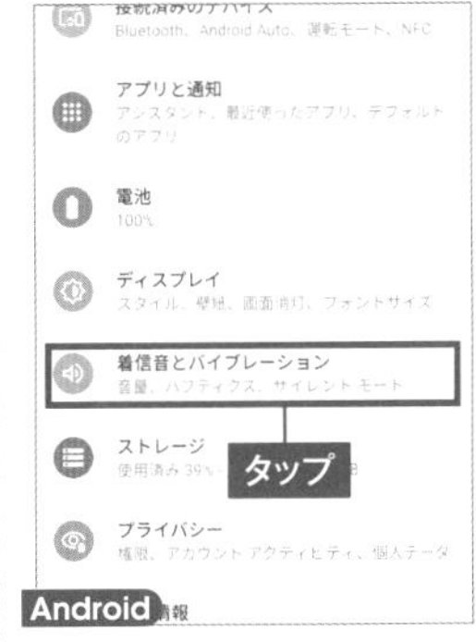

「設定」アプリを開き「着信とバイブレーション」をタップします。

2 音をオフにする

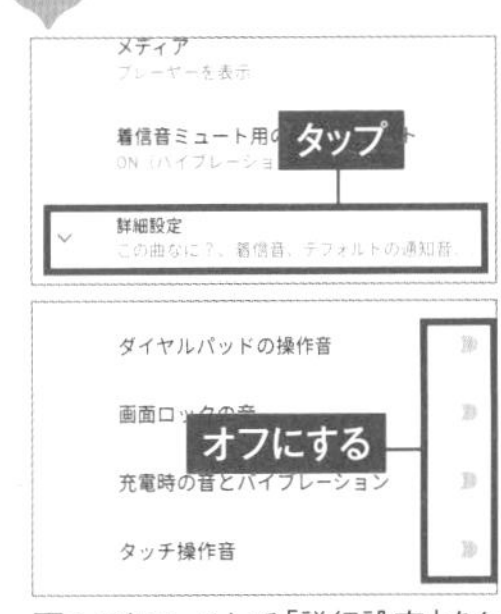

下へスクロールして「詳細設定」をタップ。「その他の音やバイブレーション」の項目をオフにしましょう。

頻繁にくる通知を今すぐ止めたい

通知の中には表示頻度が多くて煩わしい通知がたくさんあります。**不要な通知をできるだけオフ**にして重要な通知だけを表示させるように設定変更しましょう。

iPhoneでは通知が届いたときに通知センターを開き、止めたいアプリの通知を長押しして表示されるメニューから通知の頻度を調節できます。また、「設定」アプリの「通知」からより細かな通知設定ができます。

Androidの場合は「通知パネル」から止めたい通知を長押しして「通知を表示しない」をタップしましょう。

1 通知を長押しする

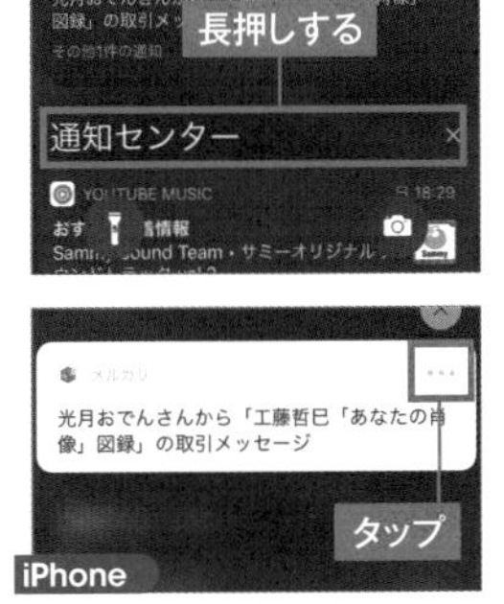

通知センターを開き通知を長押しします。右上のメニューボタンをタップします。

2 通知の管理設定をする

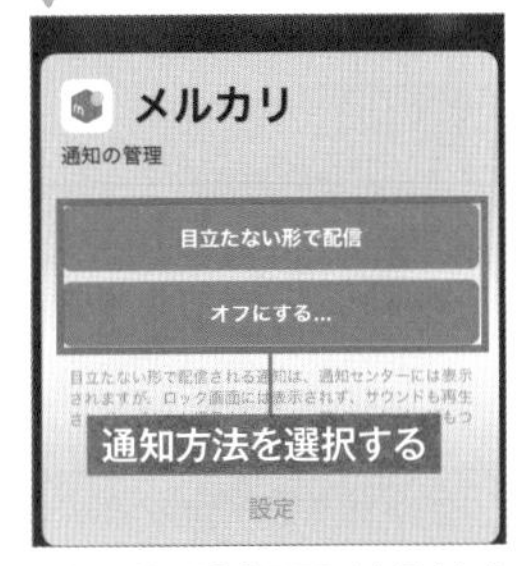

通知の管理設定画面が表示されます。「目立たない形で配信」では通知センターにだけ表示されます。「オフにする…」は完全に通知をオフにします。

1 通知を長押しする

通知パネルを開き通知設定を変更したいアプリを長押しして「管理」をタップします。

2 通知をオフにする

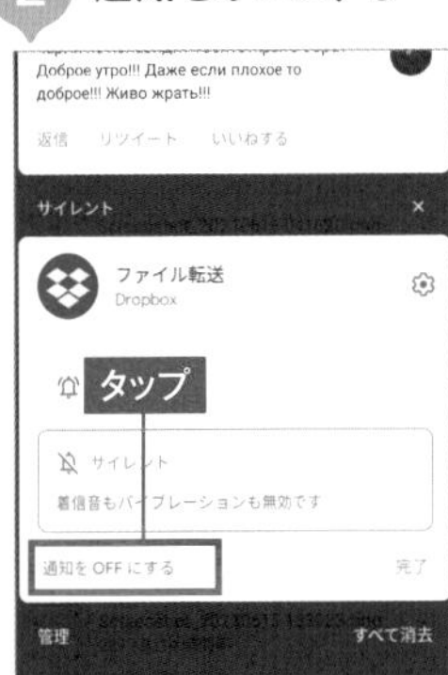

左下の「通知をOFFにする」をタップして通知をオフにしましょう。

余計な通知や着信を消して作業に集中するには

仕事や勉強をしなければならないのに頻繁にLINEのメッセージやメールの通知が届き、集中力をかきみだされることがあります。電源をオフにすれば問題ないですが、それだと作業で使うのに便利なアプリが使えなくなります。そんなときは「おやすみモード」を有効にしましょう。

おやすみモードとは、**電話の着信やメールの受信の通知をしない**ようにする機能です。特定の時間帯を指定し、その時間帯になると自動で音を鳴らないようにすることもできます。その時間帯を過ぎると自動で有効になります。

1 iPhoneのおやすみモード

iPhoneではコントロールセンターを表示させ、おやすみモードのボタンをタップするとアプリの通知や着信などの音が鳴らなくなります。

2 時間を指定する

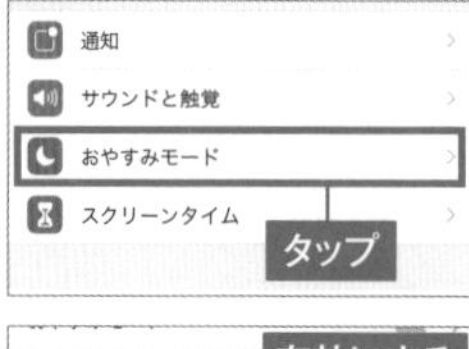

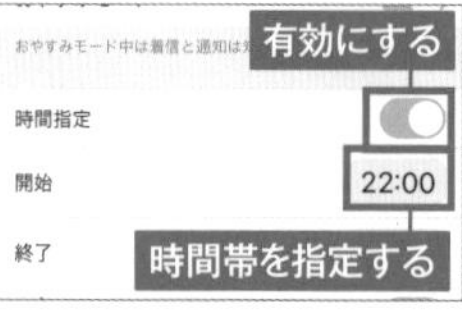

「設定」アプリの「おやすみモード」から指定した時間帯に自動的におやすみモードを有効にすることもできます。

1 設定アプリから設定する

「設定」アプリを起動し、「Digital Wellbeingと保護者による使用制限」→「データを表示」から「おやすみ時間モード」をタップします。

2 時間を設定する

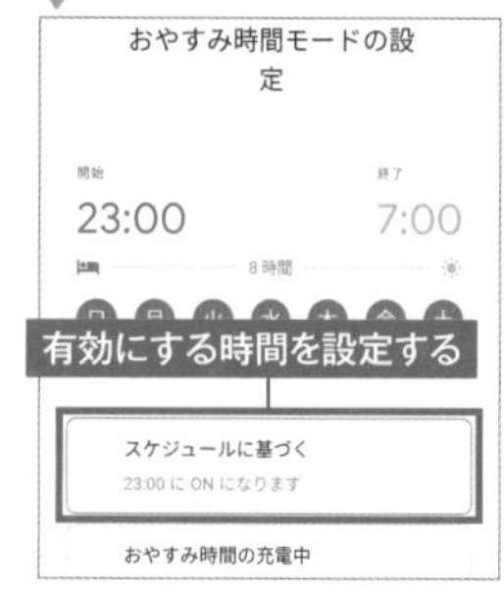

通知音を鳴らさない時間を設定したら「完了」をタップしましょう。なお、通知センターからオン・オフ切り替えもできます。

スマホの電源を切るには？

スマホの電源をオフにするには端末側部にあるボタンを押します。注意したいのはスリープ状態は電源オフではないことです（通知音などは鳴ってしまいます）。完全にオフにするには、電源メニューを表示して電源を完全にオフにする必要があります。

iPhoneでは端末側部のサイドボタンと音量ボタンを同時に長押しします。メニューが表示されたら電源メニューを右へスライドすればオフになります。

Androidでは端末側面のサイドボタンを長押しすると表示されるメニューから「電源」をタップします。

着信音の出ないマナーモードにする

マナーモードとは、電源は切らず着信音を消してバイブレーションで通知するモードのことです。iPhoneは端末側面にある小さなスイッチを赤色に変更しましょう。Androidは音量ボタンを長押しして表示されるメニューから有効にできます。

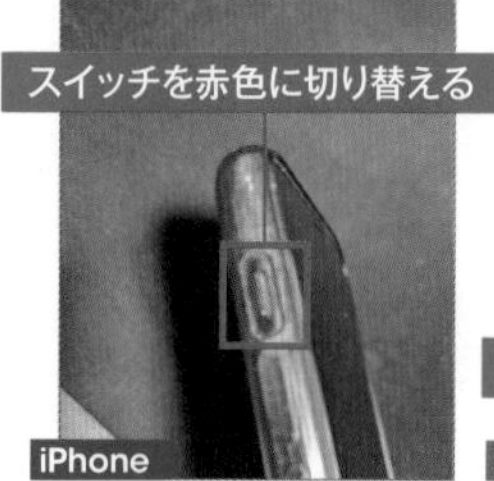

端末左側面の音量ボタンの上にあるスイッチを赤色に切り替えるとマナーモードになります。

端末側面の音量ボタンを長押しすると表示されるメニューでマナーモードボタンをタップしましょう。

スマホを便利なライトにする

スマホの端末背面にはライトを点灯する穴があり、「ライト」機能を有効にすると点灯させることができます。光のない暗い場所や停電になったときに点灯させると、スマホが懐中電灯代わりになり便利です。有効にする方法を覚えておきましょう。

コントロールセンターを引き出して「ライト」ボタンをタップすると点灯します。またロック画面からでも利用できます。

Androidもクイック通知パネルを引き出して「ライト」ボタンをタップすると点灯します。

OSのバージョンを確認するには

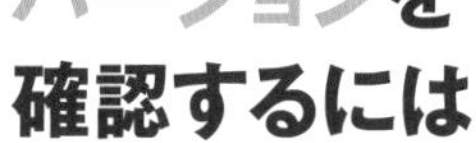

スマホはインターネットを介して定期的に新しいバージョンに更新される仕組みになっています。自分が使用している端末のOSが古いバージョンかどうか確認するには「設定」アプリを開きましょう。古い場合はセキュリティが低いので最新版にしましょう。

「設定」アプリで「一般」→「ソフトウェア・アップデート」から最新版かどうか確認できます。

「設定」アプリの「デバイス情報」から確認できます。

スマホを最新の状態にアップデートするには

スマホのバージョンをチェックして最新版なら問題ないですが、「アップデートが利用できます」などのメッセージが促されて場合は、**できるだけ最新版にアップデート**しましょう。スマホに新しい機能が追加されたりセキュリティが強化されます。

アップデート時は通信量を大量に消費するため、事前にWi-Fiネットワークに接続するのを忘れないようにしましょう。また、アップデートには時間がかかりバッテリーを大幅に消費するためバッテリーが十分である必要があります。できるなら充電しながらアップデートするのがよいでしょう（※）。

1 「設定」アプリを開く

Androidの場合は「設定」アプリを開き、「システム」をタップします。

2 システムアップデートを選択

「システムアップデート」をタップします。「アップデートが利用可能」と記載されていたら「今すぐ再起動」をタップしましょう。

1 iPhoneのアップデート

iPhoneのアップデートは「設定」アプリを開き「一般」の「ソフトウェア・アップデート」から行います。

2 アップデートの確認

「最新版です」と表示されていたら問題ありません。アップデートがある場合は、画面に従ってアップデートしましょう。

（※）Wi-Fiについては、145ページに記事があります。

文字入力の際、カーソルを動かすには?

メールやLINEアプリなどの入力欄をタップすると画面下部から自動的にキーボードが表示され文字入力ができます。文字入力中は、タテ棒のカーソルが表示されますが、**このカーソルを移動させる**ことで、好きな場所に文字を入力することができます。文章入力後に編集したい箇所がある場合はカーソルを対象の場所まで指で動かしましょう。なお、iPhoneのカーソルは長押しすると浮いた状態になり自由に動かせるようになります。Androidでは文字入力欄をタップすると表示されるしずく形のアイコンをドラッグしてカーソルを好きな位置に移動させましょう。

1 iPhoneでカーソルを動かす

iPhoneでカーソルを動かすには、文章中で編集したい場所を一度タップするとカーソルが自動的に移動します。

2 ドラッグしてカーソルを移動

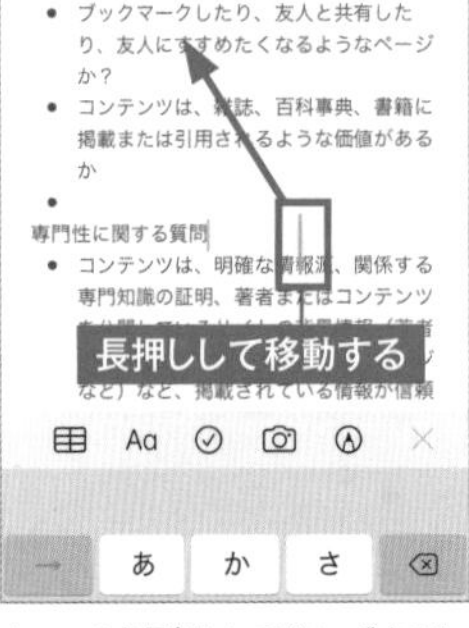

カーソルを長押ししてドラッグすると、自由に好きな位置に移動させることができます。

カーソルを操作する

任意の位置をタップするとカーソルが表示され、ドラッグして移動できます。またキーボードの「←」「→」で移動することもできます。

文章のいらない箇所をまとめて削除する

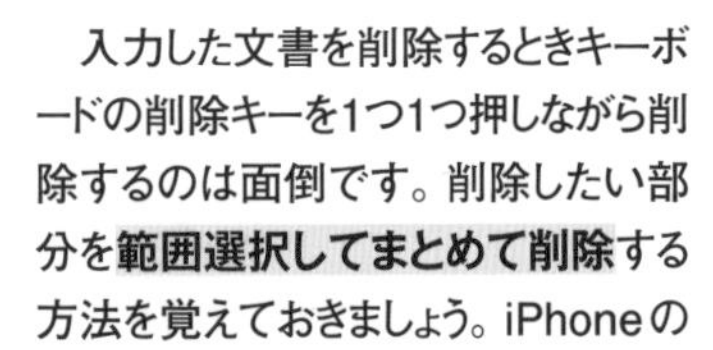

入力した文書を削除するときキーボードの削除キーを1つ1つ押しながら削除するのは面倒です。削除したい部分を**範囲選択してまとめて削除**する方法を覚えておきましょう。iPhoneの場合、2回連続で文字部分をタップすると範囲選択カーソルが表示されます。このカーソルで削除したい部分を範囲選択したあと、メニューから「カット」をタップしましょう。

Androidでは文章内のある文字列を長押しするとその文字が選択され両端にカーソルが表示されます。このカーソルをドラッグすることで選択範囲を調整することができます。

1 iPhoneの文字を範囲選択する

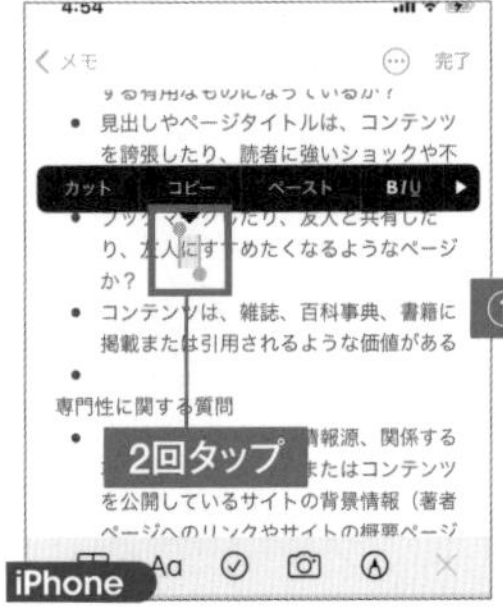

iPhoneで範囲選択するには2回連続で画面をタップします。するとマッチ棒のような2つのカーソルが表示されます。

2 カーソルを引き伸ばす

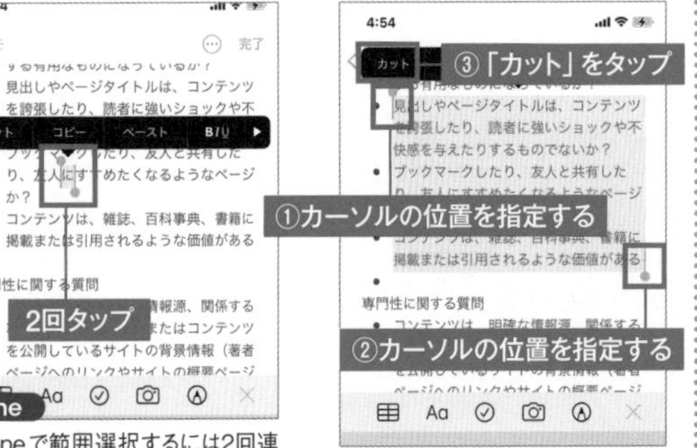

2つのカーソルをドラッグして範囲選択箇所を指定後、メニューから「カット」をタップしましょう。削除できます。

1 Androidで範囲選択する

文字内のある文字列を長押しするとその文字が選択されるとともにカーソルが表示されます。

2 カーソルを引き伸ばす

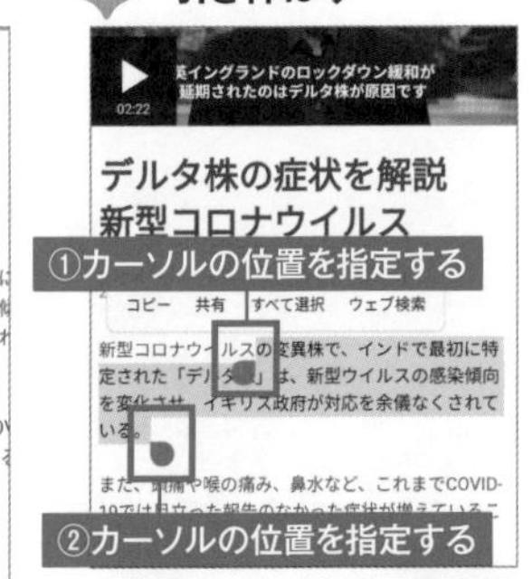

しずく型のカーソルを動かして選択範囲箇所を指定しましょう。メニューが表示されコピーしたりウェブ検索したりできます。

Androidでパソコンのようにローマ字入力するには?

スマホにはガラケーで使われていた、片手で文字入力できる「テンキー」と呼ばれるキーボードのほかに、PCで使われている**「QWERTYキー」**と呼ばれる**横長のキーボード**が標準で搭載されています。

しかし、Androidの一部の機種では標準ではテンキーしか表示されないことがあります。Androidでパソコンのキーボードのようなローマ字入力をするには、キーボードの「設定」アイコン(「あa1」キー)をタップして「入力方式」で「QWERTYキー」を選択しましょう。なお、iPhoneの場合は地球儀アイコンを何度かタップすると切り替わります。

1 「設定」ボタンを長押しする

キーボード左下の「あa1」キーを長押しすると自動的に設定画面に移動するので「言語」をタップします。

2 キーボードを追加する

設定画面下部にある「キーボードを追加」をタップして、「QWERTY」を選択しましょう。

3 日本語(QWERTY)キーを確認

言語画面に「日本語(QWERTY)」という文字が追加されていたら設定は完了です。キーボード画面に戻りましょう。

地球儀アイコンをタップ

地球儀アイコンを何度かタップするとQWERTYキーに切り替わります。

小さい「っ」を入力するには?

スマホのテンキーで文字入力をする際につまづくこととして「っ」や「ゅ」などの小さな文字の入力方法がわからないことがあります。iPhone、Androidともに入力方法はほぼ同じなので知っておきましょう。

大文字を入力した後に「゛゜小」キーをタップすると小さな文字に変化します。Androidの場合も同じく大文字入力したあとに「゛゜小」を入力しましょう。

ほかの方法として、たとえば「ゃ」と入力したい場合、「や行」の大文字キーのあとに小文字キーが続けて表示されるので、それを選択するのもいいでしょう。

1 iPhoneで小さな文字を入力する

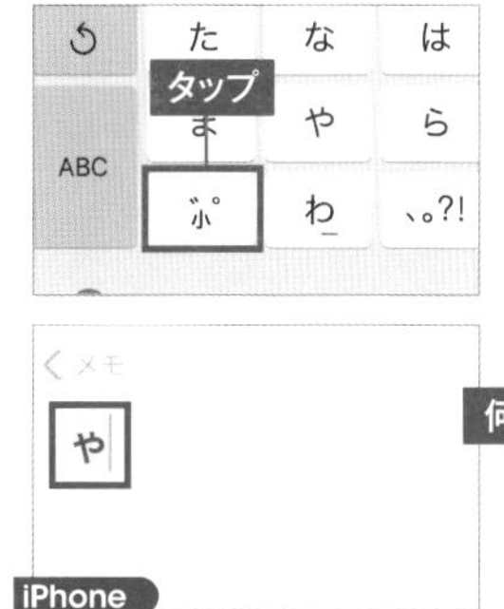

テンキーで大文字を入力したあと「゛゜小」をタップすると小文字に変化します。

2 大文字のあとに小文字が続く

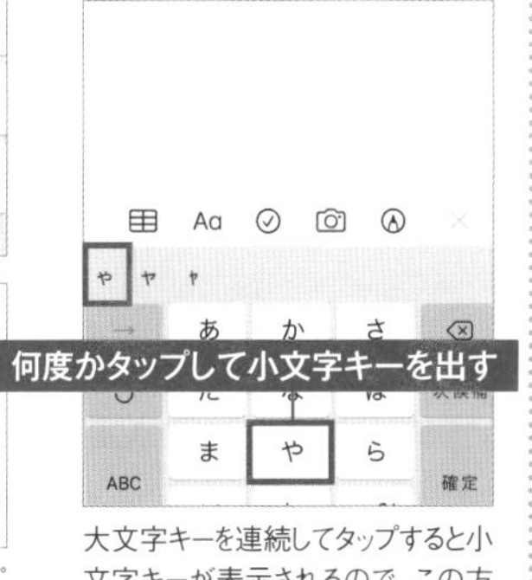

大文字キーを連続してタップすると小文字キーが表示されるので、この方法で小文字を入力するのもよいでしょう。

Androidで小さな文字を入力する

Androidも同じくテンキーで大文字を入力したあと「゛゜小」をタップすると小文字に変化します。

QWERTYキーの場合はPCと同じ要領で入力しよう!

コピーや貼り付けをするには

ウェブ上のページやメール内の文章をコピーしたいときは「コピー&ペースト」を行いましょう。スマホではコピーした内容を一時的に保存する「クリップボード」機能が用意されており、テキストのほか写真やその他のファイルなどさまざまなものを一時保存し、**ほかのアプリ上にコピー**することができます。まずは、対象となるテキストや画像を長押ししましょう。範囲選択カーソルと長押しメニューが表示されるのでコピーしたい部分を範囲選択したらメニューから「コピー」を選択し、貼り付けたい場所で長押しして「ペースト」を選択しましょう。

1 長押しして範囲選択する

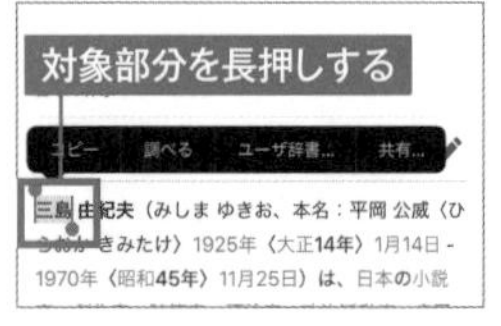

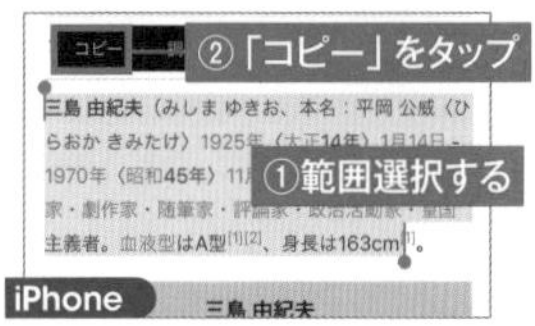

コピーしたい箇所を長押しし、カーソルを移動させて範囲選択します。その後「コピー」をタップします。

2 コピーした内容を貼り付ける

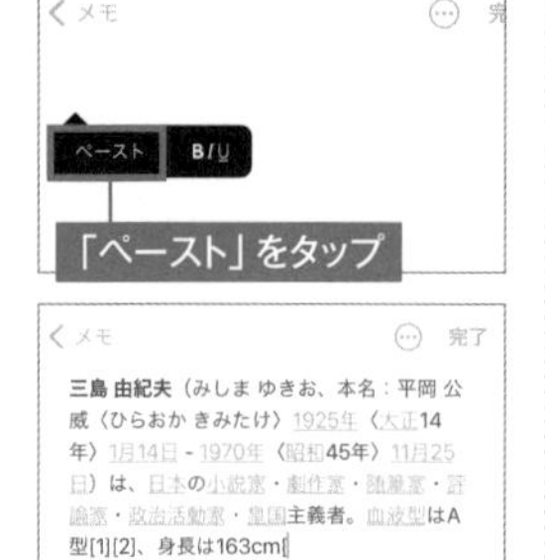

ペースト先のアプリを開いて画面をタップし、「ペースト」をタップしましょう。ペーストされます。

1 長押しして範囲選択する

コピーしたい箇所を長押しし、カーソルを移動させて範囲選択します。その後、「コピー」をタップします。

2 コピーした内容を貼り付ける

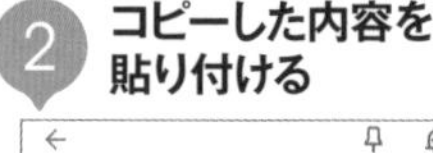

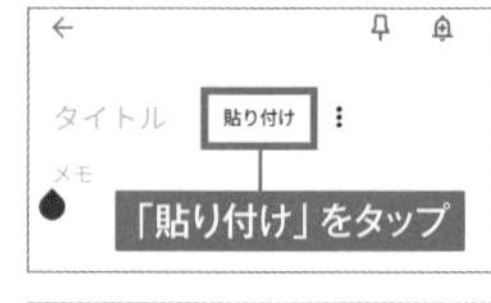

ペースト先のアプリを開いて画面をタップし、「貼り付け」をタップしましょう。ペーストされます。

よく使う言葉を単語登録する

同じ単語やフレーズをキーボードで頻繁に入力する際にパソコンでおなじみの「単語登録(辞書機能)」はスマホでも可能です。単語登録機能を使えば**毎回同じ単語や文章を入力する手間が省け便利**です。

iPhoneで単語登録するには、「設定」アプリの「一般」→「キーボード」→「ユーザ辞書」から行います。Androidの場合は「辞書ツール」から単語登録画面を開き、登録したい単語とその「よみ」を入力しましょう。Androidの場合はキーボードの「設定」アイコン(「あa1」キー)から単語登録画面にアクセスできます。

1 ユーザー辞書を開く

「設定」アプリの「一般」→「キーボード」→「ユーザ辞書」を開き「+」をタップ。

2 登録する単語とよみを追加する

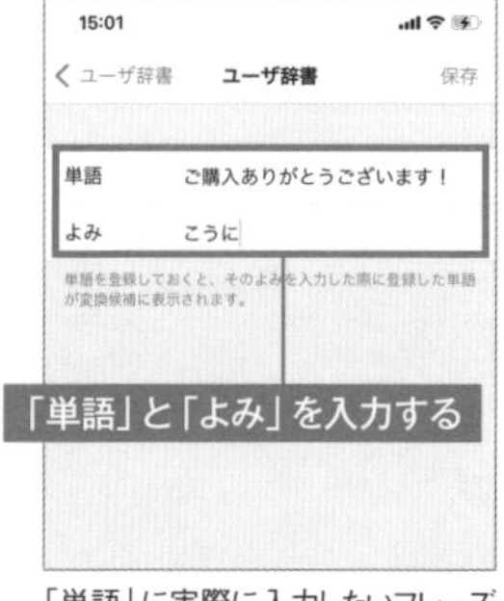

「単語」に実際に入力したいフレーズや単語を入力し、「よみ」に入力したときに候補に表示するキーワードを入力しましょう。

1 ユーザー辞書を開く

キーボードの「あa1」キーを長押しして設定画面に移動し、「単語リスト」をタップ。

2 登録する単語とよみを追加する

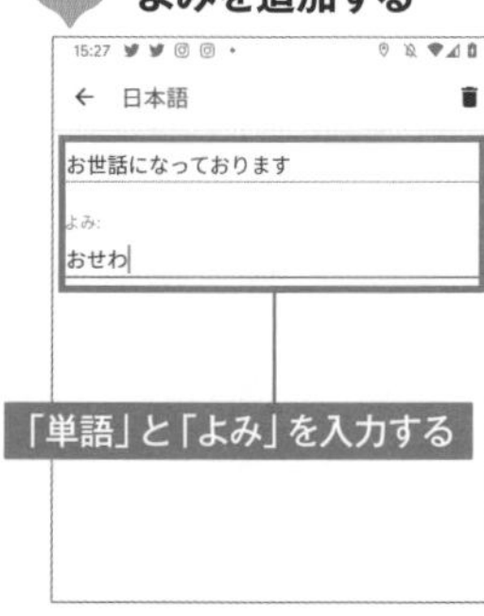

「単語」に実際に入力したいフレーズや単語を入力し、「よみ」に入力したときに候補に表示するキーワードを入力しましょう。

アプリをインストールしよう(Android)

Androidには標準でさまざまなアプリがインストールされていますが、アプリをダウンロードすることで**さらにスマホの機能を追加する**ことができます。ほかのアプリをダウンロードするには「Playストア」を利用しましょう。Playストアはアプリ一覧画面からアクセスできます。

Playストアは Google が運営しているコンテンツ配信サービスです。Playストアにアクセスすれば、Androidで使えるアプリだけでなく動画、音楽、電子書籍など、あらゆるデジタルコンテンツをダウンロードすることができます。なお、Playストアからアプリをインストールするには、事前にGoogleアカウントを取得してAndroidに登録しておく必要があります。

Playストアからアプリをダウンロードする

1 アプリ一覧画面を開く

Playストアにアクセスするには、アプリ一覧画面を開き「Playストア」をタップします。

2 Playストアが起動する

Playストアが起動します。さまざまなコンテンツが配信されています。ダウンロードするアプリが決まっている場合は、検索ボックスをタップします。

3 アプリ名を入力する

文字を入力するたびに候補アプリ名が表示されます。該当するアプリがあれば選択しましょう。

4 インストールボタンをタップ

アプリの詳細画面が表示されます。ダウンロードするには「インストール」をタップしましょう。

5 アプリを開く

アプリのダウンロードには少し時間がかかります。ダウンロードが終了するとこのような画面に変化します。「開く」をタップしましょう。

6 アプリ一覧画面に追加される

インストールしたアプリはアプリ一覧画面に追加されています。再度起動したい場合はアプリ一覧画面からアクセスしましょう。

7 欲しい物リストに追加

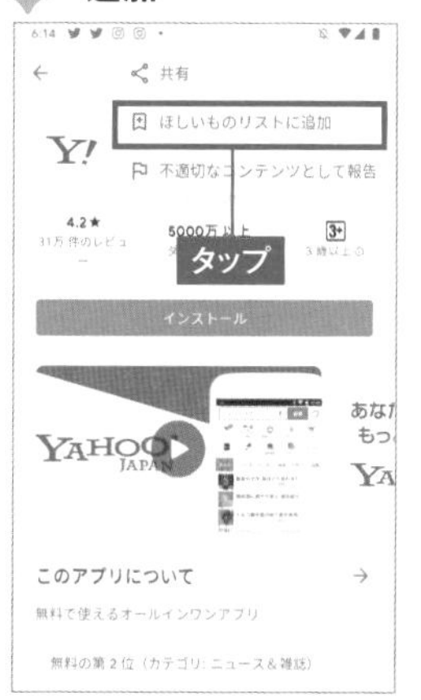

すぐにインストールはしませんが、気になるアプリがある場合は、アプリ詳細画面右上のメニューをタップして「ほしいものリストに追加」をタップします。

8 メニュー画面でアプリを管理

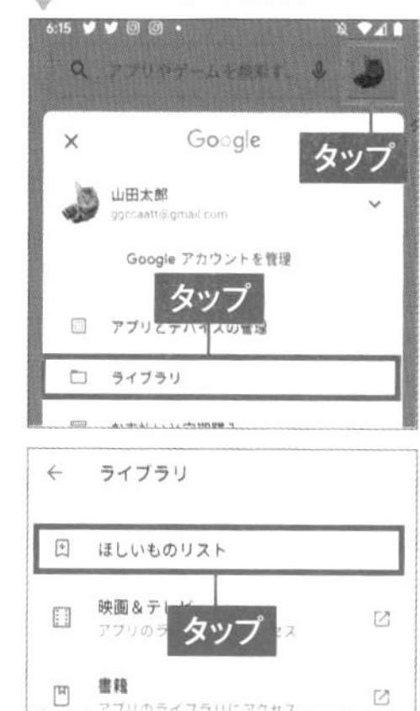

検索ボックス横のユーザーアイコンをタップして「ライブラリ」をタップし「ほしいものリスト」から追加したアプリを確認できます。

1

アプリをインストールしよう(iPhone)

iPhoneには標準でさまざまなアプリがインストールされていますが、アプリをダウンロードすることで**さらにスマホの機能を追加する**ことができます。また、Androidで搭載されているアプリの多くは、iPhoneでもダウンロードできます。アプリをダウンロードするには「App Store」を利用しましょう。App Storeはホーム画面からアクセスできます。なお、アプリをインストールするには、事前にApple IDを取得しておく必要があります。

App Storeで配布されているアプリの数は膨大です。ダウンロードしたいアプリが決まっているなら、メニュー右端にある「検索」タブを開き、目的のアプリ名を入力しましょう。検索結果から該当のアプリを選びましょう。

App Storeからアプリをダウンロードする

1 App Storeを起動する

App Storeを起動するにはホーム画面にあるApp Storeアイコンをタップします。

2 検索タブを開く

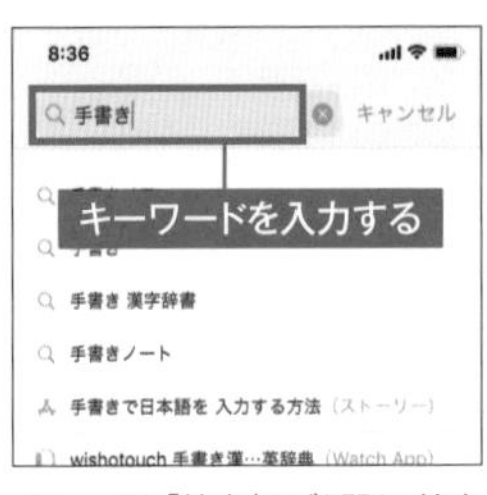

メニューから「検索」タブを開き、検索ボックスにキーワードを入力します。

3 アプリを選択する

検索結果画面から目的のアプリを探してタップします。詳細を確認したら「入手」をタップしましょう。

4 Apple IDのパスワードを入力する

下からこのような画面が表示されたら「インストール」をタップし、Apple IDのログインパスワードを入力しましょう。

5 認証の完了

本人確認ができ「完了」というマークが表示されればダウンロードが始まります。しばらく待ちましょう。

6 ホーム画面に追加される

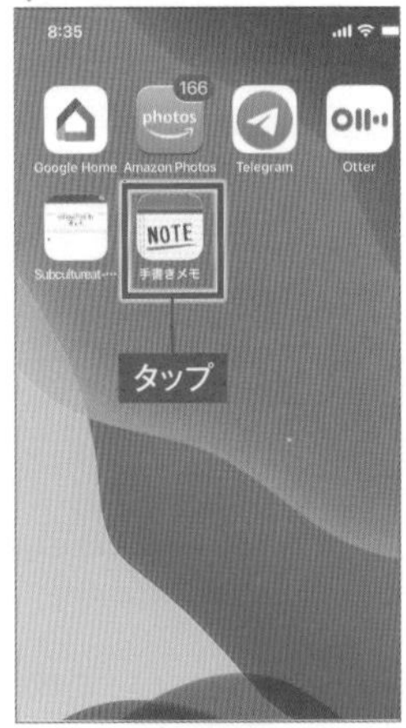

インストールが完了するとホーム画面にアイコンが追加されるのでタップしましょう。アプリが起動します。

POINT インストール時に表示される「要求」画面は何?

アプリをダウンロードの際「今後このデバイス上で行うときに～」というメッセージが表示され、「常に要求」か「15分後に要求」のどちらかを選択する必要があります。このとき選択した設定を変更したい場合は、「設定」アプリから自分のアカウント名をタップして「メディアと購入」→「パスワードの設定」をタップしましょう。

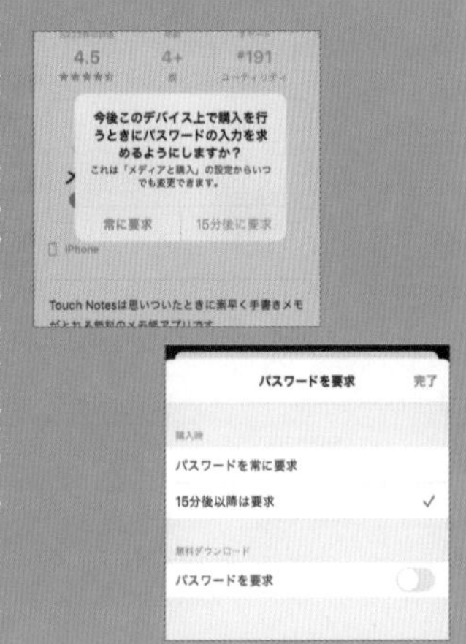

有料のアプリを購入するには?

App StoreやPlayストアで配信されているアプリの中には無料と有料のものがあります。無料アプリはアカウントさえ取得していればダウンロードすることができますが、価格が記載されている有料アプリをダウンロードする際は**決済を行う必要**があります。

決済方法はいくつか用意されています。最も一般的な方法はクレジットカードです。アカウント取得時にクレジットカードを登録したユーザーであれば、無料アプリと同じようにすぐにダウンロードできますが、登録していない人は、表示される支払い方法画面でクレジットカードを登録しましょう。

クレジットカードで決済を行おう

1 有料アプリを購入する

App Storeで有料アプリを購入するには金額ボタンをタップし、「支払い」をタップします。

2 クレジットカードで支払う

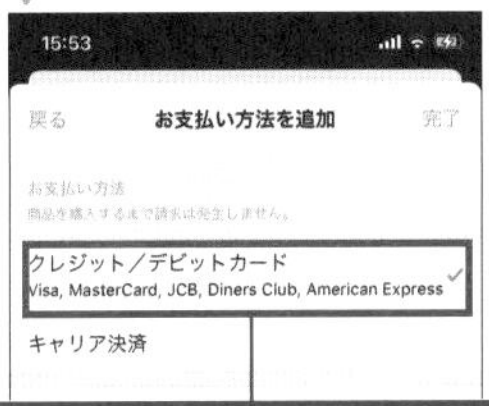

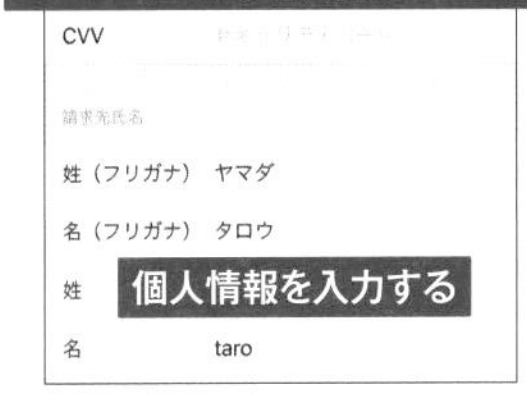

「クレジット/デビットカード」にチェックを入れて、クレジットカード情報や名前、住所などを入力していきましょう。

3 「設定」アプリからカード情報を編集する

カード情報の登録は「設定」アプリからアカウント名をタップし、「支払いと配送先」→「お支払い方法を追加」からもできます。

1 有料アプリを購入する

Playストアで有料アプリを購入するには金額ボタンをタップし、「カードを追加」をタップして、クレジットカードの設定をします。

2 パスワードを入力

カード登録後、Googleアカウントのパスワード入力画面が表示されるのでパスワードを入力します。

3 支払いを行う

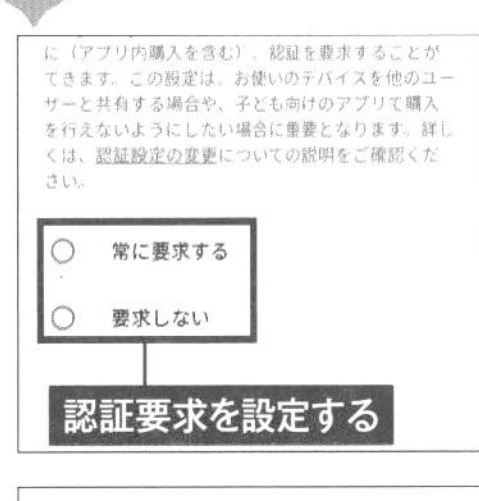

支払い処理が完了すると初回のみ購入時の認証要求が表示されます。設定をして「OK」をタップします。

使わないアプリは削除してしまおう!

アプリをたくさんインストールしていると、いつも利用しているアプリがどこにあるかわからなくなります。また、**ストレージ容量を圧迫**して端末動作を遅くする大きな要因にもなります。不要なアプリはアンインストールしましょう。一度、App Store や Play ストアで購入したアプリは削除しても無料で再度ダウンロードできるので再購入の心配はありません。アプリを削除するには Android の場合は Play ストア、iPhone の場合はアイコンを長押しして表示されるメニューから「App を削除」をタップしましょう。

1 アプリを長押しする

ホーム画面から削除したいアプリを長押しして「Appを削除」をタップしましょう。

2 アプリを削除する

確認画面が表示されたら「Appを削除する」をタップしましょう。なお、アイコンがふるえている状態のときに表示される「ー」ボタンをタップしても削除できます。

1 Playストアにアクセスする

Play ストアを開き右上のアイコンをタップして「アプリとデバイスの管理」をタップします。

2 アプリを選択して削除する

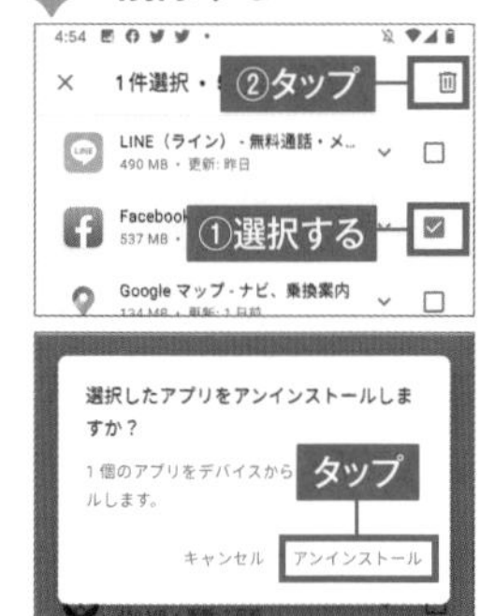

アプリにチェックを入れてゴミ箱ボタンをタップするとアンインストールできます。

アプリを並べ替えるには

ホーム画面に表示されているアプリアイコンは自由に並び替えることができます。移動したいアイコンを長押しすると浮いた状態になるので、移動先の場所にドラッグして指を離しましょう。また、アイコンを画面端に移動することで隣のページに移動させることもできます。

ホーム画面にあるアイコンを軽く長押ししてドラッグしましょう。端に移動させると隣のホーム画面に移動します。

ホーム画面、またはアプリ一覧画面にあるアイコンを長押ししてドラッグしましょう。

フォルダを作ってアプリを整理しよう

ホーム画面にアプリが増えてくると、どのアプリがどこにあるかわかりづらくなります。似たカテゴリのアプリはフォルダにまとめましょう。iPhone、Androidともにフォルダを作ってアプリアイコンを整理する機能があります。フォルダ名も好きな名前を付けることができます。

アイコンを長押しして一緒にまとめたいアイコンに近づけるとフォルダが自動で作成されます。

アイコンを長押しして一緒にまとめたいアイコンに近づけるとフォルダが自動で作成されます。

クレジットカード以外でアプリを購入するには？

アプリ購入はクレジットカードを使った決済が一般的な手段ですが、クレカが使えない人のための決済手段も用意されています。クレカを使いたくない人はiTunesカードやGoogle Playカードなどの**プリペイドカードを使う**といいでしょう。

これらのカードは、コンビニやドラッグストアなどでどこでも販売されており、カードを購入してスマホに登録すれば、購入時の金額がスマホに反映されます。その金額分内でストア内からアプリを購入することができます。キャリア決済ができない人にも有効な支払い方法です。

1 App Storeからカードを登録する

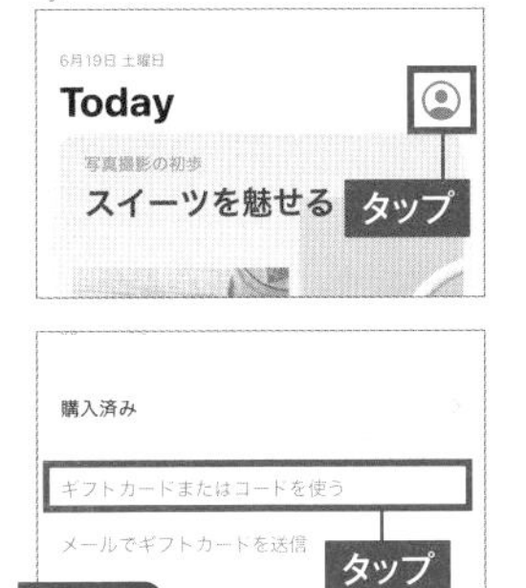

App Storeを開き右上のユーザーアイコンをタップし、「ギフトカードまたはコードを使う」をタップします。

2 カメラでカードを読み取る

「カメラで読み取る」をタップして、iPhoneのカメラでカードに記載された文字列を読み取ると金額がチャージされます。

1 Playストアを開く

Playストアを開き右上のユーザーアイコンをタップし「お支払いと定期購入」をタップします。

2 コードの登録

支払い設定で「コードの利用」をタップし、カードに記載されているコード番号を入力するかカメラにかざすとチャージされます。

ストアでのパスワード入力を省きたい

アプリをダウンロードする際、毎回、パスワードを入力するのが面倒な人は、パスワード以外の個人認証機能を利用しましょう。機種によりますがiPhoneやAndroidでは顔認証や指紋認証でパスワードを省略してアプリを購入することができます。

「設定」アプリから「Face IDとパスコード」をタップし、「iTunes StoreとApp Store」の項目を有効にしましょう。

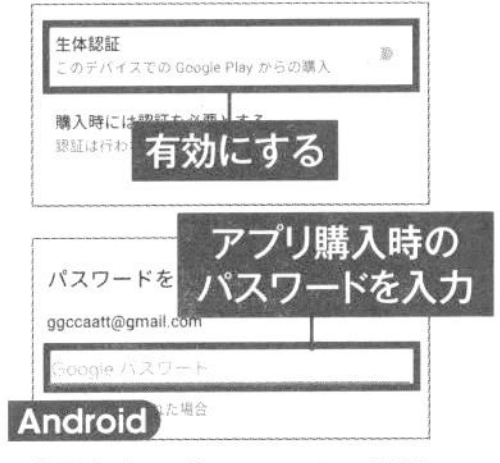

「設定」アプリでスマホに指紋や顔認証をした後、Playストアアプリのメニューから「設定」→「認証」で「生体認証」を有効にしましょう。

怪しげなアプリの動作をなんとかしたい

アプリの中には便利ツールを装ったウイルスアプリも多数あります。感染するとスマホ内の電話帳が外部へ漏洩し、うまく削除できないこともあります。特にAndroidには怪しげなアプリが多いです。誤ってインストールしてしまった場合の対処方法を解説しましょう。

「設定」アプリを開き「アプリと通知」をタップし、「アプリ情報」をタップします。

怪しげなアプリ名をタップして「無効にする」「強制停止」をタップしましょう。

使用中のアプリを素早く切り替えるには

スマホ操作をしていると、複数のアプリを頻繁に切り替えて使うことがあります。その場合、毎回ホーム画面やアプリ一覧画面に戻るのは面倒です。素早くアプリを切り替えたいときは**マルチタスク画面**を利用しましょう。

iPhoneの場合、ホーム画面下から画面中央あたりまで指を離さず上にスワイプするとマルチタスク画面が表示され、左右にスワイプすることで最近使ったアプリに切り替えることができます。Androidの場合は、画面下部にあるナビゲーションバーを軽く上方向にスワイプすればマルチタスク画面が表示されます。

マルチタスク画面でアプリを切り替える

1 画面下から上へスワイプ

iPhoneでは画面下部にあるつまみの部分を指で下から画面中央へゆっくりスワイプしてみましょう。

2 アプリを切り替える

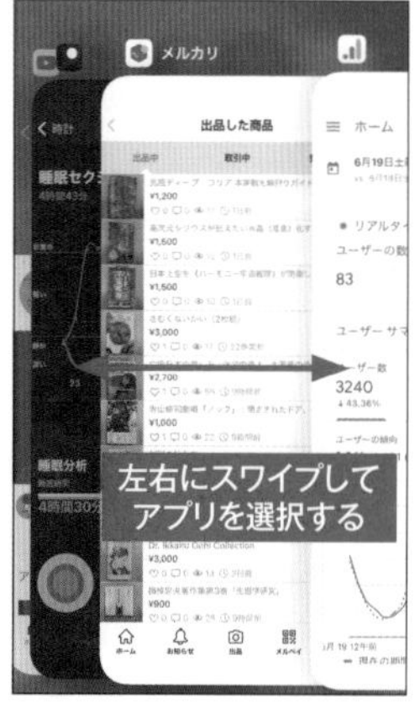

バックグラウンドで動作しているアプリが一覧表示されます。左右にスワイプしてアプリを選択すればアプリを切り替えることができます。

3 画面左端下を右へスワイプ

直前に使っていたアプリに戻りたい場合は、iPhoneの画面左下端から右へスワイプすると前のアプリを開いてくれます。

4 アプリを終了させる

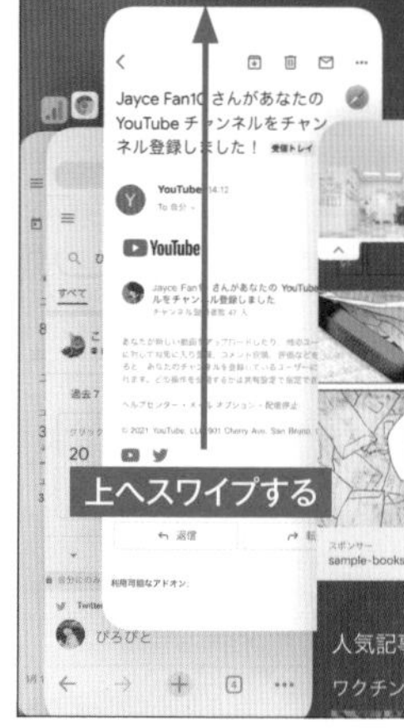

マルチタスク画面ではアプリを完全に終了させることもできます。上へスワイプしましょう。

1 画面下から上へスワイプ

Androidでは画面下部にあるつまみの部分を指で下から画面中央へゆっくりスワイプしてみましょう。

2 アプリを切り替える

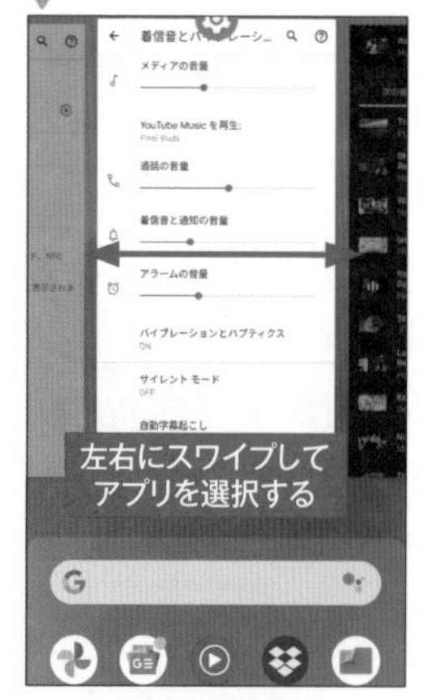

バックグラウンドで動作しているアプリが一覧表示されます。左右にスワイプしてアプリを選択すればアプリを切り替えることができます。

3 画面左端下を右へスワイプ

直前に使っていたアプリに戻りたい場合は、Androidの画面左下端から右へスワイプすると前のアプリを開いてくれます。

4 アプリを終了させる

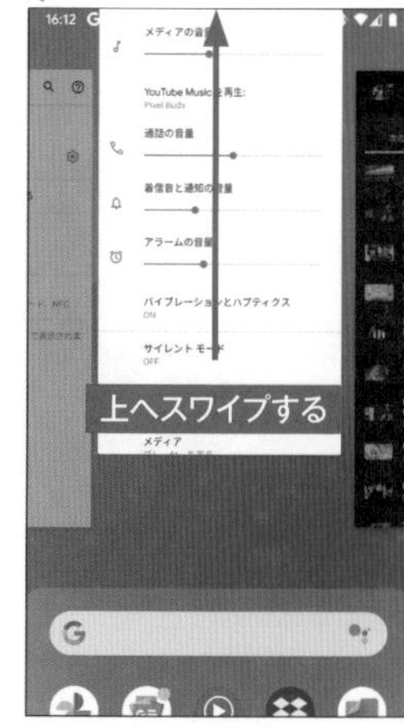

マルチタスク画面ではアプリを完全に終了させることもできます。上へスワイプしましょう。

アプリは自動でアップデートされるの?

アプリストアで配信されるアプリは日々、更新されており、機能が追加されたりセキュリティが強化されています。スマホは初期状態ではアプリが自動更新するようになっており、ユーザーがアプリを1つ1つ更新する必要がありません。充電中にWi-Fiに接続しているときなどに最新の状態にアップデートしてくれます。

しかし、アップデートにともなってこれまで使用してきた機能が使えなくなったりするアプリもあります。その場合、アプリの自動更新は止めたいものです。そこで**自動更新をオフにする方法**を知っておきましょう。オフ後、指定したアプリのみアップデートすることができます。

アプリの自動更新機能をオフにする

1 「設定」アプリを開く

ホーム画面から「設定」アプリをタップしてメニューから「App Store」をタップ。

2 自動アップデートをオフにする

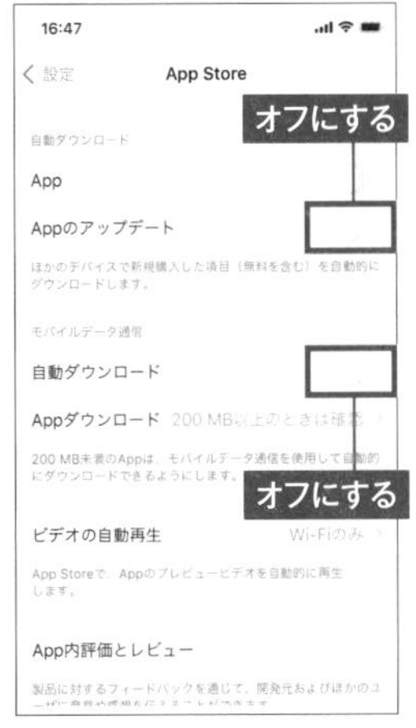

「Appのアップデート」と「自動ダウンロード」をオフにしましょう。

3 手動でアップデートをする

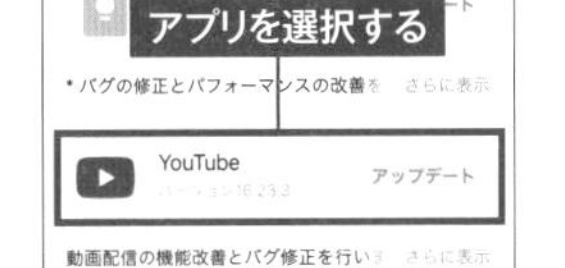

手動でアップデートするにはApp Storeを開き、右上のユーザーアイコンをタップし、アプリを選択します。

4 アップデートの詳細を確認する

アップデートするアプリの詳細内容を確認後、「アップデート」をタップするとアップデートできます。

1 Playストアを起動する

Playストアを起動し、アカウントアイコンをタップして、「設定」をタップします。

2 自動更新を停止する

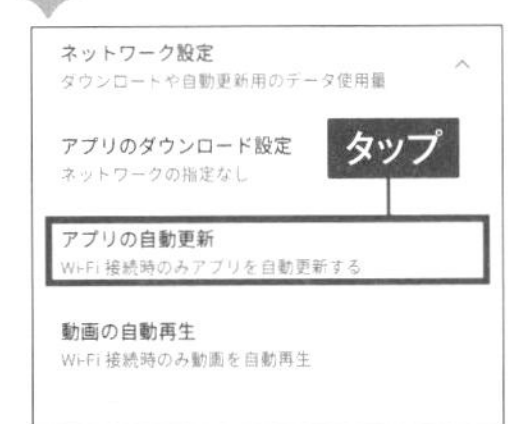

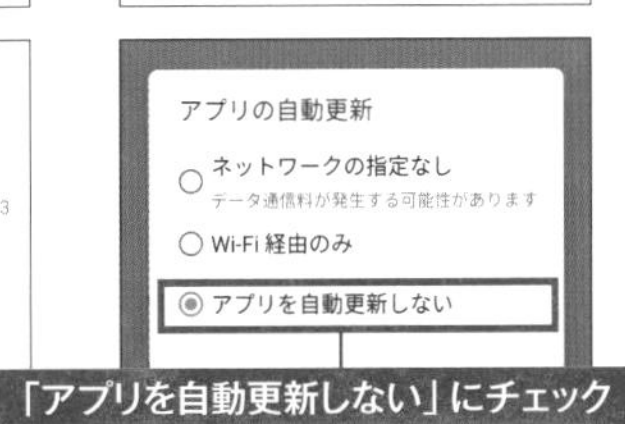

「アプリの自動更新」をタップして「アプリを自動更新しない」にチェックを入れましょう。

3 アプリの管理

自動更新するには「アプリとデバイスの管理」から「アップデート利用可能」をタップ。

4 手動でアップデートする

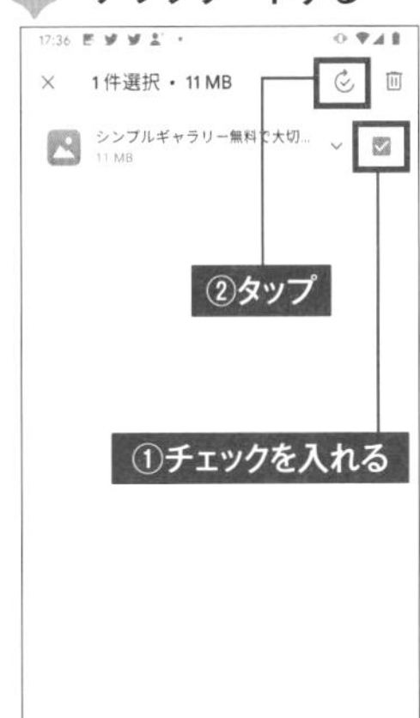

アップデートするアプリにチェックを入れてアップデートボタンをタップしましょう。

第2章
電話を使う

ここでは、スマホでの電話の使い方を解説しています。スマホは、ガラケーや固定電話と同じように、電話をかけたり受けたりできます。着信履歴や連絡先を上手く活用すると、快適に通話を楽しむことができますので、最初は面倒かもしれませんが、こまめに連絡先を登録していくのがおすすめです。

スマホの便利な点として、電話に出られないときにメッセージを送信できることが挙げられます。電話がかかってきている中での操作となるので、最初は焦って間違った操作をしてしまうかもしれませんが、とても便利な機能なのでマスターしておきましょう!　また、無料で使えるビデオ電話もとても楽しいものです。スマホを使うと、電話以外のコミュニケーションの幅が広がることが実感できるでしょう。

最近のスマホの
料金プランは
5分や10分の電話かけ放題も
あるから安心だよね。

怪しげな番号からの
電話や、非通知の電話は
出なくても問題なし!

重要項目インデックス

▶▶ 電話を使う

スマホで電話をかけるには

音声通話契約をしているユーザーは、家庭用の固定電話やガラケーと同じように電話をかけることができます。

電話をかけるにはホーム画面にある**「電話」アプリをタップ**しましょう。メニューから「キーパッド」タブを開くとダイヤル数字が表示されるので、このキーパッドを操作して電話番号を入力しましょう。入力した電話番号が画面上部に表示されます。入力後、通話アイコンをタップすることでその番号に電話を発信します。相手が受話すると通話が始まります。なお、通話を終了したいときは赤色の電話アイコンをタップしましょう。

1 電話アイコンをタップ

iPhoneの場合、左下のドックに設置されている緑の電話アイコンをタップします。

2 電話番号を入力する

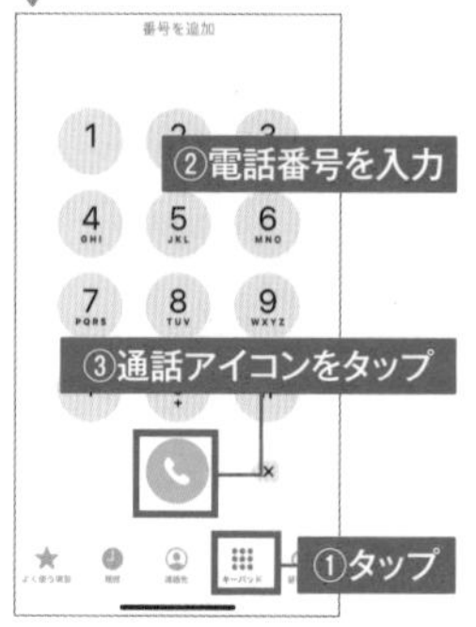

「キーパッド」タブを開きキーパッドを使用して電話番号を入力し、通話アイコンをタップしましょう。

1 電話アイコンをタップ

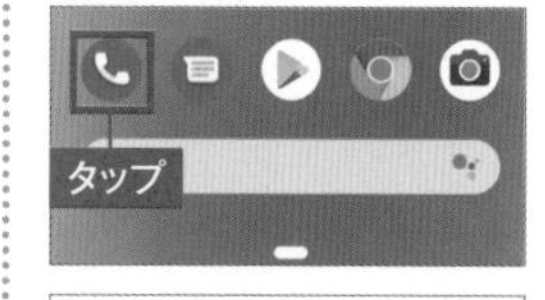

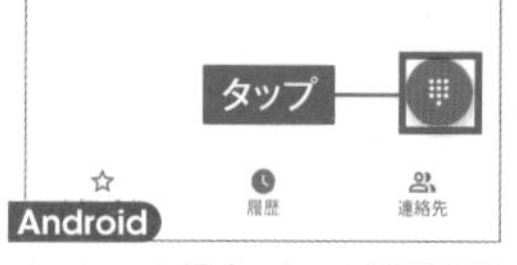

Androidの場合、ホーム画面左下に設置されている電話アイコンをタップします。アプリ一覧画面にも設置されています。起動後、右下にあるキーパッドアイコンをタップします。

2 電話番号を入力する

キーパッドを使用して電話番号を入力し、通話アイコンをタップしましょう。

着信履歴から電話をかける

スマホで着信があると履歴に相手の電話番号データが残ります。履歴には相手の電話番号、名前、着信時間などの情報が表示されます。相手にかけなおすときは履歴画面からかけることができます。電話番号を入力する手間が省けます。なお、自分がかけたときも通話履歴が履歴に残ります。

下部メニューから「履歴」をタップすると受話履歴が表示されます。電話機のアイコンがある番号は自分から発信した通話です。

下部メニューから「履歴」をタップすると受話履歴が表示されます。番号や名前をタップするとリダイヤルできます。

「連絡先」を使って電話をかける

家族や友だちなど、よく使う電話番号は「連絡先」に登録しておきましょう。登録しておけば毎回電話番号を入力することなく、相手の名前をタップするだけで発信されます。また、着信相手が連絡先に登録されている場合だと相手の名称を画面に表示してくれます。詳しい登録方法は54ページにあります。

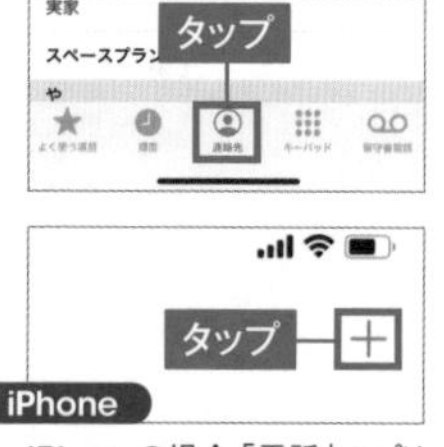

iPhoneの場合「電話」アプリを開きメニューから「連絡先」を開き、追加ボタンをタップして電話番号を登録します。

連絡先に登録した名前をタップし、表示される画面から「発信」をタップすると発信されます。

かかってきた電話を受けるには

スマホに電話の着信があると標準では着信音が鳴り、画面に相手の電話番号が表示されます。もし、相手と通話したい場合は画面に表示された電話アイコンをスライドしてから話しかけましょう。ボタンを押しただけでは通話できないので注意しましょう。

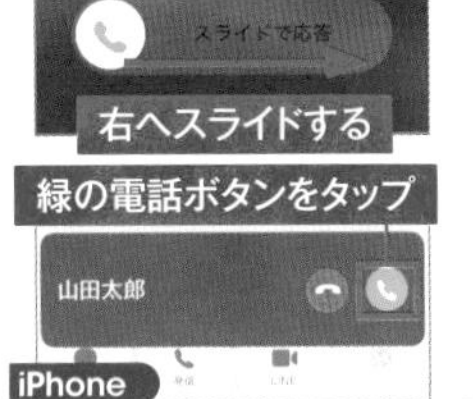

iPhoneで着信があった場合、電話ボタンを右へスライドさせましょう。スマホ操作中にかかってきた場合は緑の電話ボタンをタップしましょう。

Androidで電話に着信があるとこのような画面になります。iPhoneと異なり電話アイコンを上へスワイプしましょう。

着信があったが拒否したい

移動中だったり、手が離せないなどの理由で電話に出られないことがあります。その場合は一度着信を切りましょう。着信画面でオフにすることができます。着信拒否操作はiPhoneロック時の画面の拒否ボタンがないので注意しましょう。

iPhoneのロック中に電話がかかってくる際の画面には拒否ボタンがありません。iPhoneでは右側面の電源ボタンを2回押しましょう。

Androidの場合は、電話アイコンを下へスワイプすると着信の拒否になります。

着信があったとき着信音だけすぐに消したいときがあります。iPhoneやAndroidでは端末側面の電源ボタンを一度押すと着信音だけ消すことができます。着信そのものは拒否していません。

着信音やバイブレーションをオフにしたい

着信音だけでなく、バイブレーションもオフにして、あとで着信があったかどうかだけ知りたいことがあります。その場合は「サイレントモード（消音モード）」とバイブレーションのオフ設定をうまく組み合わせましょう。

iPhoneでは「設定」アプリの「サウンドと触覚」でバイブレーション機能をオフにしましょう。その後、端末側面にあるサイレントスイッチを有効にすれば着信音とバイブレーションの両方をオフにできます。Androidの場合は「設定」アプリの「着信音とバイブレーション」の設定で両方をオフにできます。

1 バイブレーション機能をオフにする

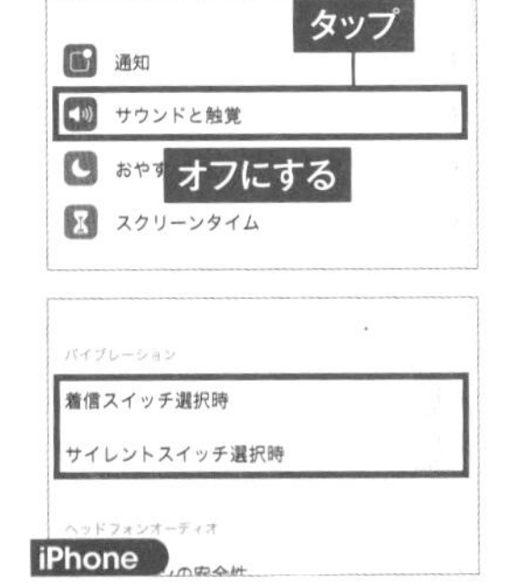

「設定」アプリを開き「サウンドと触覚」と進み、バイブレーションの項目をオフにします。

2 サイレントスイッチを有効にする

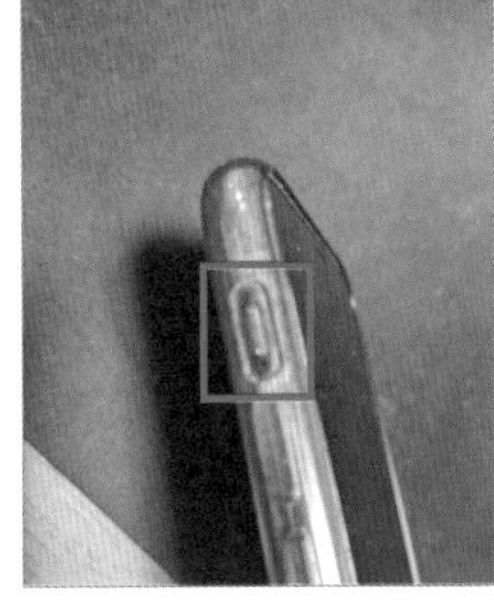

iPhone端末左上にあるサイレントスイッチを赤色に切り替えれば、着信時に着信音もバイブもオフになります。

1 バイブ設定をオフにする

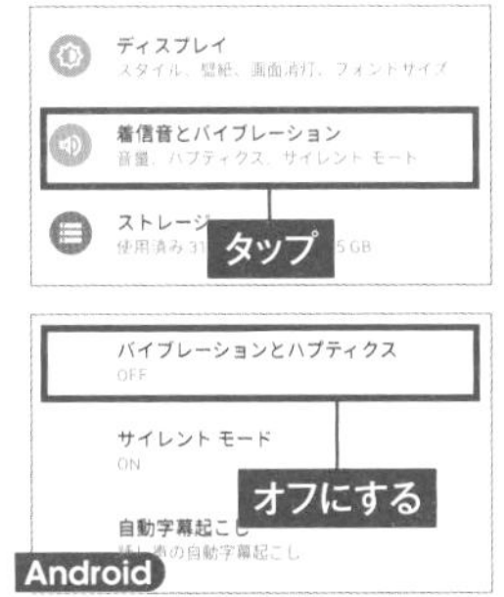

「設定」アプリを開き「着信音とバイブレーション」をタップして「バイブレーションとハプティクス」をオフにしましょう。

2 サイレントモードを有効にする

クイック設定パネルを開いてサイレントモードを有効にしましょう。着信時に着信音もバイブもオフになります。

電話を切るには？

通話中の電話を終了させたい場合は、通話画面に表示されている赤い電話ボタンをタップしましょう。通話が終了します。電話をかけていて相手が着信していないときにもこの赤い電話ボタンは表示されます。誤って電話かけて切りたいときもこの赤いボタンをタップしましょう。

iPhoneの通話画面。赤いボタンをタップすると通話の終了です。

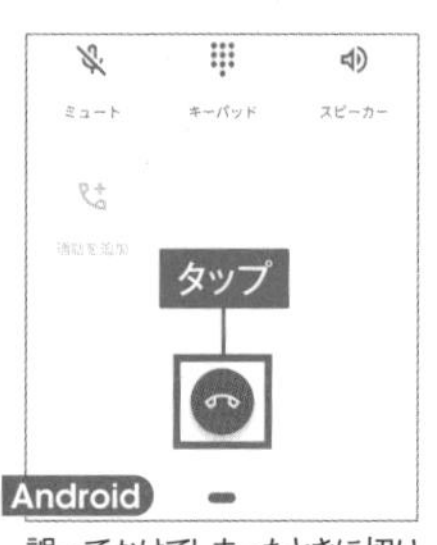

誤ってかけてしまったときに切りたいときも赤いボタンをタップしましょう。

相手の声が聞こえにくい

相手の声が小さかったり、周囲がうるさくて聞き取りづらい場合は音量のボリュームをアップしましょう。iPhoneでは端末側面にある音量プラスボタンを押せば大きくなります。Androidも同じく端末側面の音量ボタンをプラスにすれば大きくなります。

iPhoneでは通話中に側面にある音量プラスボタンを押しましょう。

Androidも同じです、なお画面上にも音量調節バーが表示されます。

すぐ電話に出られないときはメッセージが便利！

着信があった際、なんらかの用事ですぐに電話に出られないことがあります。拒否してしまえばよいですが、一方的に切っては相手によっては気を損ねることもあります。そこで、メッセージを使って電話に出られない理由を説明しましょう。

iPhone、Androidともに着信画面には「メッセージ」ボタンが用意されています。このボタンをタップして、**電話に出ることができない理由を説明した文例**を選択しましょう。SMS経由でそのメッセージが送信されます。ただし、相手が固定電話などSMS機能がない場合はメッセージが送れません。ここではiPhoneを例に紹介します。

1 「メッセージを送信」をタップ

iPhoneで着信があったときメッセージ返信をしたい場合は「メッセージを送信」をタップします。

2 返信内容を選択する

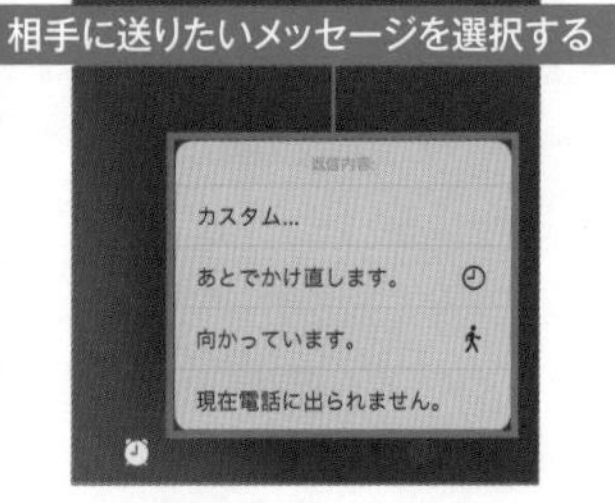

いくつかの返信用メッセージが表示されます。相手に送りたいメッセージを選択しましょう。メッセージが送信され、同時に電話は終了します。

3 相手の端末の画面

相手側の携帯電話のメッセージ画面です。選択したメッセージがこのような形で相手に伝えられます。ただし、相手がSMSを利用している必要があります。

POINT メッセージをカスタマイズする

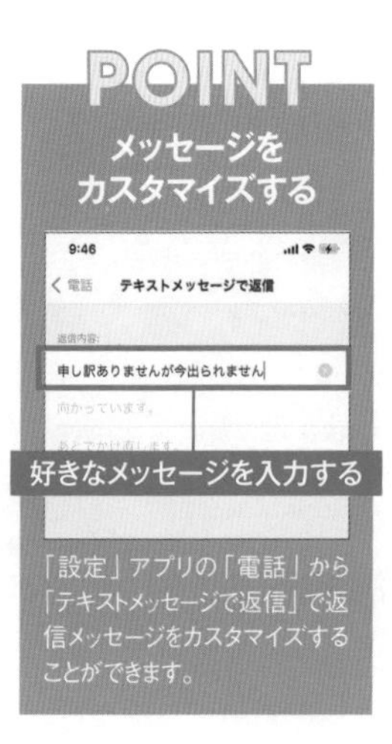

「設定」アプリの「電話」から「テキストメッセージで返信」で返信メッセージをカスタマイズすることができます。

着信音を変更するには

スマホの着信音は標準で設定されているもの以外にもたくさん用意されています。会社や家族で同じスマホを利用していて、**誰のスマホの着信音かわからなくなってしまう**ときがよくありますが、そんなときは着信音を他のものに変更することで区別できます。

iPhoneの着信音の設定は「設定」アプリの「サウンドと触覚」の「着信音」で変更できます。30種類以上の着信音が用意されているほか、App Storeから着信音を購入して追加することができます。Androidの着信音の設定は「設定」アプリの「着信音とバイブレーション」の「着信音」で変更できます。また、機種によっては**スマホに保存している音楽ファイル**を設定できることもあります。

着信音の設定を変更しよう

1 「設定」アプリを開く

iPhoneのホーム画面から「設定」アプリを開き、「サウンドと触覚」を選択する。

2 利用する着信音を指定する

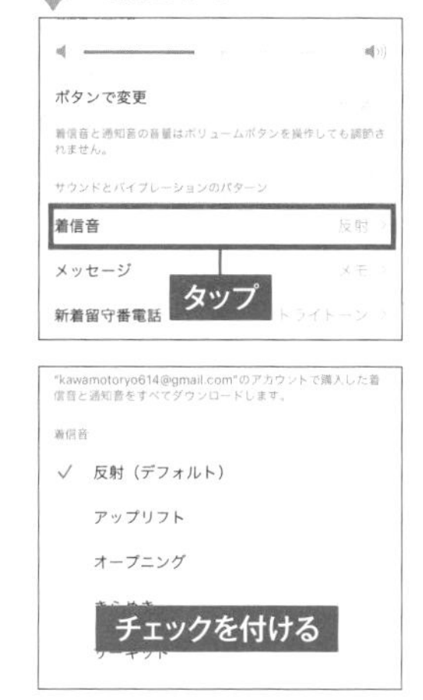

「着信音」をタップして利用する着信音にチェックを入れましょう。

3 さらに着信音を探す

「着信音／通知音ストア」をタップすると「iTunes Store」アプリが起動し、ほかの着信音を探してダウンロードすることができます。

POINT

友だちごとに着信音を設定する

「連絡先」に登録している人であれば、個々に着信音を設定できます。「連絡先」の各ユーザーの「編集」画面からできます。

1 「設定」アプリを開く

「設定」アプリを開き「着信音とバイブレーション」を選択します。

2 「着信音」の設定

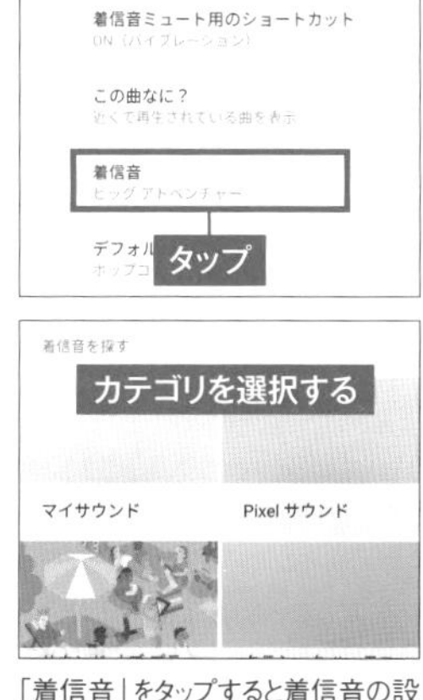

「着信音」をタップすると着信音の設定画面が表示されます。好きなカテゴリを選択しましょう。

3 着信音を指定する

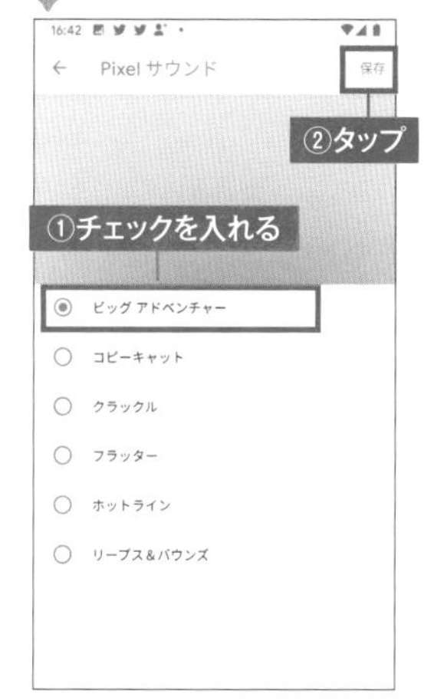

利用する着信音にチェックを入れて「保存」をタップしましょう。

▶▶ 電話を使う

留守番電話を利用するには

契約している通信業者のサービスにはオプションサービスとして留守番電話サービスが提供されています。大手3大キャリアだけでなく、一部の格安SIM会社でも留守番電話サービスが利用できます。

留守番電話は着信時に、一定時間電話に応答しなかった場合、自動音声が再生され、メッセージを残すよう相手に促します。残された留守番電話サービスをスマホで聞くには留守番電話サービスセンターが保管しており、そこへ**電話をかける必要があります。**

iPhoneの場合、留守番電話があると「電話」アプリの「留守番電話」タブに通知され、タップすると内容を再生することができます。Androidの場合はSMSで留守番電話の通知が届き、通知をタップすると「電話」アプリ(ボイスメール)が起動して内容を再生することができます。

留守番電話センターにかけてみよう

1 「留守番電話」タブを開く

留守番電話があると「電話」アプリの「留守番電話」にバッジが表示されます。タップします。

2 留守番電話をかける

中央にある「留守番電話に接続」をタップすると契約している事業者の留守番電話サービスにコールします。

3 留守番電話を聞く

留守番電話センターに接続されます。音声ガイダンスに従って保存された留守番電話を処理しましょう。

POINT キャリアによって留守番電話のかけ方は異なる

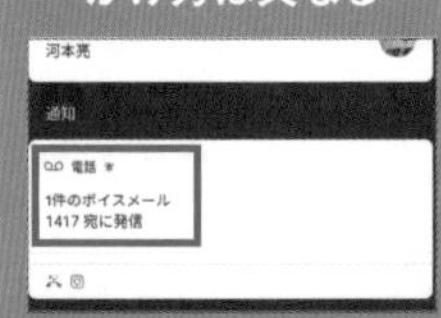

留守番電話サービスはスマホの機能ではなく契約している事業者のオプションサービスです。そのため、契約している事業者によって留守番電話サービスの使い方がかなり異なります。留守番電話を利用する前にお使いのキャリア、もしくは格安SIMの留守番電話サービスを確認しましょう。

1 留守番電話を受信する

Androidで留守番電話があると通知画面に「ボイスメール」として通知されることがあります。タップしましょう。

2 ボイスメールにかける

ボイスメールという画面が表示され留守番電話の内容が流れます。音声ガイダンスに沿って処理しましょう。

3 電話番号でかける

なお、「電話」アプリのキーボードで留守番電話サービスセンターの電話番号(ドコモなら1417)を直接入力して再生することもできます。

POINT 留守番電話番号を知るには？

Androidで利用している留守番電話番号を知るには、「電話」アプリの設定画面で「ボイスメール」→「詳細設定」→「セットアップの番号」で確認できます。

格安SIMで使える留守番電話サービスはないの？

格安SIMの留守番電話サービスの大半は有料だったり、そもそも使えない場合もあります。そんなときは「スマート留守電」というアプリを使いましょう。**月額310円で利用できる留守電サービス**で、録音メッセージが文字と音声の両方で届きます。また、留守番電話サービスへの発信が不要です。スマート留守電は多数の大手格安SIMに対応しています。

また、Androidの一部の機種（AQUOSやXperiaなど）には**「伝言メモ」という機能**があります。相手からの音声メッセージをスマホ本体に保存する方法です。一件あたり約60秒ほどで複数件保存することができます。月額利用料や通信料金などは一切かからないのがポイントです。

1 スマート留守電をダウンロード

スマート留守電はPlay ストアやApp Storeからダウンロードすることができます。

2 利用している回線を選択する

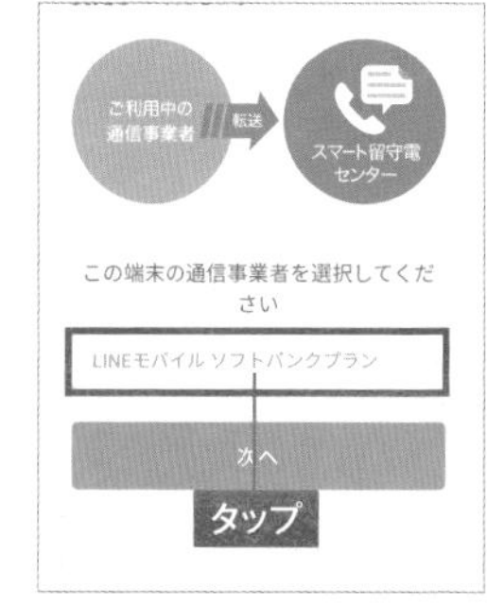

起動したらまず利用している回線業者を選択しましょう。

3 端末の設定方法

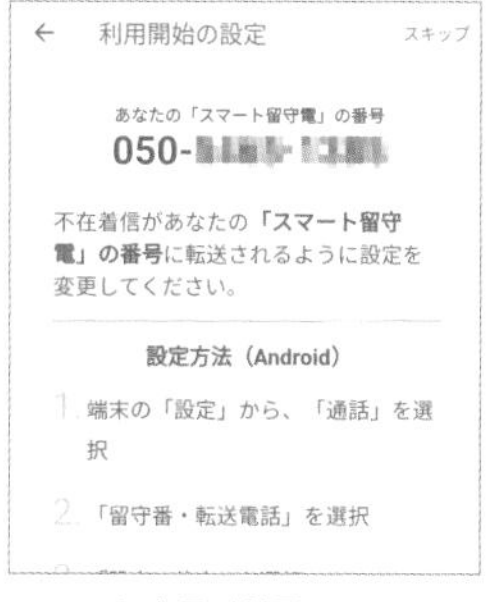

スマート留守電が利用できるようにする端末設定方法が表示されるのでしたがっていきましょう。

4 不在着信時の転送設定

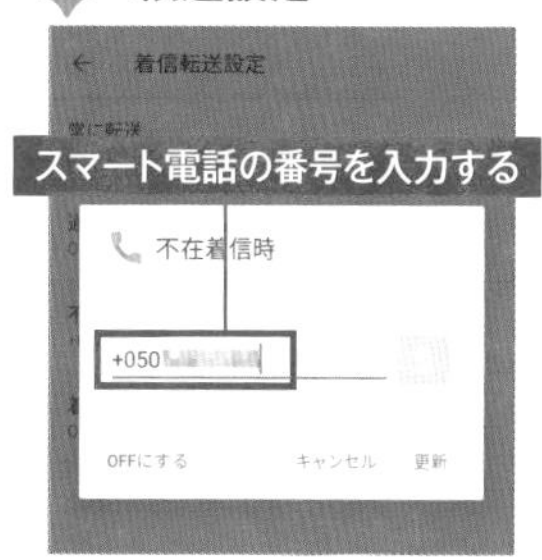

各機種の「留守番・転送電話」設定で表示されたスマート留守電の番号を登録しましょう。これで留守電時にスマート電話に転送されます。

緊急時には、すぐ電話をかけることができる

「110」や「119」などの緊急通報として使われる電話番号の利用を「緊急電話」機能と呼び、ロック画面のパスワードを解除せずにすぐにかけることができます。iPhoneではロック画面左下にある「緊急」をタップ、Androidではロック画面を上へスワイプしましょう。

ロック画面左下にある「緊急」をタップすると110や119にかけることができます。

Androidの場合はロック画面で下から上へスワイプすると緊急通報専用の電話画面が表示されます。

通話中にダイヤル操作をすることはできる？

自動音声案内サービスを利用する際は、通話しながらキーパッドを使ってダイヤルする必要があります。通話中の画面メニューにある「ダイヤルキー（Android）」または「キーパッド（iPhone）」をタップすれば入力できます。

通話画面で「キーパッド」をタップしましょう。

▶▶ 電話を使う

音声通話だけでなくビデオ通話もできる

スマホの電話機能が従来の固定電話やガラケーと異なるのはビデオ形式でコミュニケーションできることです。つまり、受話口に耳や口をあてることなくスマホ画面に映し出された相手と対面しながら通話することができます。

iPhoneユーザー同士であれば「FaceTime」アプリを使いましょう。お互いのiPhoneの電話番号やApple IDを利用してビデオ通話できる上、Wi-Fi接続していれば通話料金がかかりません。

ビデオ通話機能は標準で搭載されていますが、同じ機種同士でしか通話できないものが多いです。機種に依存せずにビデオ通話を行うなら「ハングアウト」や「Skype」「LINE」などのビデオアプリを利用しましょう。

スマホでビデオ通話をしてみよう

1 iPhone同士ならFaceTimeを使おう

iPhoneユーザー同士であればFaceTimeを使いましょう。連絡先画面にある「FaceTime」ボタンをタップすると通話が始まります。

2 ビデオ通話画面

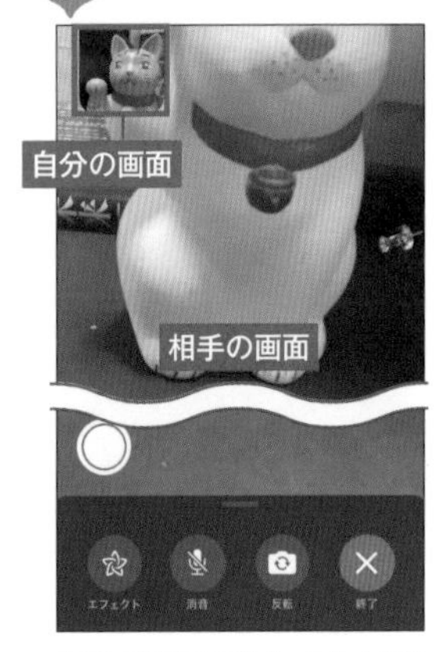

相手の顔が画面全体、自分の顔は画面端に小さく表示されます。下部にはさまざまなメニューが用意されています。

3 エフェクトメニュー

FaceTimeの「エフェクト」メニューを使うと画面にさまざまな効果を与えることができます。覆面でビデオ通話もできます。

POINT FaceTimeオーディオもおすすめ

ビデオ機能を取り除き音声だけで通話するFaceTimeオーディオもおすすめです。無料で高品質な通話ができるので、携帯電話の通話料の節約になります。

1 LINEでビデオ通話をする

LINEでビデオ通話するには相手のプロフィール画面で「ビデオ通話」をタップします。※LINEは3章で解説

2 ビデオ通話画面

相手の顔が画面全体、自分の顔は画面端に小さく表示されます。下部にはさまざまなメニューが用意されています。

3 エフェクトメニュー

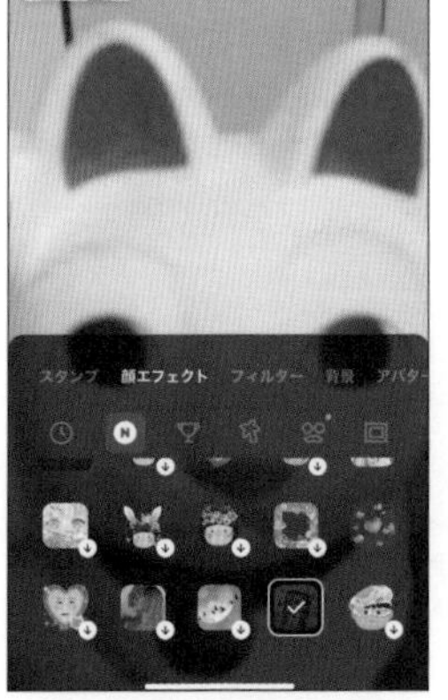

LINEにもFaceTimeのようなエフェクトメニューが多数備えられています。下部メニューの「エフェクト」から利用しましょう。

POINT 背景を隠せるLINE通話

顔の後ろに映るプライベートな空間が映ってしまう人が嫌な人は通話前の着信画面で背景を選択しましょう。

通話中にほかのアプリを操作するには？

通話中にスマホ内にあるメモを見たり、地図アプリを見たくなるときがあります。スマホでは通話を切らずに、ほかのアプリを起動して操作することができます。なお、通話中にほかのアプリを使っているときは画面上部のステータスバーに通話中であることを示すマークが表示されます。

通話画面で画面下のナビゲーションを上へスワイプするとホーム画面に戻ります。左上に緑のマークがあれば通話中です。

ナビゲーションバーを上へスワイプします。アイコンが表示されている間は通話中です。アイコンから通話操作もできます。

自分の電話番号を確認したい

スマホ取得時は自分の電話番号がわからないことも多いです。自分の電話番号を確認する方法を知っておきましょう。Androidでは「設定」アプリの端末情報に記載されています。iPhoneの場合は「連絡先」の画面上部にある「マイカード」をタップすれば確認できます。

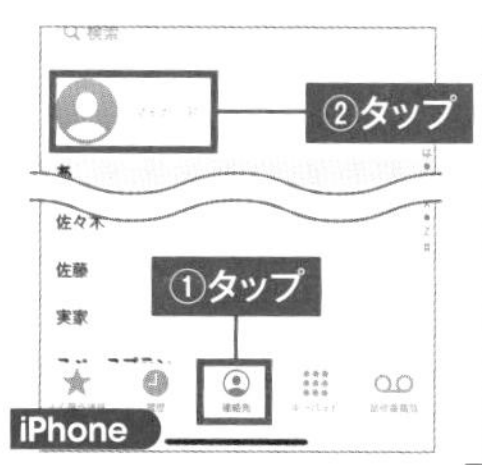

「電話」アプリから「連絡先」タブを開き「マイカード」をタップすると電話番号が表示されます。

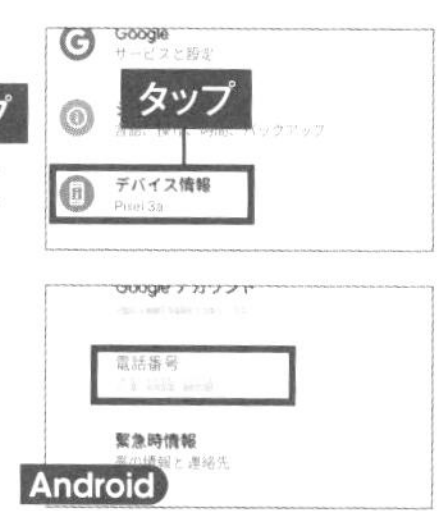

「設定」アプリを開き「デバイス情報」をタップすると電話番号が表示されます。

電話回線だけオフにしてインターネットを使いたい

スマホのアプリを使っているときやゲーム中に**突然電話がかかってきて画面が遮断され、作業が中断されてしまう**ことがあります。このような事態を防ぎたい場合は「機内モード」を利用しましょう。機内モードとはスマホの通信機能をオフにして、航空安全基準に従って使用できるようにする機能です。有効にすると携帯電話ネットワーク、Wi-Fi、Bluetooth、位置情報サービス、GPSなどほとんどの通信機能がオフになります。

ただ、機内モードを利用中でもWi-FiやBluetooth機能だけを有効にすることができます。これらをうまく組み合わせて携帯電話の通信だけオフにしましょう。

1 コントロールパネルを開く

iPhoneでは画面右上端を下へスワイプしてコントロールパネルを開き、機内モードを有効にしましょう。

2 Wi-Fiを有効にする

機内モードを有効にしたままWi-Fiボタンをタップして有効にしましょう。これで電話回線はオフのままインターネットができます。

1 クイック通知パネルを開く

Androidでは画面上部から下へスワイプしてクイック設定パネルを開き、機内モードを有効にしましょう。

2 Wi-Fiを有効にする

機内モードを有効にしたままWi-Fiボタンをタップして有効にしましょう。これで電話回線はオフのままインターネットができます。

通話アプリを使ってグループ通話を行う

会社の同僚たちと離れたミーティングをする際や複数の友だちとおしゃべりを楽しむのにもスマホの通話機能は便利です。複数のユーザーと同時に会話できるツールはいくつかあります。たとえば、「ハングアウト」アプリを使えば無料で複数の人たちと同時に通話することができます。相手の端末にもハングアウトがインストールされている必要がありますがiPhoneでもAndroidでも対応しています。最大10人が参加できます。iPhoneユーザー同士であればFaceTimeを使ってグループトークすることもできます。

また、すでにLINEを利用しており、ほかの人たちもLINEを利用しているならLINEを使ってグループ通話をするのもよいでしょう(3章参照)。

通話アプリを使ってグループ通話を行う

1 アプリをインストール

ハングアウトをアプリストアからダウンロードします。ハングアウトはGoogleアカウントを利用するので、利用するGoogleアカウントを選択します。

2 通話相手を選択する

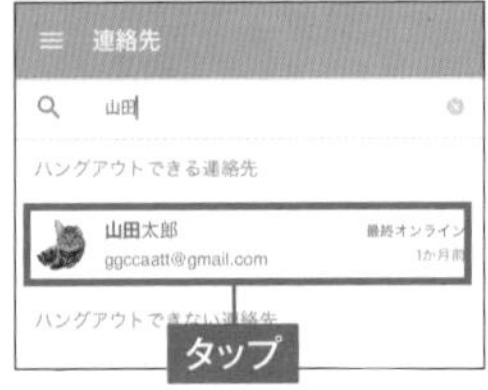

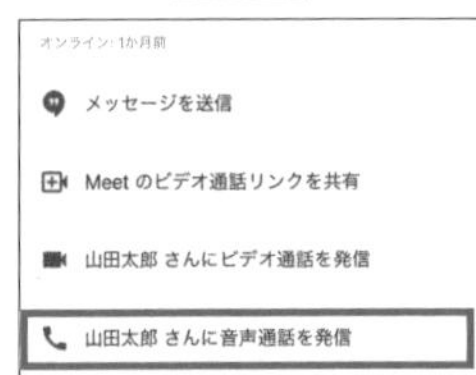

連絡先から通話したい相手を選択しましょう。相手がハングアウトを利用しており、メールアドレスを知っている必要があります。

3 3人以上で通話をする

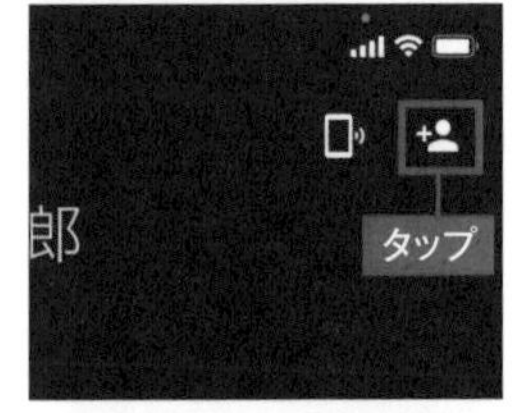

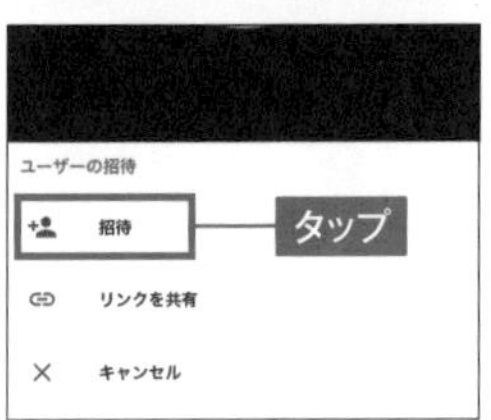

3人以上で通話をするには右上の招待ボタンをタップし、「招待」をタップします。

4 グループ通話が行われる

画面下に参加したメンバーの名前やアイコンが追加されていきます。自身は一番右のアイコンです。

1 FaceTimeオーディオで通話する

ホーム画面から「FaceTime」アプリをタップし、右上の「+」をタップします。

2 通話相手を追加する

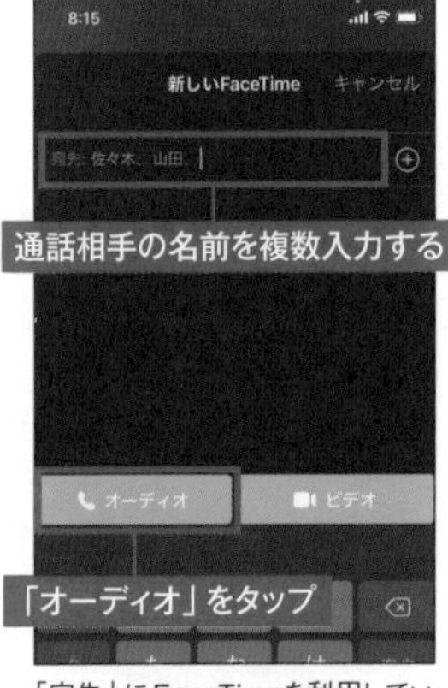

「宛先」にFaceTimeを利用しているユーザーの情報(電話番号やメールアドレスなど)を入力し「オーディオ」をタップします。

3 複数人での通話が始まる

複数の相手に一斉にコールされます。相手が参加を承諾すると会話が始まります。終了するときは下部メニューから「終了」をタップしましょう。

POINT

FaceTimeビデオで途中参加させるワザ

「FaceTimeビデオ」で会話中にメニューを上へスワイプすると「参加者を追加」メニューが表示され、ここから複数人でのトークも行えます。なおこの機能はFaceTimeオーディオにはないので、途中でほかの人を招待したくなったときは一度FaceTimeビデオに切り替えましょう。

迷惑電話を着信拒否するには

スマホを使っていると勧誘や詐欺のような迷惑電話が多数かかってきます。同じ番号から何度もかかってくる電話番号を拒否したい場合は**着信拒否設定**をしましょう。設定すると以後、その電話番号からの着信はなくなります。

iPhoneでは履歴画面から対象の電話番号横にある「i」をタップして「この発信者を着信拒否」をタップしましょう。Androidの場合は「電話」アプリの履歴から着信拒否したい番号を長押しして、メニューから「ブロックして迷惑電話として報告」を選択しましょう。

1 iPhoneで着信拒否をする

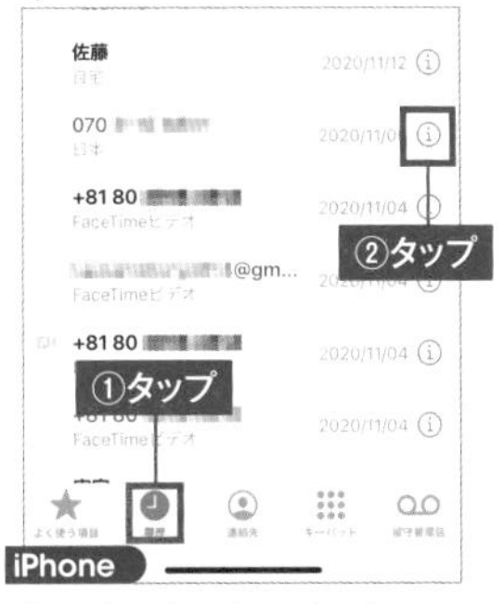

「電話」アプリの「履歴」タブを開き、着信拒否したい電話番号横の「i」をタップします。

2 「この発信者を着信拒否」をタップ

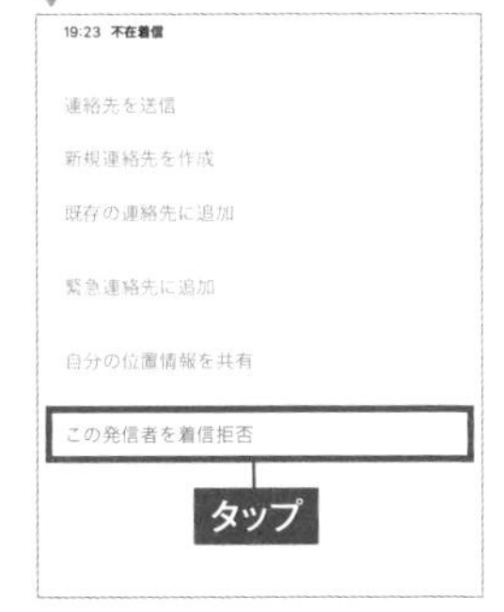

下にスクロールして「この発信者を着信拒否」をタップすれば、以後着信はなくなります。

1 Androidで着信拒否をする

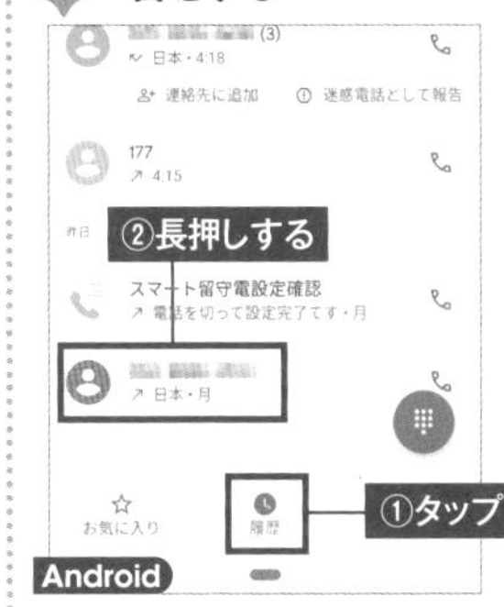

「電話」アプリの「履歴」タブを開き着信拒否したい番号を長押しします。

2 ブロックする

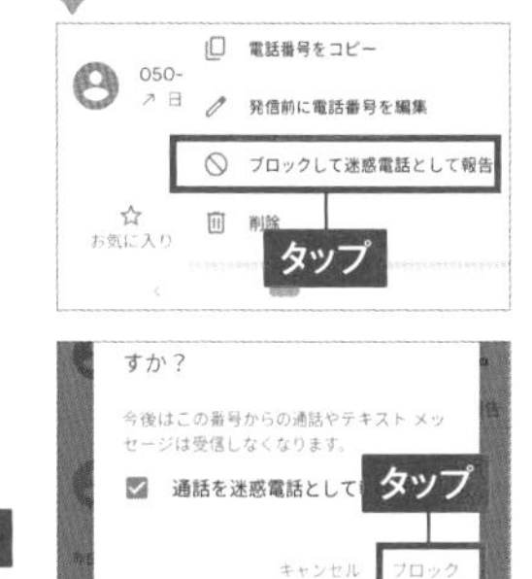

「ブロックして迷惑電話として報告」をタップします。確認画面で「ブロック」をタップしましょう。

非通知や知らない人からの着信を拒否するには

非通知や知らない人からの電話を取りたくない場合、iPhoneでは「不明な発信者を消音」を有効にするのがおすすめです。通知履歴には残りますが着信音は鳴らないので気が散ることはありません。連絡先に登録されているユーザーからの着信はきちんと知らせてくれます。

「設定」アプリから「電話」をタップして下にある「不明な発信者を消音」をタップします。

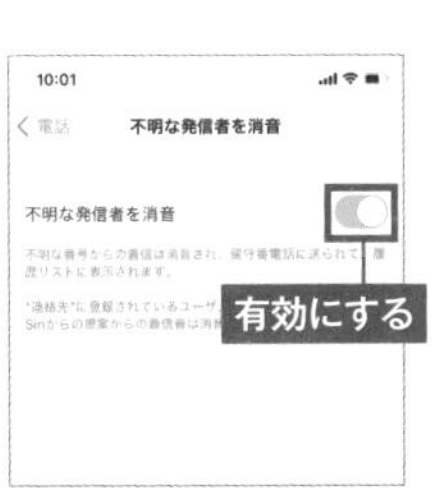

「不明な発信者を消音」を有効にしましょう。着信は消音され、留守番電話に送られ、履歴には残ります。

就寝中には電話が鳴らないようにしたい

スマホには指定した時間に限って着信音や通知音をオフにしてくれる「おやすみモード」が搭載されています。有効にしている間は、着信音で起こされることはありません。また、指定した時間の間になると自動でおやすみモードになるよう設定することもできます。

「設定」アプリを開き「おやすみモード」をタップします。指定した時間になると毎日自動的におやすみモードにしてくれます。

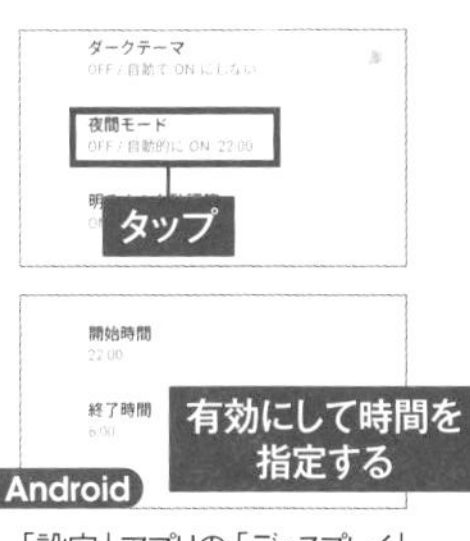

「設定」アプリの「ディスプレイ」の「夜間モード」をタップ。おやすみモードにする時間を指定して有効にしましょう。

着信履歴にある番号を連絡先に追加する

よく使う電話番号は「連絡先」に登録しておけば、あとで素早くかけることができ便利ですが、連絡先に電話番号を手動で1つ1つ打ち込んで登録していくのは面倒です。素早く、**連絡先に登録したいなら着信履歴を利用**しましょう。

iPhoneの「電話」アプリの「履歴」タブには過去にやり取りした相手の電話番号が一覧表示されていますが、ここから簡単な操作で「連絡先」に登録することができます。Androidの場合も同じく「電話」アプリの「履歴」画面を開き、電話番号をタップして連絡先として登録しましょう。

履歴から連絡先に追加しよう

1 「履歴」を開く

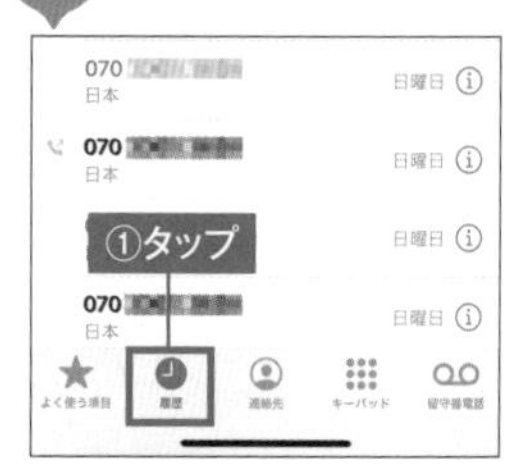

「電話」アプリを開き「履歴」タブをタップします。「連絡先」に追加したい電話番号横の「i」をタップします。

2 新規連絡先に追加する

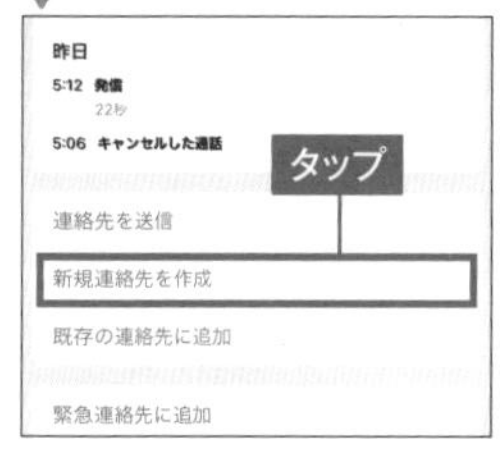

「新規連絡先を作成」をタップして、相手の名前やニックネームなどの個人情報を入力しましょう。

3 連絡先から電話をかける

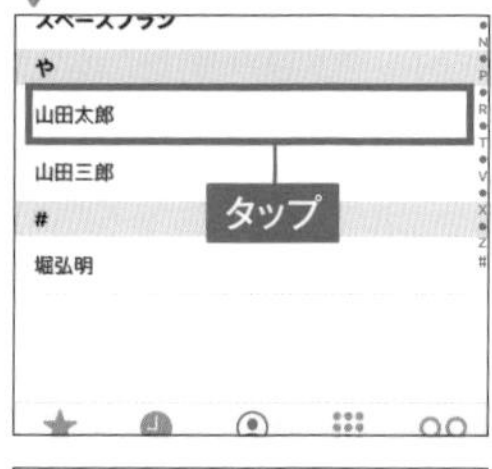

「連絡先」を開き電話をかけたい相手の名前をタップし、「発信」をタップすると電話をかけることができます。

POINT

メッセージや通話アプリも発信できる

iPhoneの「連絡先」は非常に高機能で、追加した電話番号を基に連絡先からSMSを送信したり、電話番号と紐付けられたほかの通話アプリを起動することができます。

1 「履歴」画面から追加する

「電話」アプリの「履歴」タブを開き、連絡先に追加したい電話番号をタップして「連絡先に追加」をタップします。

2 名前を入力して保存する

相手の名前を入力して「保存」をタップします。「連絡先」に電話番号が登録されます。

3 連絡先から電話をかける

連絡先から相手の名前をタップするとこのような画面が表示されます。「通話」をタップすると発信が行われます。

相手がスマホなら「SMS」をタップしてメッセージ送信もできる！

よく使う番号にアクセスしやすくする

連絡先に登録している電話番号の数が増えてくると目的の電話番号を探すのに手間取ります。家族や、よく電話をする友だちや仕事先の電話番号に素早くアクセスしたい場合は、お気に入りに登録しておきましょう。ブラウザのブックマークやお気に入りと似たような機能で登録しておけば、「電話」アプリの**「お気に入り」メニューから素早くアクセス**できます。

なお、iPhoneではお気に入りは「よく使う項目」という名称になっており、携帯の電話番号だけでなく、メッセージアプリやLINEやSkypeなどの音声通話アプリなどアプリごとに登録することができます。

1 「連絡先」から追加する

「電話」アプリの「連絡先」を開き、よく使う項目に追加する相手の編集画面を開き「よく使う項目に追加」をタップします。

2 追加する項目を選択する

追加するアプリを選択しましょう。「よく使う項目」を開くと追加されています。

1 お気に入りに登録

「電話」アプリの「連絡先」を開き、「お気に入り」に登録したい相手を開きます。☆マークをタップします。

2 お気に入りを開く

「電話」アプリの「お気に入り」に追加されます。

連絡先を検索するには？

お気に入りに登録する以外に素早く目的の電話番号を探す手段として検索を利用する方法があります。「連絡先」アプリには検索ボックスが用意されており、相手の名前を入力すると検索候補に表示されます。名前をタップすると連絡先が表示され、電話をかけることができます。

「電話」アプリの「連絡先」タブを開き検索ボックスに名前を入力すると、候補が表示されるのでタップしましょう。

「連絡帳」アプリを起動し検索ボックスに名前を入力すると、候補が表示されるのでタップしましょう。

不要な連絡先は削除してしまおう

連絡先に登録したが不要で使わなくなったものや重複しているものは削除しましょう。iPhoneでは対象の連絡先画面を表示後、編集画面に切り替えると削除ボタンが表示されます。Androidでは連絡先一覧画面から複数選択してまとめて削除できます。

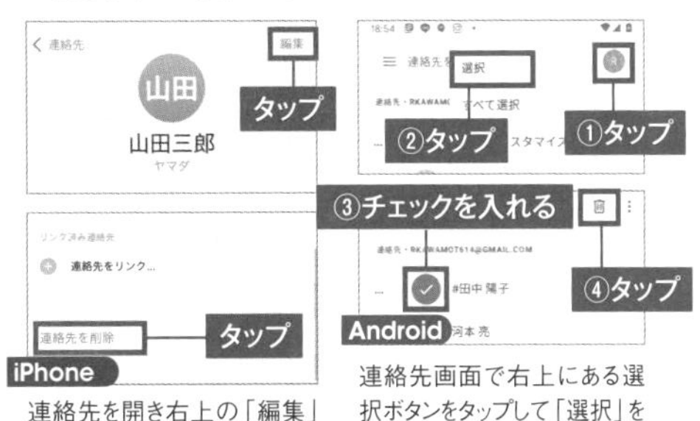

連絡先を開き右上の「編集」をタップ。編集画面一番下にある「連絡先を削除」をタップしましょう。

連絡先画面で右上にある選択ボタンをタップして「選択」をタップします。削除する連絡先にチェックを入れ削除をタップしましょう。

第3章

メール、メッセージ、LINE

メールやメッセージは、スマホで人とコミュニケーションをとるための基本的なアプリです。一言で済むような内容はメッセージが便利で、長文で伝える必要のあるものはメールが適しています。どちらもとても使いやすいツールなので、しっかり使い方を学んでいきましょう。

メールやメッセージよりも、人によっては圧倒的に使用時間が長いツールが「LINE」です。対話形式でトークが進んでいくのでリズムよくやりとりが行えますし、トークの流れから音声通話も可能で、しかも電話料金などはかかりません。グループで写真などを送りあい、ワイワイ話すにはLINEが最適でしょう。周囲にLINEを使っている人が多いならLINEの使い方を覚えると一気にコミュニケーションの速度が速くなるでしょう!

私はずっとLINEだと
疲れてくるから
メッセージが一番
ちょうどいいわ!

LINEだけ使ってると
一瞬で話が流れてしまったり
するから、いくつか
手段があるのは
いいことだよね。

重要項目インデックス

スマホでテキストメッセージをやりとりするには

メールアプリとメッセージアプリを使い分けよう

スマホは電話ですが、通話によるコミュニケーションよりも、テキストを介したコミュニケーションの方が一般的です。テキストを介したやり取りをする代表的なアプリは「メール」アプリと「メッセージ」アプリの2つです。「メッセージ」アプリは、ガラケー時代から使われてきた**ショートメッセージの延長**にあたるもので、おもに携帯電話番号を使ってメッセージのやり取りを行います。相手の携帯電話番号さえ知っていれば送信できます。以前はテキストしか送信できませんでしたが、キャリアメールがあれば写真や動画なども送信できます。

「メール」アプリは、**パソコンで利用するメール**のことで、スマホでパソコン用のメールを送受信できます。Gmail や Yahoo! メール、会社のメールアドレスを使って送受信したい場合に「メール」アプリを利用します。

「メッセージ」アプリと「メール」アプリの違いを知ろう

「メッセージ」アプリ

日常会話のように一行程度のテキストでテンポよくやり取りするときに利用します。

POINT

- 携帯電話番号で送受信する
- 日常的な会話のようなやり取り(チャットと呼ぶ)
- 写真、スタンプ、絵文字を使ってやり取りもできる

アドレスの形式

090-XXX-XXXX
080-XXX-XXXX
070-XXX-XXXX

「メッセージ」「LINE」

「メール」アプリ

契約書やビジネスメールなど堅い文面の長いテキストをやり取りする際に利用します。

POINT

- メールアドレス(GmailやYahoo!メール)を使って送受信する
- ビジネスや買い物などきちんとしたやり取りのときに使う
- 写真やPDFなどさまざまなファイルを添付できる

アドレスの形式

xxxxx@gmail.com
xxxxx@yahoo.co.jp
xxxxx@xxx.net

「メール」「Gmail」

キャリアメールとは

格安SIMではなくドコモ、ソフトバンク、auなどの大手キャリアと契約している場合は、メッセージやメールのほかに「キャリアメール」が利用できます。これは「@docomo.ne.jp」「@softbank.ne.jp」のようなメールアドレスを利用しますが、メッセージアプリとメールアプリの両方でやり取りできます。ただし、契約している大手キャリアと解約すると使用はできなくなり、電話番号のように引き継げないのがデメリットです。

電話番号を使ってメッセージを送信してみよう

電話をかけるほどでもない内容なら「メッセージ」アプリを使ってメッセージを送信してみましょう。「電話」アプリ同様スマホには標準で「メッセージ」アプリが搭載されています。「メッセージ」アプリは**相手の携帯電話番号さえわかっていれば送信できます**(固定電話は不可)。

ホーム画面やアプリ一覧画面にある「メッセージ」アプリを起動し、相手の電話番号を入力した後、キーボードでテキストを入力して送信しましょう。逆に相手からメッセージが送信されることもあります。メッセージが届いたら「メッセージ」アプリを起動し、送信者名をタップしましょう。メッセージを確認することができます。

「メッセージ」アプリでメッセージを送受信しよう

1 「メッセージ」アプリを起動する

ホーム画面にある「メッセージ」アプリをタップします。右上にあるメッセージ作成ボタンをタップします。

2 電話番号を入力する

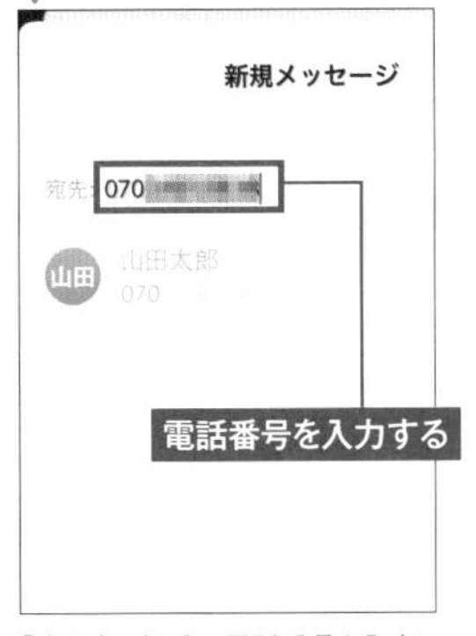

「宛先」に相手の電話番号を入力しましょう。なお、「電話」アプリの「連絡先」に入力する電話番号が登録してあれば、候補が自動的に表示されます。候補をタップすると素早く電話番号を入力できます。

3 メッセージを入力して送信する

メッセージ入力欄にメッセージを入力して隣にある送信ボタンをタップすると、メッセージが送信されます。

4 メッセージのやり取りを確認

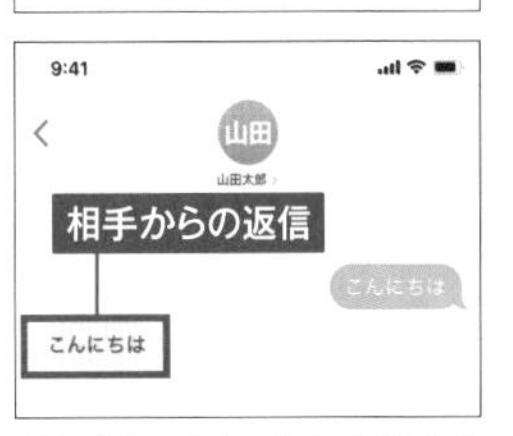

送信が成功すると画面右側に自分が送信したメッセージが表示されます。相手から返信が来ると画面左側に相手のメッセージが表示されます。

1 「メッセージ」アプリを起動する

アプリ一覧画面にある「メッセージ」アプリをタップします。「チャットを開始」をタップします。

2 電話番号を入力する

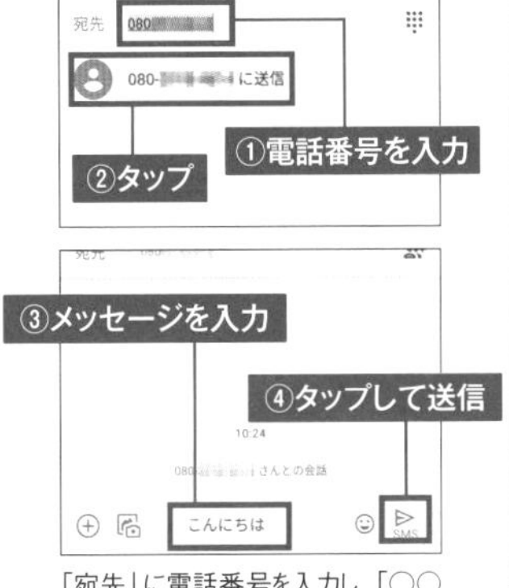

「宛先」に電話番号を入力し、「〇〇に送信」をタップします。メッセージを入力して送信ボタンをタップしましょう。

3 メッセージをやり取りする

右側に自分のメッセージ、左側に相手からのメッセージが表示されます。

4 絵文字や写真の送信もできる

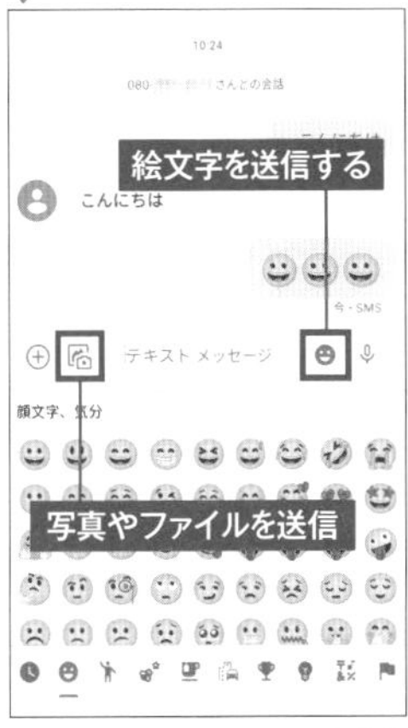

テキストメッセージだけでなく、入力欄横にあるボタンから絵文字や写真、ボイスメールなども送信できます。

パソコンで使っているメールを使う(iPhone)

会社や自宅のパソコンで使っているメールをスマホで送受信するにはメールアプリを利用しましょう。iPhoneに標準で搭載されている「メール」アプリは、プロバイダのメールや会社のメールアドレスを登録して送受信できます。複数のメールアドレスを登録できるので、**個人用のメールと仕事用のメール**をひとつのアプリで管理して使い分けることができます。また、「メール」アプリではすでに利用しているGmail、Yahoo!メール、Outlookなどのメールも簡単な操作で登録して送受信できます。キャリアメールを登録することも可能です。

1 「設定」アプリから「メール」へ

iPhoneの「設定」アプリから「メール」→「アカウント」→「アカウントを追加」と進み「その他」をタップします。

2 メールの基本情報を入力する

「名前」にメールに表示される自分の名前、「メール」にメールアドレス、「パスワード」にメールサーバのログインパスワードを入力します。

3 メールサーバ情報を入力する

プロバイダや会社から発行されている受信メールサーバや送信メールサーバの情報を入力しましょう。

4 「メール」アプリを起動する

メールボックス
全受信
iCloud
Ggccaatt
VIP
フラグ付き
ICLOUD
追加されたメールアカウント

設定が完了したらホーム画面にある「メール」アプリをタップして起動しましょう。メールアカウントが追加されており、追加したメールアカウントで送受信ができます。

スマホでGmailを送受信するには(iPhone)

パソコンで普段利用しているGmailをスマホで利用する場合もメールアプリを利用します。どのメールアプリでもGmailを使えますが、iPhoneでもAndroidでも「Gmail」公式アプリが用意されています。Gmail公式アプリの最大のメリットは、**パソコン版Gmailとほぼ同等の機能**が使えることです。受信したメールをラベルで分類したり、重要マークやスターを付けて管理できます。また、スマホ上でGmail用のラベルを新しく作成することもできます。強力なセキュリティ機能を搭載しておりスパムメールや詐欺メールもフィルタリングしてくれます。

1 Gmailアプリをインストール

App StoreからGmailアプリをダウンロードして起動します。サービス選択画面で「Google」を選択します。

2 メールアドレスとパスワードを入力

Googleのログイン画面が表示されます。Gmailのアドレスとログインパスワードを入力しましょう。

3 Gmailでメールを送受信する

Gmailの受信トレイが表示されます。右下の作成ボタンをタップしてメールの新規作成ができます。

POINT

「メール」アプリと「Gamil」公式アプリどっちが便利

「Gmail」アプリはメールをリアルタイムで受信して、プッシュ通知してくれる点が大きなメリットです。iPhoneの「メール」アプリでGmailを利用すると最短でも15分ほどのタイムラグが発生してしまいます。もし、チャットのように素早いメールのやり取りをしたい人にはGmailがおすすめです。

iCloudメールを送受信するには(iPhone)

iCloudメールは**Apple社が提供している無料のメール**サービスです。iPhoneで利用するApple IDと連携しており、Apple IDの作成時に自動的にメールアドレス(@icloud.com)が付与されます。無料で5GBのメールボックスを利用できます。

また、作成すると自動的にiPhoneの「メール」アプリにメールアドレスが追加され、メールの送受信が行なえます。すでに、Apple IDを取得しているなら「メール」アプリを使って送信しましょう。

1 「メール」アプリを起動する

ホーム画面にある「メール」アプリをタップして起動します。「iCloud」の受信ボックスがあるのでタップします。

2 受信トレイが開く

受信トレイが開き、受信したメールが一覧表示されます。タップするとメールを閲覧できます。メールを送信する場合は右下の作成ボタンをタップします。

3 メールを作成する

「宛先」に相手のメールアドレスを入力して、件名と本文を入力したら送信ボタンをタップしましょう。

同じ署名を素早くメールに入力する(iPhone)

メールの末尾には自分の名前、メールアドレス、電話番号などの個人情報をまとめた「署名」を追加するのが一般的です。iPhoneの「メール」アプリでは、標準だと**「iPhoneから送信」**という署名が自動で追加されてしまいます。「設定」アプリの「メール」画面から署名内容を自分の個人情報に変更しなおしましょう。

また、「Gmail」アプリを利用している場合は、署名の設定はGmailアプリの設定の「モバイル署名」から行います。

1 「メール」アプリの署名を編集する

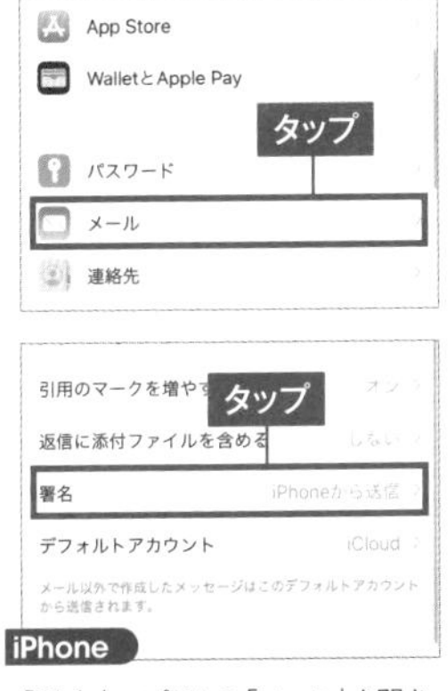

「設定」アプリから「メール」を開き、「署名」をタップします。

2 署名を入力する

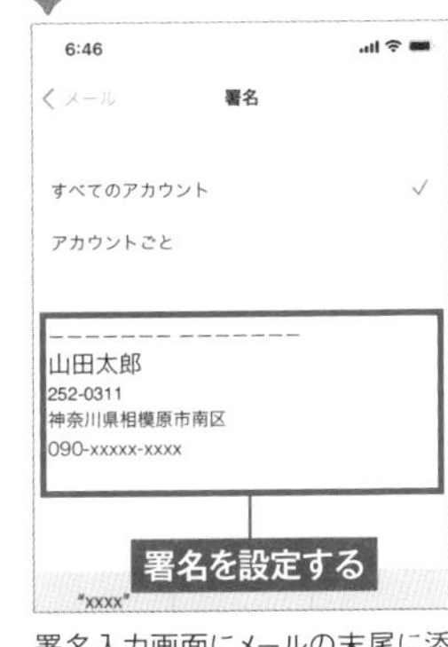

署名入力画面にメールの末尾に添付したい情報を入力しましょう。アカウントごとに署名を設定することもできます。

3 Gmailの署名を設定する

Gmailアプリの左上のメニューボタンをタップして「設定」をタップします。

4 モバイル署名を有効にする

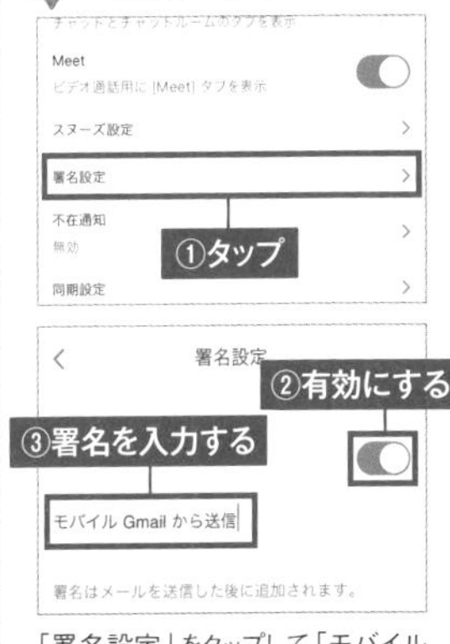

「署名設定」をタップして「モバイル署名」を有効にして、署名を入力しましょう。

Androidでメールを送信するには(Android)

Androidスマホでは**標準で「Gmail」アプリが搭載**されており、これを使ってメールの送受信ができます。すでにAndroidにGoogleのアカウントを登録している場合は、アプリ起動後「アカウント名@gmail.com」のメールアドレスを利用して、メールの送信ができます。メールを作成するには受信トレイ右下にある新規作成ボタンをタップしましょう。宛先欄に相手のメールアドレス、そのあと件名や本文を入力し、「送信」をタップすると送信されます。

また、「Gmail」アプリではGmailのメールアドレスだけでなく、会社や自宅のプロバイダメールを登録して送信することもできるほか、利用しているOutlook、Yahoo!メールなども簡単に登録して送受信できます。

1 「Gmail」アプリを起動する

アプリ一覧画面にある「Gmail」アプリをタップします。受信トレイが表示されたら「作成」をタップします。

2 メールを作成する

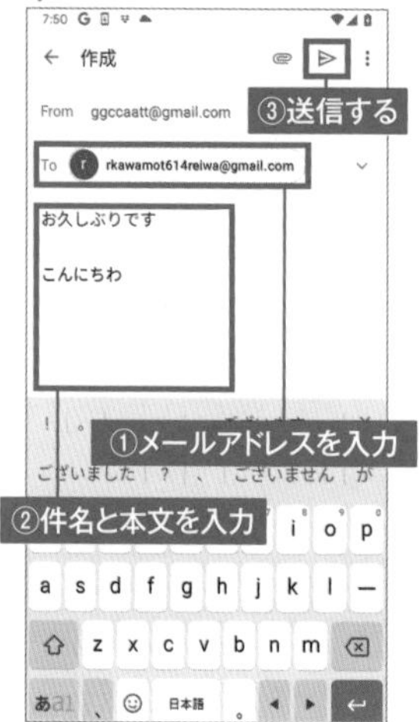

「To」に相手のメールアドレスを入力して、件名と本文を入力したら送信ボタンをタップしましょう。

3 ほかのメールサービスを追加する

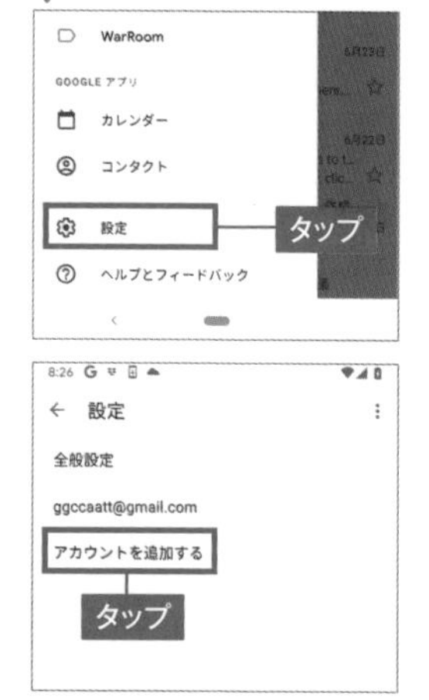

会社やプロバイダのメールを利用したい場合はメニューから「設定」をタップして「アカウントを追加する」をタップ。

4 メールサービスの選択

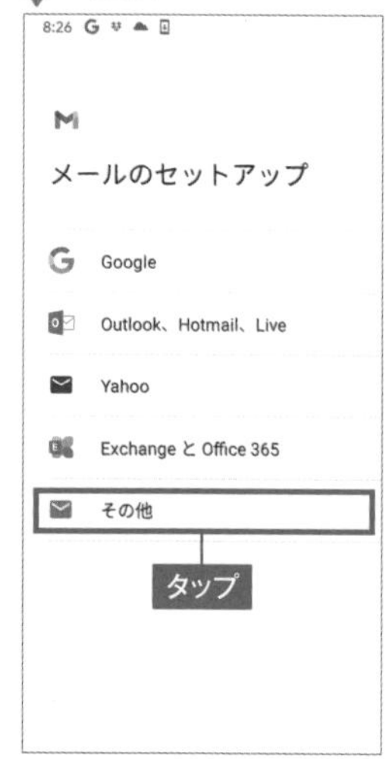

メールサービス選択画面が表示されます。「その他」をタップします。

5 メールアドレスの入力

会社や個人で利用しているメールアドレスを入力して「次へ」をタップし、メールサーバの種類を選択してサーバ情報を入力しましょう。

6 メールアドレスの入力

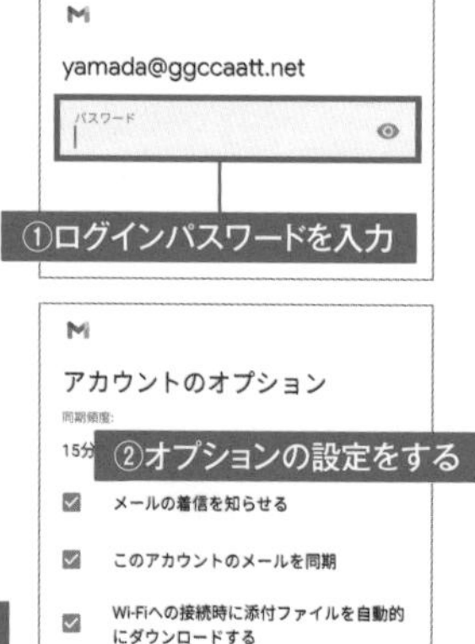

サーバのログインパスワードを入力します。続いてメールの着信やダウンロードに関するオプションを設定します。

7 アカウントの設定完了

「アカウントの設定が完了しました」と表示されれば設定は完了です。「名前」には送信者として表示される名前を入力しましょう。

8 送信元を変更する

メール作成画面で「From」をタップすると追加したメールアドレスが表示されます。送信元に利用するメールアドレスを選択しましょう。

メールを受信するには

メールアプリは送信するだけでなく受信することもできます。初期設定では自動的に受信されるようになっており、アプリを起動しなくてもメールサーバに新着メールが届くと**ロック画面やステータスバーなどで通知**してくれます。通知をタップすると受信したメールを開くことができます。

複数のメールがたくさん届いた場合、iPhoneではアプリアイコンに未読数を表示してくれます。メールを開封すると未読数の数字の数が減っていきます。見逃したメールがないかチェックするのに便利です。なお、Androidには未読数を表示する機能はありませんが、未読のメールを太字で強調表示してくれます。

1 メールの受信通知を確認する

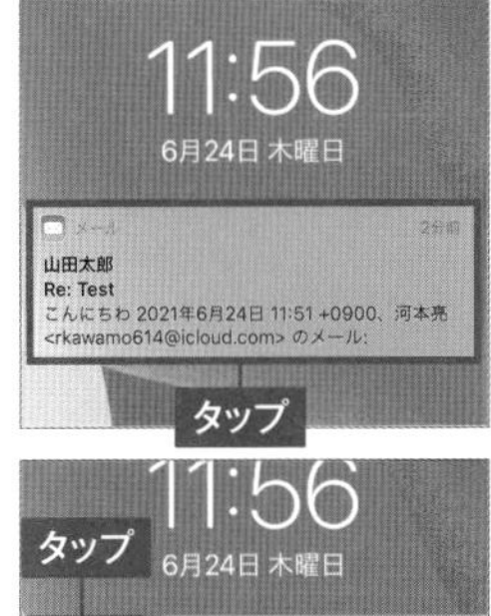

メールを受信するとロック画面に通知してくれます。閲覧するにはタップしましょう。メールアプリが起動して対象のメールが開きます。

2 メールを読む

メールアプリが起動するとともに対象のメールが開きます。左上の戻るボタンをタップすると受信トレイに戻ります。

3 アイコンに未読数が表示される

未読メールがある場合はアイコンに未読数が表示されます。受信トレイの青いマークが付いているメールを右へスワイプすると開封されます。

4 まとめて開封する

まとめて開封したい場合は、右上の「編集」をタップして「すべてを選択」をタップ。「マーク」から「開封済みにする」を選択しましょう。

1 メールの受信通知を確認する

Androidではメールが届くとロック画面に表示されます。2回タップするとメールを開くことができます。

2 ステータスバーやアイコンでも通知される

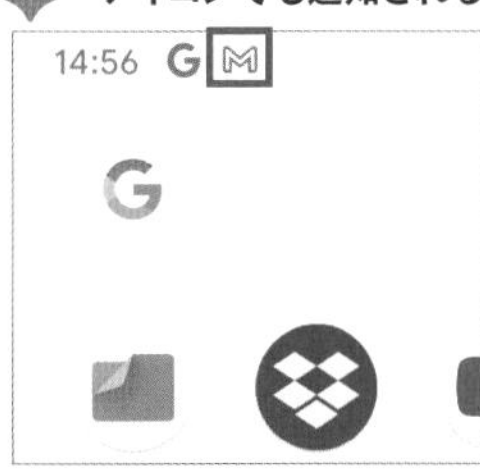

スマホ操作中に受信するとステータスバーにアイコンで通知されたり、アプリアイコンを点灯して通知してくれます。

3 アーカイブへ移動する

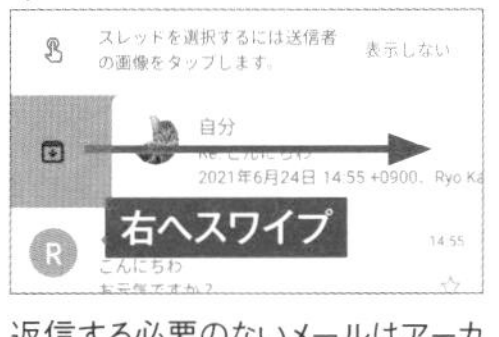

返信する必要のないメールはアーカイブへ移動しましょう。右へスワイプするとアーカイブへ移動します。

アーカイブとごみ箱の違いは？

Gmailの「アーカイブ」はごみ箱と異なり削除されることはありません。また、検索機能を使ってアーカイブ内のメールを探すことができます。完全に削除したい場合はごみ箱へ移動しましょう。

4 複数のメールをまとめて処理

メールを長押しするとチェックボックスが表示されます。まとめて処理したいメールにチェックを入れてアーカイブボタンをタップしましょう。

スマホで撮影した写真を相手に送信したい

スマホで撮影した写真を家族や友だちに送りたい場合はメールアプリを利用しましょう。どのアプリでも送信方法は似ており、アプリのメニュー上にある写真アイコン、もしくはクリップアイコンをタップしてみましょう。スマホ内に保存されている写真が一覧表示されるので、送信したい写真を選ぶと、写真を送信できます。

メッセージアプリで写真を送信することもできますが、送信相手の環境や、相手がガラケーだったりすると写真を送信できない場合もあります。**確実に写真を送信したい場合**はメールアプリを使いましょう。

1 「メール」アプリで写真を送信

「メール」アプリでキーボード上にあるメニューから写真アイコンをタップします。写真を選択しましょう。

2 写真が添付される

写真が添付されます。送信ボタンをタップすると写真を送信できます。

1 「Gamil」アプリで写真を送信

Gmailではメニューからクリップアイコンをタップします。写真を選択しましょう。

2 写真が添付される

写真が添付されます。送信ボタンをタップすると写真を送信できます。

同じ内容のメールを複数の人に送信したい

同じ内容のメールを複数の人に送信する場合は「CC/BCC」でメールを送信しましょう。「CC」で送信すると入力したメールアドレスがほかの送信相手のメールにも表示されます。「Bcc」に入力したメールアドレスはほかの送信相手のメールには表示されません。

送信相手に他に同じ内容のメールを誰に送っているかを知らせてもよいなら「CC」に入力しましょう。会社の同僚と上司に業務報告を送るときなどにおもに利用します。

送信先にほかの人のメールアドレスや個人情報を表示させたくない場合は「Bcc」に入力しましょう。おもにメルマガやセールスメールの一斉送信などに利用します。

メールに対して返信するには

届いたメールに返信する場合、新たにメールを作成する必要はありません。メールメニューにある「返信」ボタンをタップしましょう。元のメール内容の上に返信文を入力して送信できます。件名は通常「Re:」と自動で入力されますが編集することもできます。

メール内のメニューにある返信ボタンをタップします。

返信文を入力して送信ボタンをタップしましょう。「件名」は通常そのままにしておいたほうがいいでしょう。

相手のメールアドレスを連絡先に登録する

メールを送信する際、毎回、メールアドレスを入力するのは面倒です。入力の手間を省くには「連絡先」アプリをうまく利用しましょう。**メールアドレスを「連絡先」アプリに登録**しておけば、毎回メールアドレスを入力する手間を省くことができます。

iPhoneの「メール」アプリで「連絡先」アプリに登録するにはメールの差出人をタップすると表示されるプロフィール画面で「新規連絡先を作成」を選択しましょう。メールのやり取りをしたことない人を登録する場合は、「連絡先」アプリから直接追加しましょう。

Androidや「Gmail」アプリを利用しているは、メールの差出人のアイコンをタップして「追加」をタップしましょう。

1 「差出人」をタップ

「連絡先」アプリに追加したいメールを開き、差出人の横の名前をタップし、「新規連絡先を作成」をタップ。

2 追加したメールアドレスを呼び出す

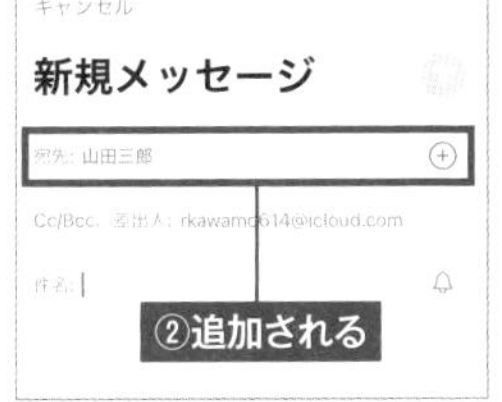

追加したメールアドレスを呼び出すには、「宛先」横の「＋」をタップして「連絡先」アプリを開き名前を選択しましょう。追加されます。

3 「連絡先」アプリから追加する

「連絡先」アプリから直接メールアドレスを追加する場合は、ホーム画面にある「連絡先」アイコンをタップして「＋」をタップします。

4 メールアドレスを追加する

「メールを追加」をタップしてメールアドレスを追加しましょう。

1 Gmailの連絡先に追加する

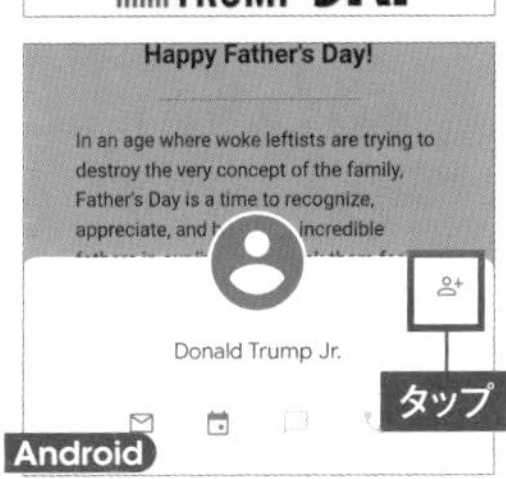

Gmailアプリで連絡先に追加するにはメールのプロフィールアイコンをタップし、メニュー右上の追加ボタンをタップします。

2 メニュー画面から連絡先にアクセス

Gmailで連絡先からメールアドレスを呼び出すには、メニュー画面を開き「コンタクト」をタップします。

3 メニュー画面から連絡先にアクセス

メールを送信したい相手の名前をタップして「メール」をタップすると、宛先欄に追加されます。

「Gmail」アプリはメール作成画面から直接連絡先を呼び出せないので注意！

差出人ごとにメールフォルダを振り分けるには？

iPhoneの「メール」アプリで受信したメールを差出人や内容ごとに分類したい場合はメールボックスを作成しましょう。「メール」アプリでは、「受信」「送信済み」「ゴミ箱」など標準で用意されているメールボックスとは別に**好きな名前のメールボックスを作成する**ことができます。

「Gmail」アプリでメールを分類したい場合は「ラベル」機能を使ってメールを分類しましょう。注意点としてiPhoneの「Gmail」アプリはアプリから直接ラベルを作成できますが、Android版はアプリからできません。ブラウザアプリでウェブ版Gmailにアクセスして作成する必要があります。

1 メールボックスを作成する

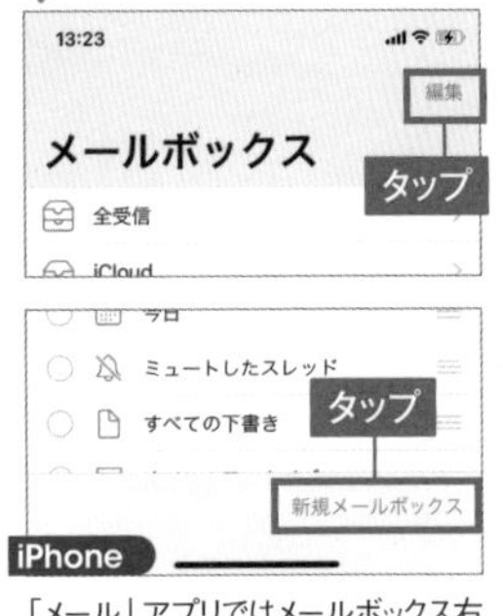

「メール」アプリではメールボックス右上の「編集」をタップし、「新規メールボックス」をタップします。

2 名前をつけて保存する

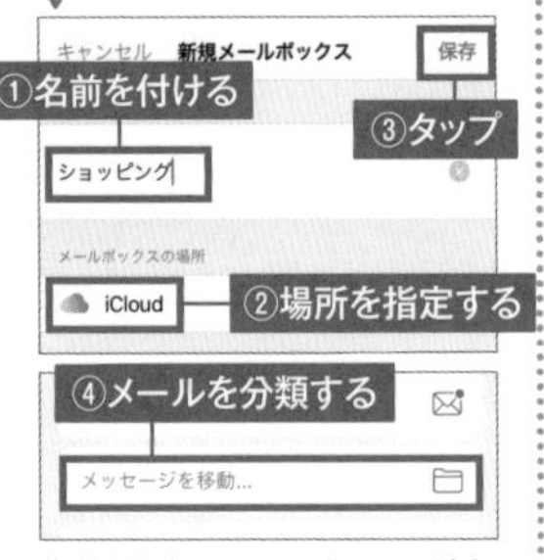

名前を入力し、メールボックスの追加場所を指定して「保存」をタップします。メールの返信メニューから「メッセージを移動」で分類しましょう。

1 Gmailアプリでラベルを作成する

iPhonのGmailアプリでラベルを作成するにはメニューを開き、「新規作成」をタップします。

2 ラベルの名前を付けて保存する

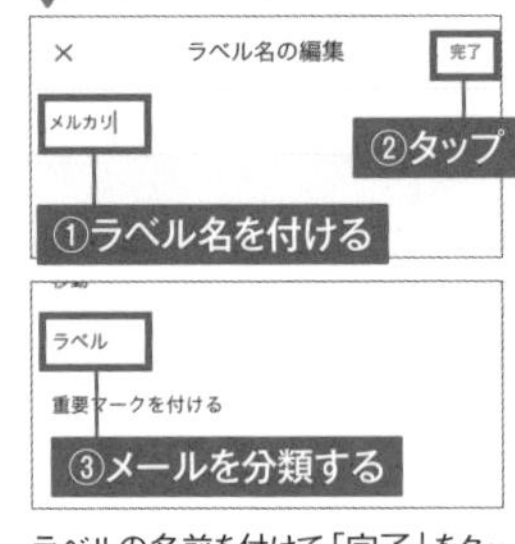

ラベルの名前を付けて「完了」をタップします。メールの返信メニューから「ラベル」で分類しましょう。

不要なメールを削除する

読み返す機会のなさそうな不要なメールを残したままでいるとメールボックスの空き容量が圧迫されます。また、重要なメールが探しにくくなります。通知メールやセールスメールなど**余計なメールは削除**しましょう。

iPhoneの「メール」アプリでは、削除するメールを開いたあと、下部メニューにある「ゴミ箱」アイコンをタップすると削除できます。「Gmail」アプリでも同じくメール本文画面にあるゴミ箱アイコンをタップすると削除できます。どちらのアプリともゴミ箱に移動したメールは30日後に完全に削除されます。

1 「メール」アプリで削除する

削除したいメールを開いたら「ゴミ箱」をタップしましょう。ゴミ箱へ移動します。

2 まとめて削除する

まとめて削除する場合はメール一覧画面で「編集」をタップして削除するメールにチェックを入れる。

1 Gmailで削除する

Gmailでメールを削除するにはメールを開いて右上のゴミ箱ボタンをタップしましょう。

2 複数のメールを削除する

メール一覧画面でメールを長押しするとチェックマークが表示されます。削除するメールにチェックを入れてごみ箱ボタンをタップしましょう。

迷惑メールを届かないようにするには

メールアプリを使っていると、必ずといっていいほどウイルスが添付されたメールや不要な広告メールが届きます。iCloudのメールアドレスやGmailを使っていれば、あらかじめこのような迷惑メールはフィルタリングされるため大半は届かないですが、会社のメールアドレスやプロバイダの個人的なメールアドレスではたくさん届きます。

iPhoneの「メール」アプリで迷惑メールを受信トレイに届かないようにするには、迷惑メールを開いている状態でメールメニューから**「迷惑メールに移動」**ボタンをタップしましょう。次回以降、その送信元のメールは迷惑メールとみなされ、迷惑メールフォルダに移動してくれます。

「Gmail」アプリでは**「ブロック」というメニューを選択**することで、迷惑メールフォルダに移動することができ、次回以降自動的に迷惑フォルダに移動します。迷惑メールフォルダに移動したメールは30日後に自動的に削除されます。

1 「メール」アプリで迷惑メールを分ける

メールを開いて下部メニューの返信ボタンをタップし、「迷惑メールに移動」をタップします。

2 メニューから「迷惑メール」をタップ

迷惑メールに指定したメールはメニューの「迷惑メール」から確認できます。

1 「Gmail」アプリで迷惑メールを分ける

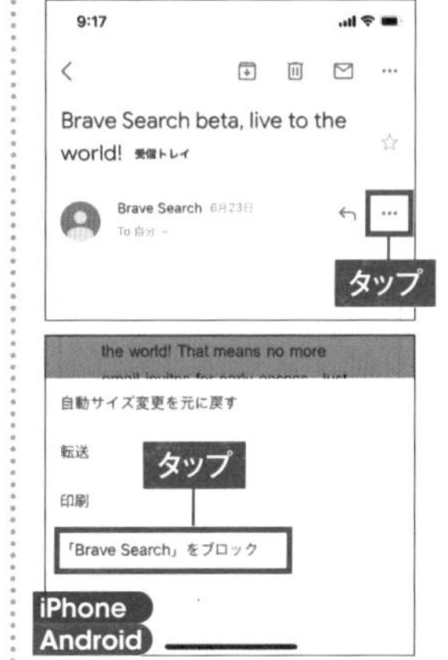

メール開いたら右上のメニューボタンをタップして「ブロック」をタップすると、以後その送信者からのメールは迷惑メールに振り分けられます。

2 迷惑メールフォルダを確認する

メニューから「迷惑メール」をタップすると振り分けたメールが表示され、30日間保存されます。

POINT Gmailのミュートとは？

迷惑メールとまではいわないまでも、領収証メールやSNSからの通知メールなど、閲覧する必要がなく受信トレイからメールを非表示にしたいものがあります。そのようなメールは「ミュート」に指定しましょう。ミュートに指定したメールは迷惑メールフォルダではなく、直接アーカイブフォルダへ移動されます。「すべてのメール」フォルダを開くとミュートされたメールを確認できます。

1 ミュートを選択する

メール右上のメニューボタンをタップして「ミュート」をタップしましょう。

2 すべてのメールに移動する

ミュートに設定したメールは「すべてのメール」に移動し「ミュート」ラベルが貼られます。

3 ミュートラベルを外す

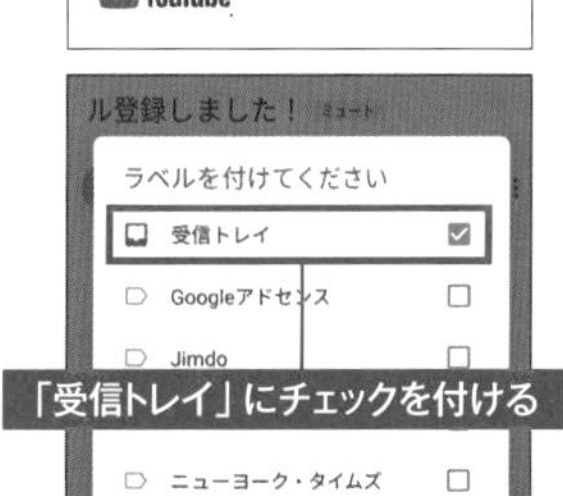

ミュートを外すにはメールを開いて「ミュート」をタップする。

LINEはどんなアプリなの？

無料で音声通話もメッセージのやりとりもできる

「LINE」は登録した友達同士でメッセージをやり取りするスマホ用のアプリです。iPhoneとAndroidの両方で利用できます。LINEではWi-Fi接続さえできていれば無料で音声通話やメッセージのやり取りができるので通話料金を節約できます。おもに、友だちや家族とコミュニケーションを使う際に利用されます。

LINEでは音声通話よりも**メッセージによるやり取りが一般的**です。スマホに標準搭載されているメッセージアプリよりも高機能で、写真や動画を簡単にメッセージに添付して送ることができるのが利点です。

また、LINEのメッセージは1対1のやり取りだけでなく、「グループ」を作成することで複数の人で同時にやりとりすることもできます。家族会議やサークルのメンバーでミーティングをするときに「グループ」は便利です。

LINEとは何をするものなのか

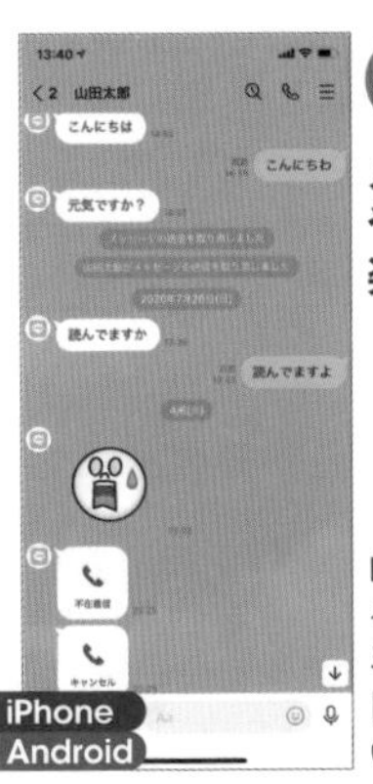

iPhone
Android

1 メッセージのやり取りを楽しむ

LINEのメイン機能となるのはメッセージによるコミュニケーションです。「メッセージ」アプリと使い方は同じです。

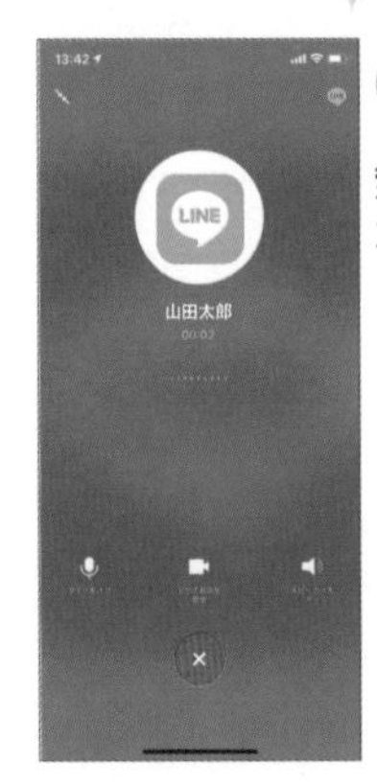

2 無料で音声通話ができる

Wi-Fi接続していれば無料で音声通話ができます。家族や友だちと長電話する人に向いています。ビデオ通話もできます。

3 写真や動画を送信できる

LINEのメッセージ機能では写真や動画の送信もできます。メールのような多機能性が魅力です。

4 複数の人とコミュニケーションできる

LINEのメッセージや音声通話は複数の人と同時にやり取りできます。もちろん通信料は無料です。

5 ニュースやお得な情報を取得できる

無料で全国のニュース情報を取得できます。コロナ、話題、国内、エンタメなどカテゴリごとにニュースをチェックできます。

LINEは身近な友人や家族とメッセージや音声通話をするときに使うのがおすすめ。「電話」や「メッセージ」アプリとうまく使い分けよう！

LINEのアカウントを取得して使い始めよう

LINEを利用するにはLINEアプリをインストールする必要があります。アプリはiPhoneではApp Store、AndroidではPlayストアから無料でダウンロードできます。ダウンロード後、LINEを起動するとアカウント取得と初期設定画面が表示されます。

LINEのアカウントを取得するときに**必要なのは電話番号**です。使っている電話番号を控えておきましょう。電話番号を入力すると認証コードが送信されるので、そのコードを入力しましょう。あとは画面に従って進めていけばよいでしょう。

LINEのアカウントは**端末1台につき1アカウントのみ**設定できます。複数のアカウントを利用することはできません。もし、複数のアカウントを利用したい場合は、アカウントの数だけ端末を用意する必要があります。1台のスマホで家族分のアカウントを用意して使い分けることはできない点に注意しましょう。

1 LINEアプリを起動する

LINEアプリを初めて起動するとこのような画面が表示されます。「新規登録」をタップします。

2 電話の発信の管理を許可する

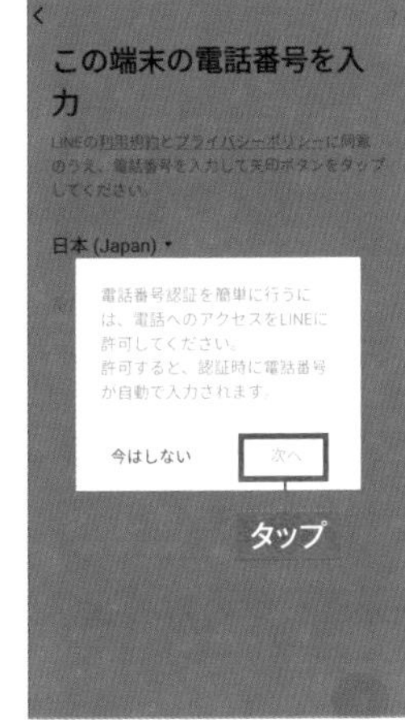

電話番号認証を行うかどうかの確認画面が表示されます。「次へ」をタップしましょう。

3 電話番号を入力する

国籍は「日本」を選択し、スマホで利用している電話番号を入力します。設定したら「→」をタップします。

4 アカウントを新規作成

電話番号に送られてきた認証コードを入力したら(機種によっては自動で入力され進みます)、「アカウントを新規作成」をタップします。

5 名前とパスワードを入力する

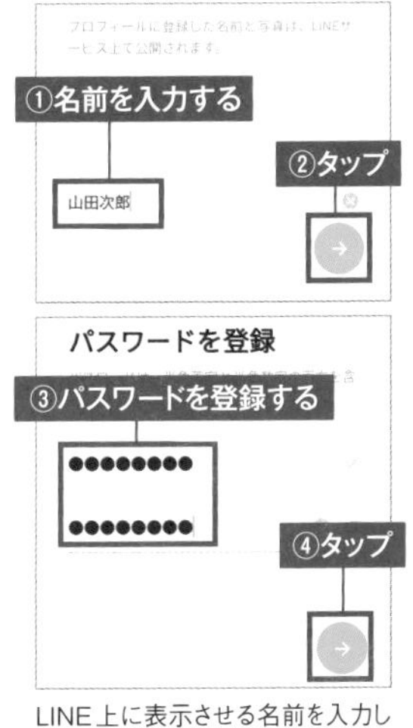

LINE上に表示させる名前を入力します。続いてログイン用のパスワードを設定しましょう。

6 友だちの自動追加の設定をする

友だち追加設定です。有効にするとスマホの連絡先アプリ内の友だちを自動的にLINEの友だちに追加します。オンでもオフでもかまいません。

7 年齢確認画面をスキップする

年齢確認画面が表示されます。キャリア回線とLINEモバイル、LINEMO、Y!モバイルなどのユーザーは年齢確認しておくといいでしょう(※)。それ以外のユーザーは「あとで」をタップしましょう。

8 アカウントの作成が完了

LINEのアカウントが作成されホーム画面が表示されます。

※ 現在、キャリア回線(ドコモ、au、ソフトバンク)以外では、マイネオ、IIJmio、イオンモバイル、ワイモバイル、楽天モバイル(UN-LIMIT V/VIのみ)が年齢確認に対応しています。

QRコードを使って友だちを追加する

今そばにいる家族や、友だちを友だち追加する場合はQRコードを使いましょう。LINEで作成したアカウントはそれぞれ独自のQRコードが割り当てられています。このQRコードをほかのユーザーが読み取ることで友だち登録することができます。

ホーム画面から友だち追加ボタンをタップして、メニューから「QRコード」を選択します。

カメラが表示されたら相手のQRコードを読み取りましょう。自分のQRコードを表示するには「マイQRコード」をタップしましょう。

ID検索でインターネットを介して友だちを追加する

LINEで直接会えない遠方の人たちを友だちとして追加するにはID検索による追加をしましょう。また、友だちからID検索して友だちに追加してもらうには、事前に固有のIDの設定をする必要があり、年齢確認を行う必要があります。18歳未満のユーザーは年齢確認ができません。

ホーム画面の設定アイコンから「プロフィール」→「ID」をタップしてIDを設定しましょう。

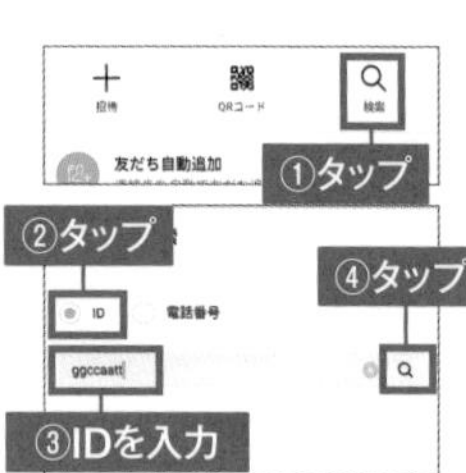

友だち追加画面で「検索」→「ID」をタップ。検索ボックスにIDを入力して検索アイコンをタップしましょう。

連絡先に登録している人を友だちに追加するには？

「連絡先」アプリに登録している人たちをまとめて友だちに登録したい場合は、「友だち自動追加」機能を利用しましょう。スマホの「連絡先」アプリの情報をLINEのサーバーに送り、「連絡先」アプリに登録されているユーザーがLINEにいた場合に**自動で友だちとして追加**してくれます。ID検索したりQRコードで登録するなどの手間が省けます。

なお、自動追加した場合、相手の端末上には「知り合いかも?」に自身の名前が表示されており「友だち」としては追加できません。メッセージを送信することはできます。

1 設定画面を開く

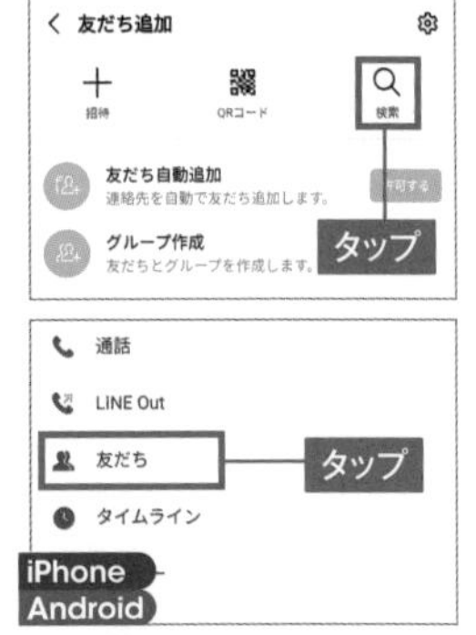

ホーム画面から設定アイコンをタップして「友だち」をタップします。

2 友だち自動追加にチェックを入れる

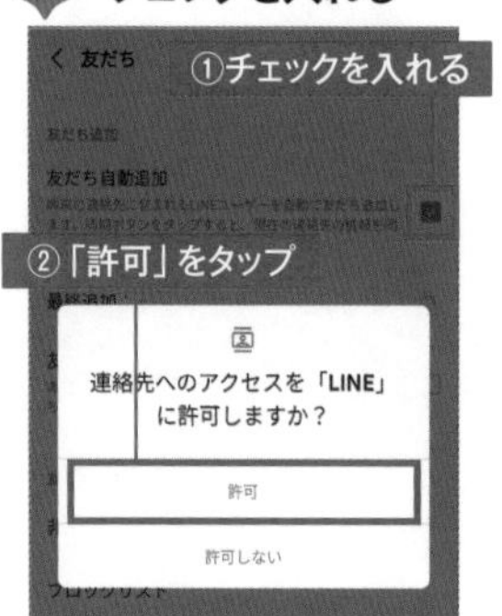

「友だち自動追加」にチェックを入れると、許可するかどうか聞かれます。「許可」をタップしましょう。

3 友だちが追加される

ホーム画面の「友だち」に友だちが自動で追加されます。

「知り合いかも?」という表示はどういうこと?

LINEのホーム画面に「知り合いかも?」と表示されることがあります。これは自分は「友だち」に追加してないけど、相手は「友だち」に登録している状態です。「友だち自動追加」や検索などで追加されたことを意味しています。知らない人の場合は「ブロック」をタップすれば非表示にできます。

「知り合いかも?」はホーム画面の「友だち」リスト内に表示されます。

知らない人の場合は相手の名前をタップして「ブロック」をすれば非表示にできます。

よく連絡する人は「お気に入り」に登録しよう

追加した友だちの数が増えてくると友だちリストから目的の友だちを探すのに手間がかかります。毎日のようにやり取りする友だちは「お気に入り」に登録しましょう。友達リスト上部に表示され、アプリ起動後すぐにアクセスできます。

相手のプロフィール画面を表示してお気に入りボタンをタップしましょう。

友だちリスト一番上にある「お気に入り」に追加され、素早くアクセスできます。

友だちにメッセージを送信する

友だちを登録したらメッセージを送信してみましょう。たとえ相手が友だちリストに自分を登録していなくてもメッセージだけなら、相手からブロックされない限りこちらから一方的に送信できます。

LINEでは**メッセージ送信機能を「トーク」と呼びます。**ホーム画面に表示されている友だちの名前をタップし、表示されるプロフィール画面から「トーク」を選択しましょう。「トーク」画面が表示されたら、画面下部にある入力フォームにテキストを入力して送信ボタンをタップしましょう。

1 友だちを選択する

ホーム画面からメッセージを送信したい相手をタップして「トーク」をタップします。

2 メッセージを入力する

トーク画面が表示されたら入力フォームにメッセージを入力して送信ボタンをタップしましょう。

3 メッセージが送信される

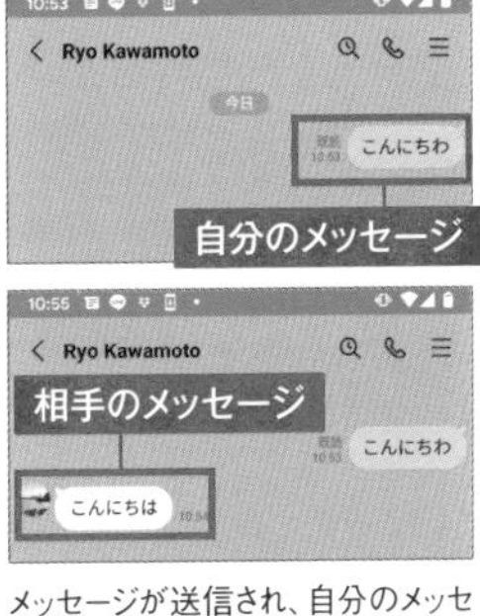

メッセージが送信され、自分のメッセージは右側に表示されます。相手からのメッセージは左側に表示されます。

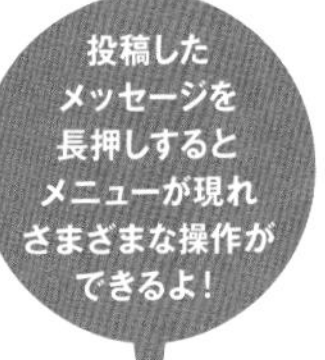

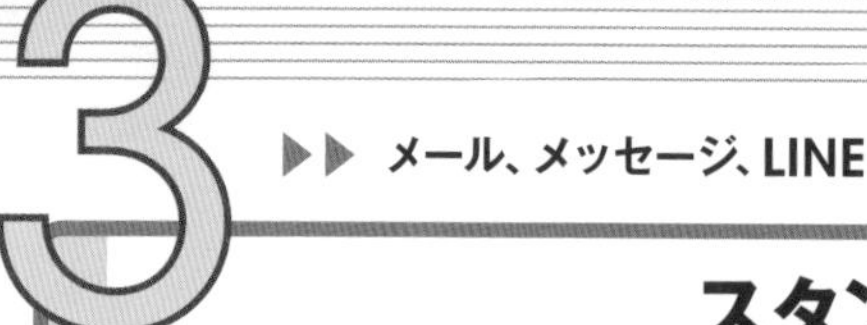

スタンプを送ってみよう

LINEで送信できるコンテンツの中でも特に人気が高いのが「スタンプ」と呼ばれるものです。スタンプとは顔文字や絵文字とよく似たLINE専用のイラストコンテンツです。言葉にしづらいニュアンスを**表情豊かなイラスト形式**で伝えたり、**画面を華やかに彩りたい**ときに便利です。

スタンプは標準で無料で使えるものがいくつか用意されており、「マイスタンプ」からダウンロードすることで利用することができます。設定画面の「スタンプ」→「マイスタンプ」からマイスタンプにアクセスできます。

1 設定からスタンプへ

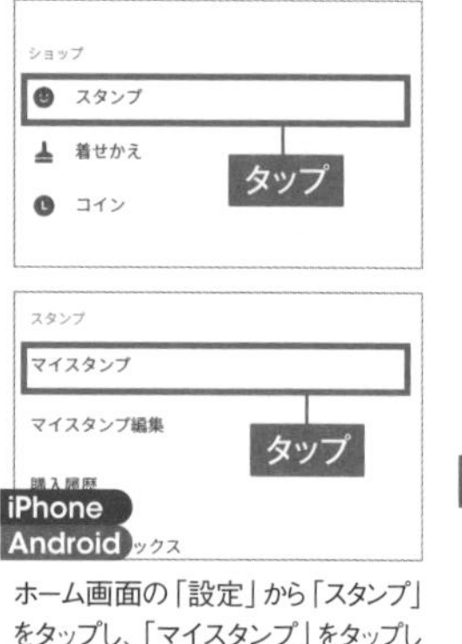

ホーム画面の「設定」から「スタンプ」をタップし、「マイスタンプ」をタップします。

2 スタンプをダウンロード

スタンプのダウンロード画面が標示されます。ダウンロードボタンをタップするとダウンロードできます。

3 スタンプを選択する

スタンプを送信するには入力フォーム右にあるスタンプアイコンをタップして、スタンプを選択しましょう。

4 スタンプが送信される

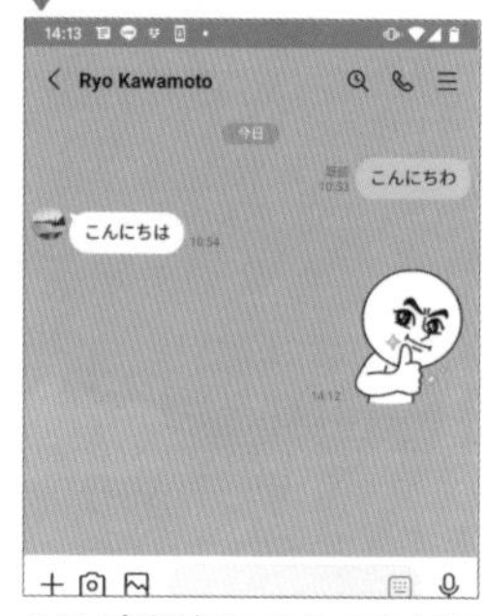

スタンプが送信されます。このようにトーク画面上に大きなイラストが表示されます。

使えるスタンプをもっと増やそう

スタンプは標準で用意されているもののほかにもたくさんあります。物足りない人は「スタンプショップ」にアクセスしてさまざまなスタンプをダウンロードしましょう。ホーム画面の「スタンプショップ」からアクセスできます。スタンプショップではLINEで送信可能な無料のスタンプが多数用意されており、ダウンロードすることができます。

無料のスタンプを入手するには「イベント」タブを開きましょう。ここではフォローするなど、**固有の条件をクリアするだけ**で無料でスタンプがダウンロードできます。なお、無料スタンプの多くは有効期限が設定されています。

1 「スタンプ」ショップにアクセス

スタンプをダウンロードするにはホーム画面を開き「スタンプ」をタップします。

2 「イベント」タブを開く

スタンプショップを開いたらカテゴリから「イベント」を選択します。ここで入手できるスタンプの大半は条件をクリアをすると無料でダウンロードできます。

3 「友だち追加」をタップ

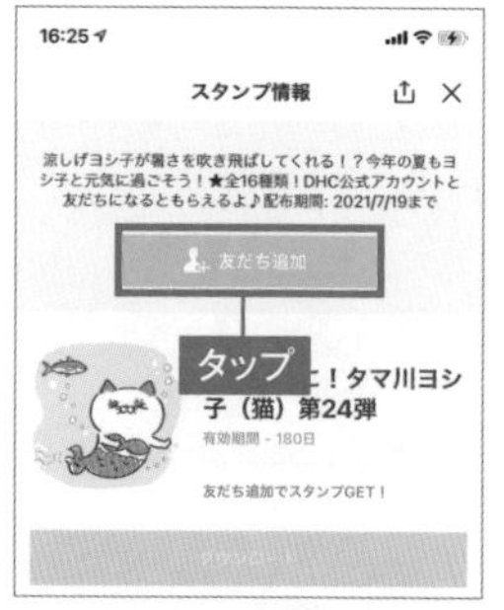

多くは「友だち」に追加するだけでダウンロードできます。気になるスタンプを表示して「友だち追加」をタップしましょう。

4 スタンプをダウンロード

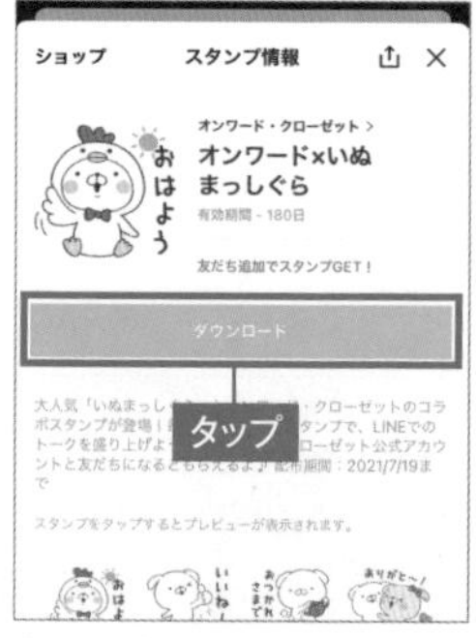

友だちに追加したあと「ダウンロード」ボタンが有効状態になります。タップしてダウンロードしましょう。

有料スタンプを購入するには

スタンプショップでは有料のスタンプも販売されています。有料スタンプを購入するには「LINEコイン」と呼ばれる**LINE上で使う通貨**を用意する必要があります。LINEコインはクレジットカード決済やキャリア決済で購入でき、AndroidならGoogleアカウント、iPhoneであればApple IDに設定している支払い方法で行います。コインの価格は50コインが120円ですが、コインをまとめて購入するとボーナスが付与されます。たくさんスタンプを購入する予定のある人はまとめて購入しておいたほうがいいでしょう。

1 設定画面からコインへアクセス

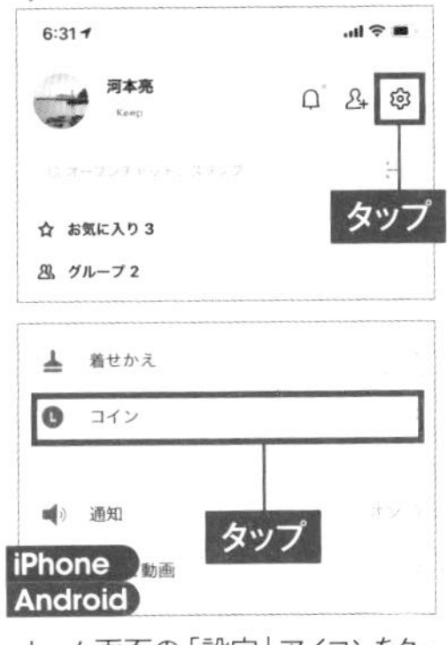

ホーム画面の「設定」アイコンをタップして、「コイン」をタップします。

2 コインをチャージする

コイン画面右上にある「チャージ」をタップして、金額をタップするとコイン購入画面に移動します。

3 iPhoneで購入

iPhoneで購入する場合はApple Storeに紐づけられているApple IDで購入します。「支払い」をタップして、ログインパスワードを入力してサインインしましょう。

4 スタンプを購入する

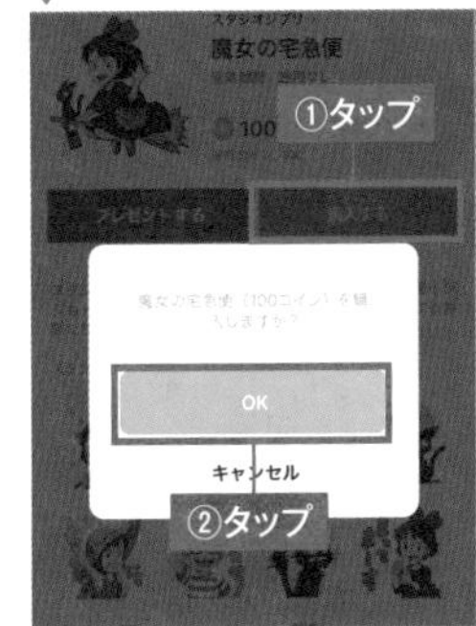

コインがチャージされたら購入できるスタンプを表示して「購入する」をタップして購入しましょう。

さまざまな絵文字を使ってみよう

トークでは絵文字を利用できます。キーボードに用意されている絵文字を使うのもよいですが、LINEが独自に用意しているキャラクター絵文字を使ってみるのもよいでしょう。テキスト入力フォームの右側にある絵文字をタップすると絵文字が選択できます。

フォームにテキスト入力するたびに絵文字候補が表示されます。

テキスト入力フォーム横にある顔をタップして、熊アイコンに切り替えるとLINE専用の顔文字が利用できます。

写真を送信するには

LINEではスマホに保存している写真やスマホのカメラを使ってその場で撮影した写真を送信できます。写真は一度に最大50枚まで送信することができます。ただし、枚数が多いと送信に時間がかかるので注意しましょう。

テキスト入力フォーム左の「>」をタップしてカメラもしくは写真アイコンをタップして写真を選択します。

写真が表示されるので送信したい写真にチェックを付けて送信ボタンをタップしましょう。

トーク上の写真を保存したい

トーク上に送信された写真は保存期間が定められており、しばらくすると閲覧できなくなってしまいます。お気に入りの写真はスマホに保存しておきましょう。写真を保存するには対象の写真をタップして拡大し、ダウンロードボタンをタップしましょう。

画像を保存するにはタップします。

画像を保存するには右下のダウンロードボタンをタップしましょう。

写真を加工・編集して送るには？

投稿する写真にコメントを付けたり、余計な部分を削除したり隠したりしたいことがあります。LINEにはレタッチ機能が搭載されており投稿前に写真をレタッチすることができます。投稿される写真だけが加工され、もとの写真はそのまま保存されるので心配はありません。

写真を選択するとレタッチツールが表示されます。顔ボタンからスタンプ、Tボタンでテキストを挿入できます。

フィルタ機能も搭載しており、フィルタをタップするだけで色調を変更してくれます。

「既読」ってどういうこと？

メッセージを送信してしばらくするとメッセージの横に「既読」という文字が付きます。これは相手がアプリを開いて実際にメッセージを確認したかどうかわかる機能です。「既読」後に返信がないと不安になることもありますが、あまり気にしないようにしましょう。

相手がLINEアプリを起動して確認していない場合は「既読」が付きません。

相手がLINEアプリを起動してメッセージを確認すると「既読」が付きます。

トーク中に別の「友だち」を参加させるには？

LINEのトークは1対1だけでなく、複数のユーザーを招待して参加させることもできます。ほかの友だちをトークルームに招待するにはトークメニューから「招待」をタップしましょう。現在やり取りしているユーザーと、招待したユーザーを含めた新しいトークルームが作成されます。

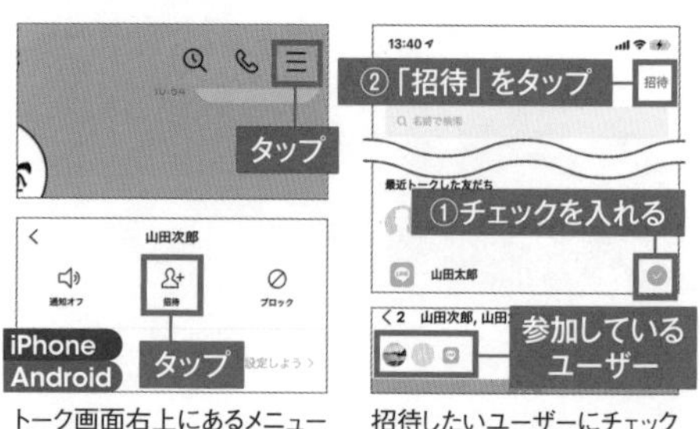

トーク画面右上にあるメニューボタンをタップして「招待」をタップします。

招待したいユーザーにチェックを入れて「招待」をタップしましょう。

友だちと写真をまとめて共有するには

トークルームに投稿した写真は期限がくると消えてしまいます。せっかくアップしたさまざまな**記念写真を削除せずまとめたい**場合は「アルバム」機能を利用しましょう。アルバムにアップロードした写真は保存期間の制限がないためいつでも閲覧できます。アルバムには名前を付けることができ、ひとつのアルバムには写真を1000枚保存することができます。また、トークメニューから直接アクセスして管理できるので、トーク画面をスクロールしてさかのぼる必要はありません。

1 トークメニューを開く

iPhone Android

トーク画面右上のメニューボタンをタップし、メニューから「アルバム作成」をタップしましょう。

2 写真を選択する

アルバムにアップロードする写真を選択して「次へ」をタップしましょう。

3 アルバム名を付けて作成する

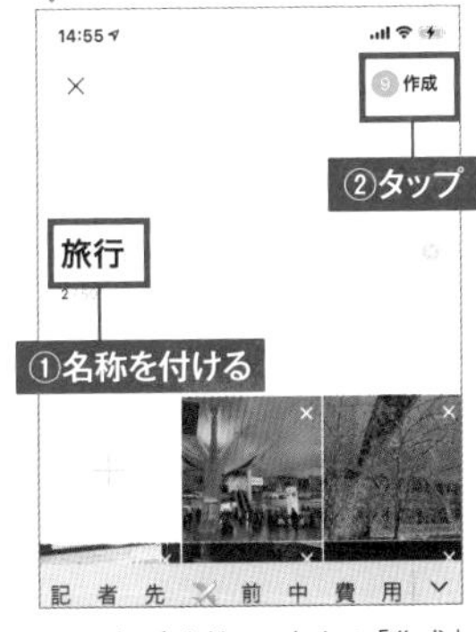

アルバム名を付けて右上の「作成」をタップしましょう。

4 アルバムが投稿される

アルバムがトーク画面に投稿されます。アルバムはトーク画面のメニューからもアクセスできます。

余計な通知をオフにするには？

LINEで新着メッセージ受信を知らせる以外にも、タイムラインへのコメント、自分へのメンション、LINE Payなどさまざまな通知が届きます。**友だちからのメッセージのみ通知**にするなど通知設定をカスタマイズしたい場合は設定画面の「通知」を開きましょう。ここでは通知項目のオン・オフを個別に設定できます。初期状態ではすべてオンになっているので、不要なものはオフにしていきましょう。

1 「通知」設定を開く

iPhone Android

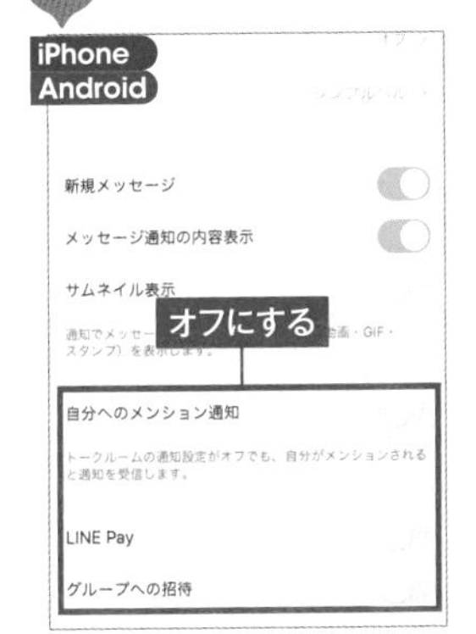

ホーム画面から設定を開き「通知」を開きます。ここで、通知が不要な項目をオフにしましょう。

2 連動アプリの通知をオフにする

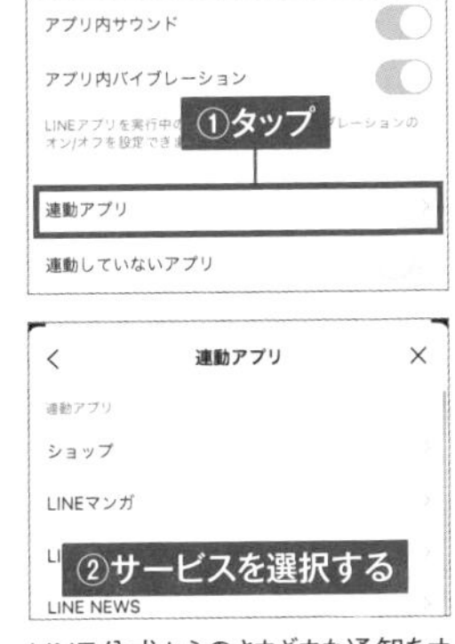

LINE公式からのさまざまな通知をオフにする場合は「連動アプリ」をタップし、各種サービスをタップします。

3 不要な通知をオフにする

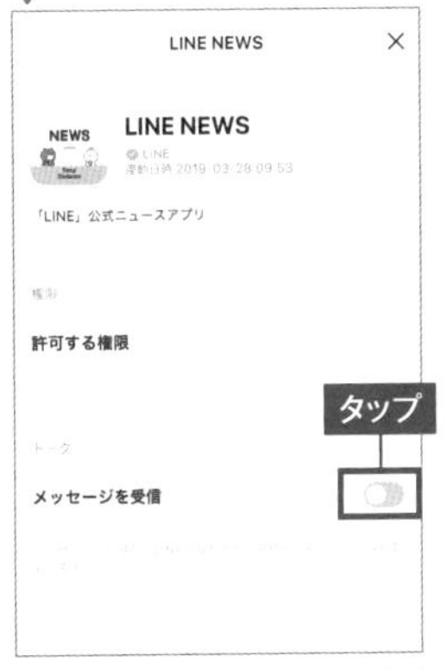

「メッセージ受信」や「メッセージ通知」のスイッチをオフにしましょう。

POINT
特定のトークの通知をオフにする

特定のトーク画面からの通知だけをオフにしたい場合はトーク画面のメニューを開き「投稿の通知」をオフにしましょう。

トークルームごとに背景を変更できる

トークルームの初期設定では背景はシンプルな青色ですが、これは**自由に変更できます**。壁紙を変更するにはホーム画面の「設定」アイコンをタップし、「トーク」→「背景デザイン」をタップしましょう。あらかじめ用意されているデザイン以外に端末に保存している写真を使うこともできます。

また、背景はトークルームごとに変更することができます。背景を変えたいトークルームを表示したあとトークメニューから「設定」をタップして「背景デザイン」をタップしましょう。

1 背景全体の設定を変更する

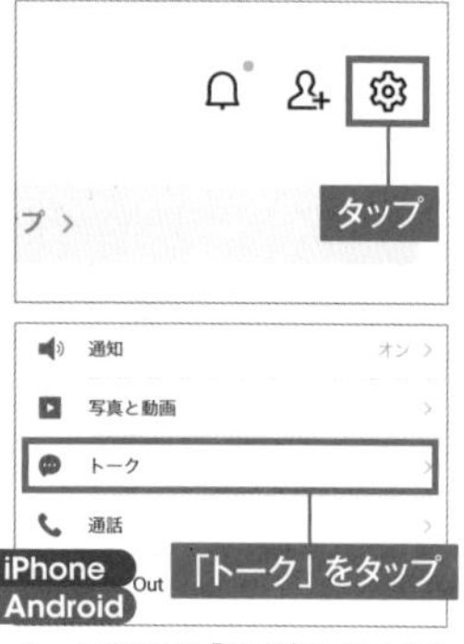

ホーム画面から「設定」アイコンをタップして「トーク」をタップします。

2 背景デザインメニュー

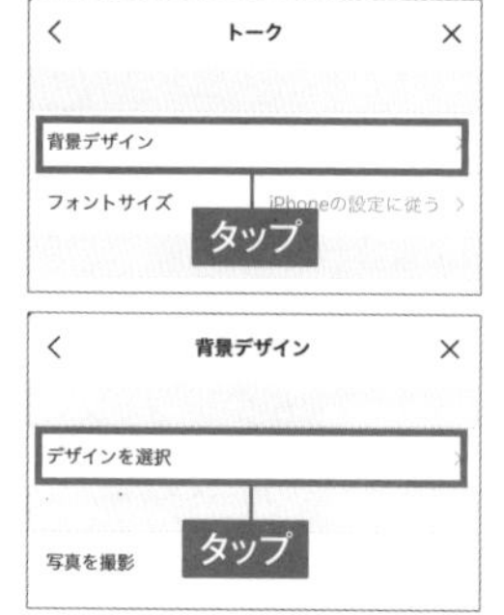

トーク画面から「背景デザイン」をタップして、「デザインを選択」をタップしましょう。

3 背景を選択する

背景選択画面が表示されます。利用したい背景を選択してダウンロードすると自動的に設定されます。

トークルームごとに変更する

トークルームごとに変更するには、トークルーム画面の設定画面から「その他」をタップして背景を変更しましょう。

送られてきた写真やメッセージを保存するには

友だちとやり取りしたメッセージや、写真の中でもメモとして別に保存したいものは「Keep」を利用しましょう。Keepは、LINEでやり取りしたメッセージや写真、動画などを**まとめて保存できる機能**です。似たような機能に「ノート」がありますが、ノートは友だちと内容を共有するのに対して、Keepは自分しか見えません。個人的に保存しておきたいときに便利です。なお、Keepでは合計1GBまでのデータを保存できますが、1ファイルが50MBを超える場合は30日間と期限があります。

1 コンテンツを長押しする

Keepに保存したいコンテンツを長押ししてメニューから「Keep」をタップしましょう。

2 チェックを入れて保存する

Keepに保存するコンテンツにチェックを入れて「保存」をタップしましょう。

3 保存したKeepを確認する

保存したKeepを確認するにはホーム画面を開き、自分のプロフィール名下にある「Keep」をタップします。

4 保存したKeepが表示される

これまで保存したKeepを「すべて」「写真」「動画」「リンク」など内容ごとに分類して確認できます。

Keepに保存した内容を整理しよう

Keep画面では保存したKeepが自動で分類されていますが、「コレクション」というものを作って保存したコンテンツを自由に整理できます。また、保存したKeepから不要になったものを削除したい場合は左へスワイプして「削除」をタップしましょう。

コレクションに追加するコンテンツにチェックを付けて下の追加ボタンをタップします。

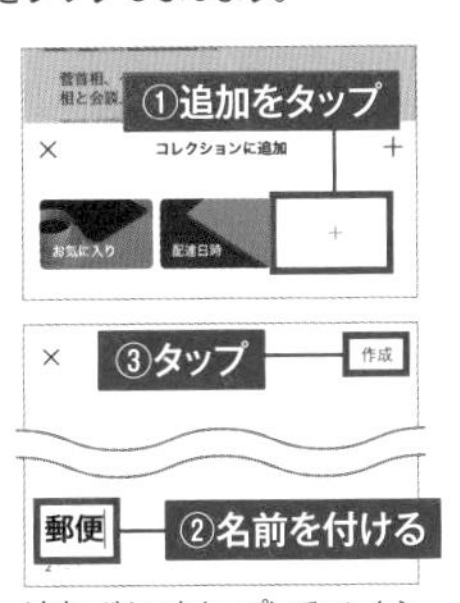

追加ボタンをタップしてコレクション名を作成して、選択したコンテンツを追加しましょう。

文字のサイズを変更する

老眼などでLINEのトーク画面に表示される文字が読みづらいという人は文字の大きさを変更しましょう。LINEでは「小」「普通」「大」「特大」の4つの文字サイズから選択できます。ホーム画面の「設定」から「トーク」を開き「フォントサイズ」で変更しましょう。

ホーム画面右上にある設定ボタンをタップして「トーク」をタップします。

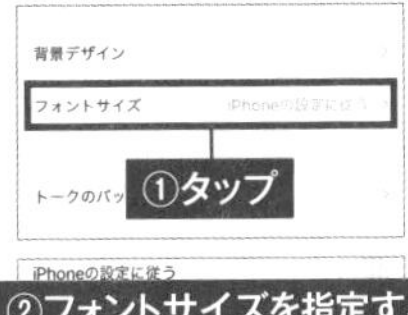

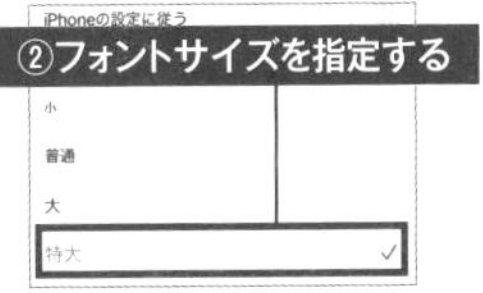

「フォントサイズ」を選択してフォントサイズを指定しましょう。4つのサイズからセレクトできます。

トークリストを整理しよう

トークリストが増えてくると誰のトーク画面がどこにあるのか分からなくなってきます。初期設定ではメッセージを受信した順番に並んでいるためでしょう。トークリストを整理して使いやすくしましょう。ポイントはお気に入り順に並べ替えることです。

トークリストを並べ替えるには「トーク」横にあるメニューボタンをタップし「お気に入り」をタップします。

お気に入りに登録しているトークルームを優先して上から順番に並びかえてくれます。

間違って送信したメッセージを削除するには

間違って違う人にメッセージを送ってしまって削除したいことがあります。既読になる前で、また24時間以内であれば送信したメッセージを削除することもできます。送信した内容は相手のトーク画面から消えます。ただし、相手の通知画面に送信したメッセージが残る場合があります。

メッセージを長押しして「送信取消」をタップします。

「送信取消」をタップすると相手が既読していなければ送信を取り消すことができます。

トークルームの写真やトークを削除するには？

トーク画面に投稿されたメッセージや写真は、自分のものでも相手のものでも削除することができます。1つだけでなく複数まとめて削除することもできます。ただし、自分のトーク画面上から削除されているだけで相手のトーク画面には残ったままになっています。

削除したいメッセージを長押ししてメニューから「削除」をタップ。

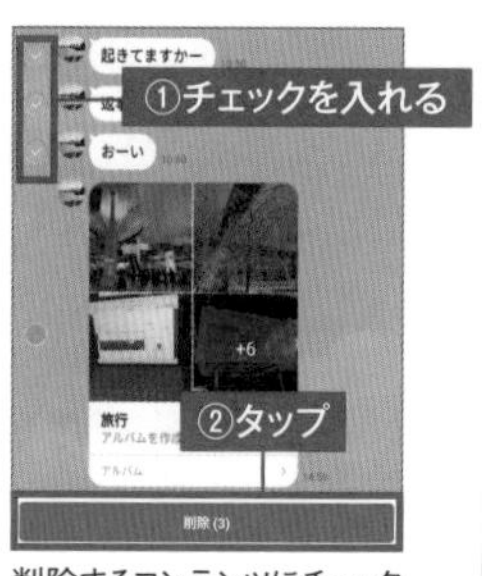

削除するコンテンツにチェックを入れて「削除」をタップしましょう。

「通知」にメッセージ内容を表示させないようにする

LINEでは標準設定だとメッセージを受信するたびメッセージ内容がロック画面にプッシュ通知されます。いち早く確認でき便利ですが、第三者に盗み見されてしまう危険性もあります。通知設定で「メッセージ通知の内容表示」をオフにしましょう。

ホーム画面から「設定」ボタンをタップして設定画面を開き、「通知」をタップします。

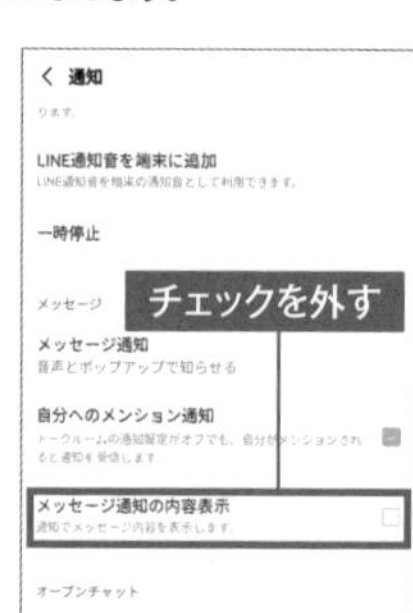

「メッセージ通知の内容表示」のチェックを外しましょう。

一時的に通知をオフにしたいときは？

ミーティングや就寝中など一時的にLINEの通知をオフにしたい場合は、通知をオフにするか「一時停止」機能を有効にしましょう。手動でオン・オフにするほか、現在から1時間の間のみ停止、また翌朝の午前8時まで停止することができます。

ホーム画面から「設定」ボタンをタップして設定画面を開き、「通知」をタップし、「通知」をオフにしましょう。

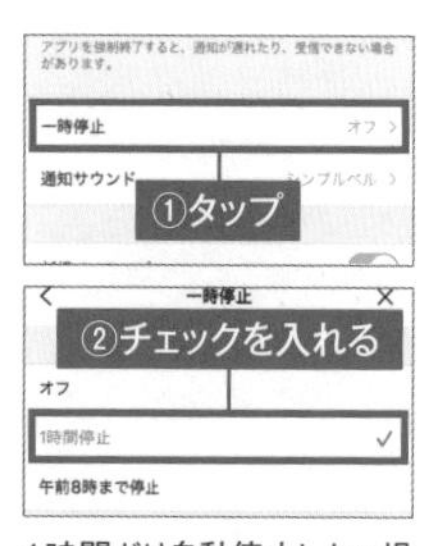

1時間だけ自動停止したい場合は「一時停止」をタップして「1時間停止」にチェックを入れましょう。

知らない人からメッセージが来たときは？

LINEでは友だちリストに登録している人に対して一方的にメッセージが送れるため、知らない人からメッセージが来ることがあります。怪しげなメッセージの場合は通報してブロックをしましょう。メッセージが届かなくなります。後から解除することもできます。

トーク画面で右上のメニューボタンをタップして「ブロック」をタップするとメッセージが届かなくなります。

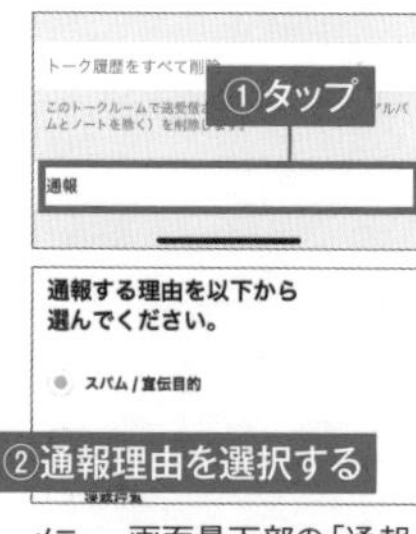

メニュー画面最下部の「通報」からLINE事務局に通報することもできます。通報するとLINEが調査してくれます。

「タイムライン」ってどういうもの？

LINEには「タイムライン」という機能があります。**TwitterやFacebookとよく似た機能**で、投稿した内容は公開設定で有効にしているユーザーならだれでも閲覧できます。標準では友達に登録していない他人でも閲覧できます。不特定多数の人に発信したいときに利用しましょう。また、タイムラインでは友だちが投稿した内容も表示されます。投稿した内容に対していいね!やコメントを付けることができます。

1 タイムラインを開く

下部メニューから「タイムライン」をタップします。「＋」をタップします。

2 「投稿」をタップ

いくつかのメニューが表示されます。テキストや写真など一緒に投稿するなら「投稿」をタップします。

3 テキストや写真を入力する

投稿画面が表示されるのでテキストを入力しましょう。下部メニューから写真やスタンプを添付することもできます。

4 タイムラインに投稿する

投稿画面右上にある「投稿」をタップすると内容が表示されます。

友だちのタイムラインにコメントするには？

タイムラインには自分の投稿だけでなく、友だちの投稿も流れます。気になる投稿があったらコメントしてみましょう。投稿記事の下にあるフキダシアイコンをタップしてテキストを入力しましょう。

コメントを付けるほどでもないものの、好意的なことを示したい場合は「いいね」を付けることができます。いいねは6種類の表情のスタンプから選べます。付けたコメントや「いいね」は取り消すこともできます。

1 コメントを付ける

コメントを付けたい投稿の下にあるコメントアイコンをタップします。

2 テキストを入力する

テキスト入力フォームが表示されるのでコメントを入力して送信ボタンをタップしましょう。

3 いいねをつける

いいねを付ける場合は、コメント下左端にある顔アイコンをタップしましょう。

4 いいねの種類を変更する

いいねの種類を変更する場合は、長押ししましょう。6種類のスタンプから選ぶことができます。

3 ▶▶ メール、メッセージ、LINE

タイムライン投稿の公開相手は限定できる?

タイムラインに投稿した内容は標準では登録している友だちすべてに公開されます。**特定の友人のみに**タイムラインの投稿を公開したい場合は、LINEの設定画面の「タイムライン」を開き、友だちの公開範囲を変更しましょう。公開範囲内の友だちのみが閲覧できるだけでなく、投稿をシェアされても閲覧されません。

投稿を範囲指定するには公開リストを作成しましょう。リストに公開してもよい友だちを追加することで、指定した「友だち」やグループにだけタイムラインを公開できるようになります。

1 「全体公開」をタップ

タイムラインの投稿画面で左上の「全体公開」をタップします。リストを作成するには「親しい友だちリストを作成」をタップします。

2 友だちを指定する

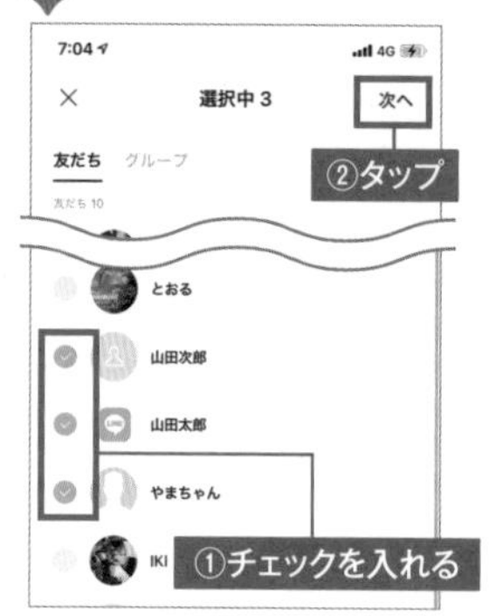

リストに追加する友だちにチェックを入れて「次へ」をタップします。

3 リスト名を入力する

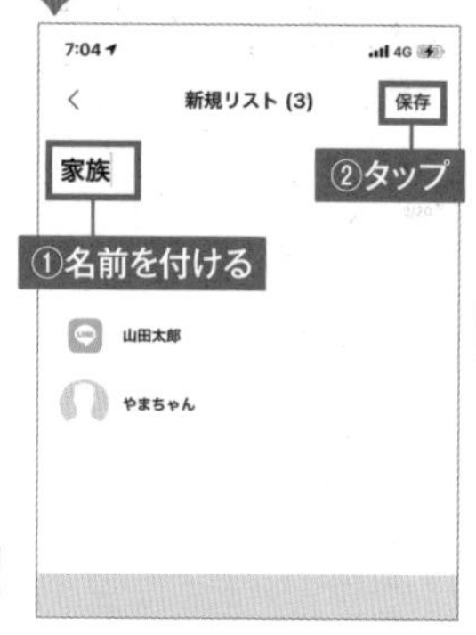

リストに名前を付けて「保存」をタップしましょう。

4 公開リストに追加される

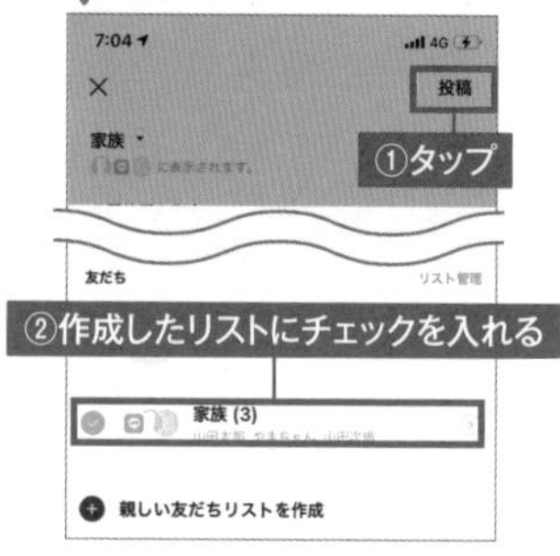

公開リストに作成したリストが追加されます。公開設定画面で作成したリストにチェックを入れたあとタイムラインに投稿しましょう。

タイムラインの「シェア」とは?

タイムラインには「いいね」「コメント」のほかに「シェア」機能があります。他人の投稿をほかの人に教える共有機能です。シェアしたい投稿があったらシェアアイコンをタップしましょう。自分のタイムラインに他人の投稿が再投稿されます。

シェアしたい記事の下にあるシェアボタンをタップしましょう。

メニューから「タイムライン」をタップするとシェアされます。

タイムラインの「リレー」機能って?

タイムラインの投稿機能の1つである「リレー」とは、設定したトピックに関する投稿をタイムライン上で友だちと一緒に作成する機能。タイムライン上で共通の話題をアルバムのようにまとめるときに利用すると便利です。写真、テキストカード、動画などを追加できます。

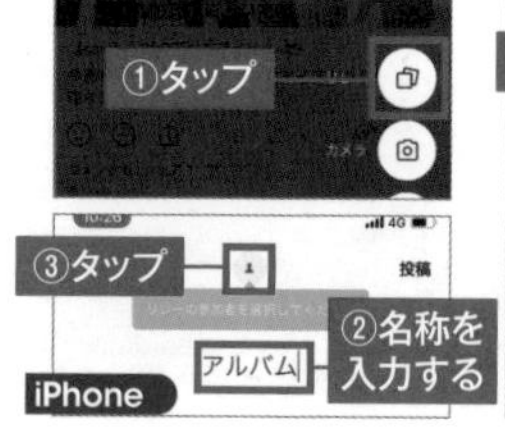

タイムラインの投稿メニューで「リレー」をタップし名称を入力して参加者ボタンをタップします。

参加者をタップしてリレーに参加させる友だちを選択し、写真やテキストカードなどのコンテンツをアップしましょう。

仲のよい友だちでグループを作って話したい

LINEに登録している複数の友だちと同時にメッセージをするには「グループトーク」を利用しましょう。ノート機能やアルバム機能など「複数人トーク」より機能が豊富で、一時的なおしゃべりよりも、**特定の人と長期的なやり取りを行う**際に便利です。

グループでは最大499人まで友だちを招待することができます。グループには好きなグループ名を付けることができるので**趣味のサークルや仕事のプロジェクト**名などを付けて活用するのが一般的な使い方となります。また、グループには写真をアップロードしてアイコンを設定することができます。

グループを作成するには、まずグループ名を設定し、その後グループに招待するメンバーを友だちリストから選択します。招待状が届いた相手が参加すればグループでのやり取りが開始となります。

1 友だち追加をタップ

ホーム画面を開き右上にある友だち追加ボタンをタップします。「グループ作成」をタップします。

2 メンバーにチェック

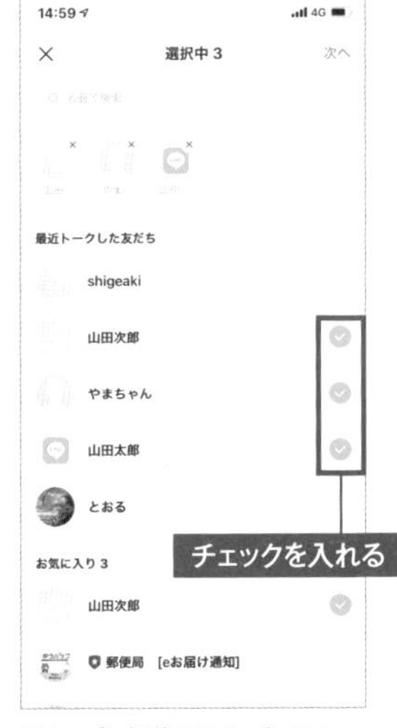

グループに招待するメンバーにチェックを入れて「次へ」をタップします。

3 グループ名を設定する

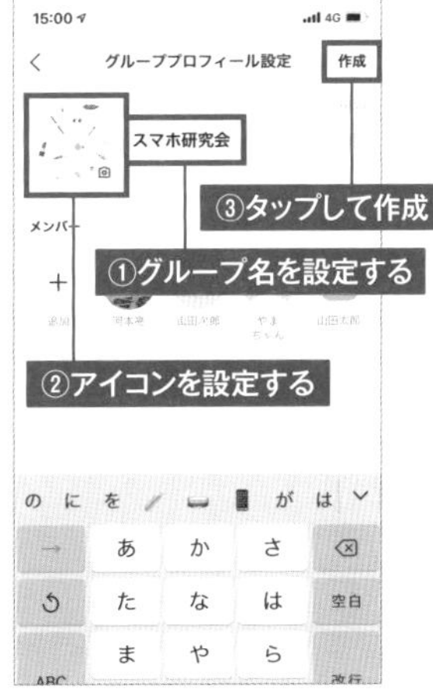

続いてグループ名を設定しましょう。またアイコンをタップするとグループアイコンを変更できます。設定したら「作成」をタップします。

4 グループ名の作成完了

グループが作成されるとホーム画面の「グループ」項目に追加されます。トークをはじめるにはグループ名をタップします。

5 グループ名画面を開く

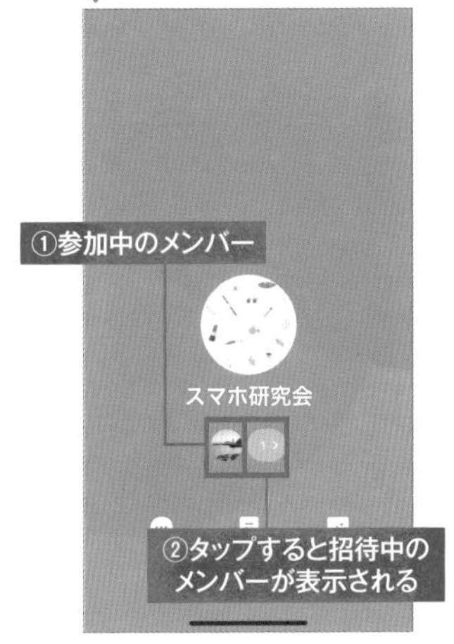

グループ画面が開きます。招待に参加したメンバーのアイコンが表示されます。「>」をタップすると招待中のメンバーが表示されます。

6 メッセージのやり取りを行う

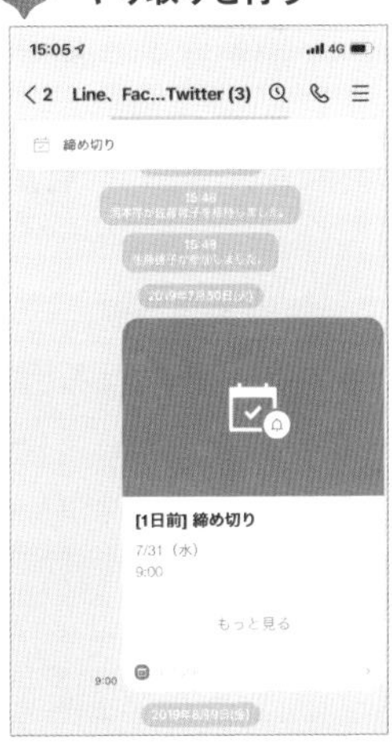

メッセージのやり取りは通常のトーク画面とほぼ変わりはありません。画面上部に参加中のメンバー数が表示されます。

7 メニュー画面から各種機能を使おう

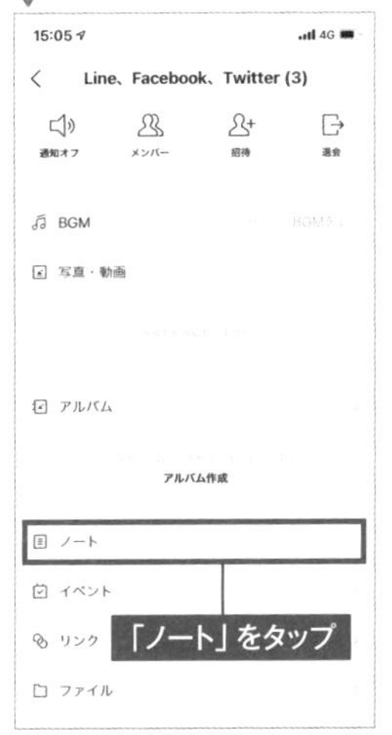

右上のメニューボタンをタップするとさまざまな機能が利用できます。ここでは「ノート」を使ってみましょう。

8 ノートでやり取りをまとめる

ノートはグループ内でやり取りした内容をまとめるのに便利です。作成したノートにはいいねやコメントを付けることができます。

招待されたグループに参加するには？

ほかの友だちからグループに招待されると通知されます。ホーム画面に表示されているグループ名をタップすると、グループ画面が開き「参加」をタップすると参加できます。拒否したい場合は「拒否」をしましょう。

招待されるとホーム画面のグループ名と「○○があなたを招待しました」と表示されます。タップしましょう。

参加する場合は「参加」、参加しない場合は「拒否」をタップしましょう。誰が参加しているかもここでわかります。

グループの予定は「イベント」機能を使うと便利！

グループトークで旅行や飲み会などのイベントごとが発生したときは「イベント」機能を使いましょう。イベントに日時やイベント名を設定しましょう。イベント日時が迫ると通知するようにすることもできます。なお、作成したイベントに参加するかどうかはほかのメンバーが決めます。

グループトーク画面を開いて、右上のメニューボタンをタップし「イベント」をタップしましょう。

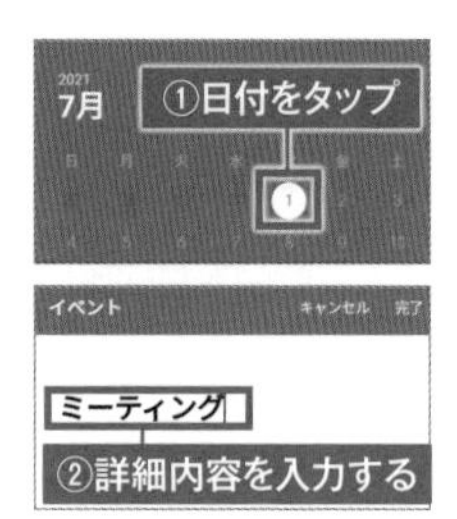

イベントの日時を選択して、イベントの詳細を入力していきましょう。

グループの名前やアイコンを変更しよう

グループのアイコンは招待したメンバーだけでなく、招待されたメンバーが自由に変更することができます。アイコンはあからじめいくつかデザインが用意されているほか、スマホ内に保存している任意の写真を設定することもできます。

グループのメニュー画面から「その他」をタップし、アイコンをタップします。

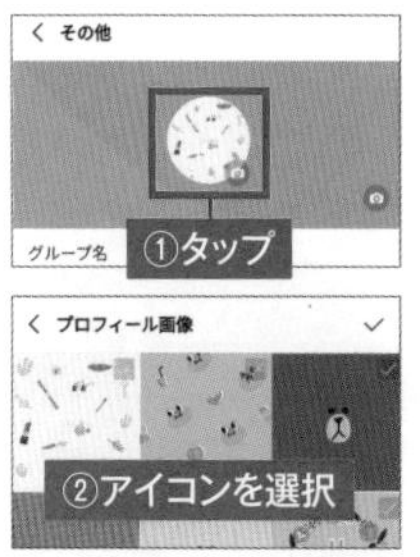

アイコンをタップして写真選択画面から利用するアイコンを選択しましょう。

疎遠になったグループから抜けるには

グループのメンバーから退会したい場合は、退会したいグループの各トークルームのメニュー画面から退会を行いましょう。しかし、グループを退会してしまうとこれまでのトーク履歴やアルバム、ノートは閲覧できなくなってしまうので注意しましょう。

グループのメニュー画面から「その他」をタップし、アイコンをタップします。

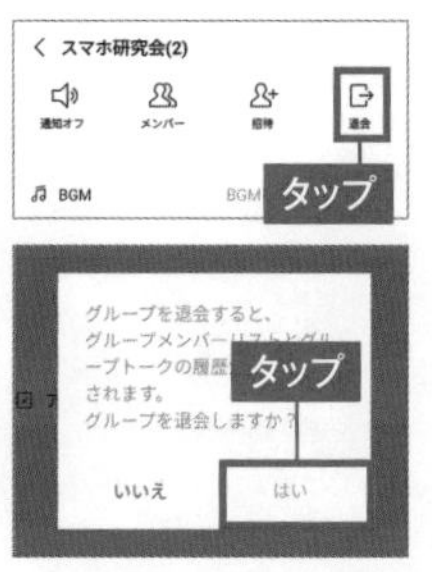

メニュー画面が表示されたら右上にある「退会」をタップしましょう。

LINEで無料通話をしてみよう

LINEはメッセージをやり取りするだけでなく音声通話を行うこともできます。携帯電話会社のキャリアと異なりインターネットを使って行えるので**通話料はかかりません。**ただし、モバイルデータだとデータ通信料が発生するのでWi-Fi環境下で行いましょう。長電話しがちな家族や友だちと音声通話をするなら「電話」アプリよりLINEを使ったほうがはるかにお得です。

LINEでは互いに友だちリストを登録しているユーザーのみ音声通話できるしくみになっています。メッセージのように一方的に知らない相手からかかってくることはないため、いたずら電話や迷惑電話はありません。

音声通話中にトーク画面でほかの友だちとメッセージのやり取りを行うこともできます。その場合は通話画面が小さくサムネイル化され画面端に表示され、タップすると通話画面に戻ります。

1 ホーム画面から通話相手を選択する

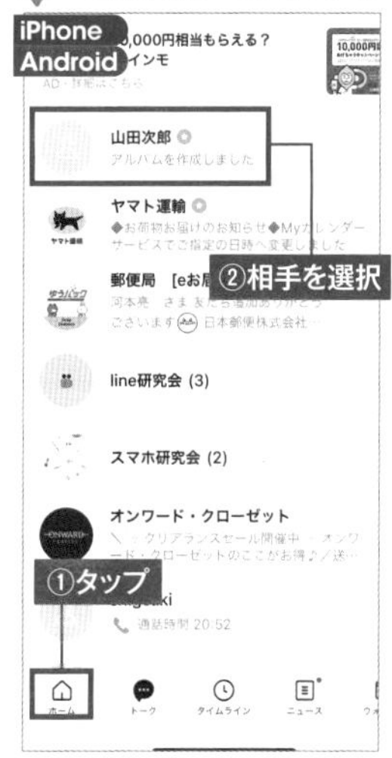

「ホーム」画面を開き、友だちリストから通話したい相手を選択します。

2 通話アイコンをタップ

通話アイコンをタップして「音声通話」をタップしましょう。

3 呼び出し中の画面

呼び出しが始まります。相手が出るまで待ちましょう。通話を終了したい場合は赤い×ボタンをタップしましょう。

4 通話中の画面

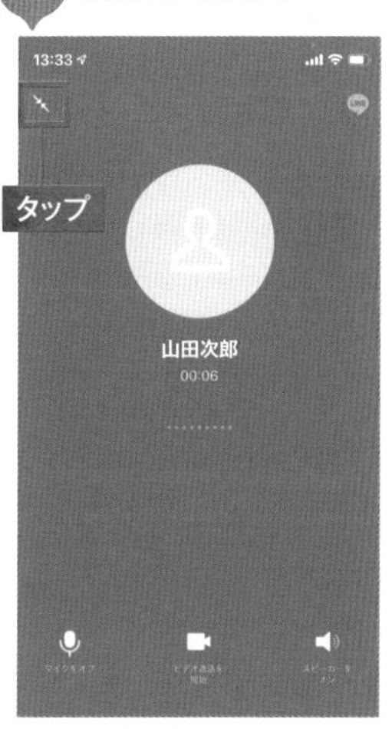

相手が通話に出ると名称下に通話時間が表示されメニューが変更します。トーク画面に切り替えたい場合は左上の縮小ボタンをタップします。

5 通話が縮小表示される

通話画面が右上に縮小表示されトーク画面やほかの画面が利用できます。縮小画面をタップすると通話画面に戻ります。

6 相手からかかってくることもある

相手からかかってくることもあります。「応答」をタップすると通話、「拒否」をタップすると終話になります。

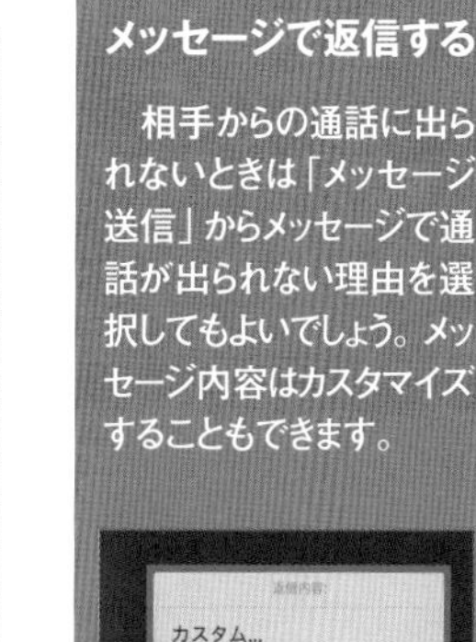

POINT

メッセージで返信する

相手からの通話に出られないときは「メッセージ送信」からメッセージで通話が出られない理由を選択してもよいでしょう。メッセージ内容はカスタマイズすることもできます。

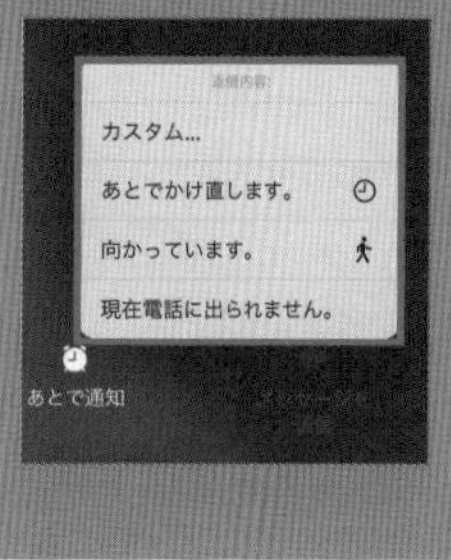

▶▶ メール、メッセージ、LINE

複数の友だちと同時に通話ができるの？

LINEの音声通話は1対1だけでなく**複数のユーザーと通話する**ことも可能です。通常の通話方法と異なり、複数人トーク画面、もしくはグループトーク画面上に表示される電話アイコンをタップします。参加しているメンバーのトークルームに「グループ音声通話が開始されました」というメッセージが表示され、「参加」ボタンをタップすることでグループ通話が行なえます。自分を含めて最大200人まで参加できます。また、グループ音声通話を終了しても、参加しているメンバー同士間で通話を続けることができます。

1 グループトーク画面を開く

複数人トーク、もしくはグループトーク画面を開きます。右上の電話アイコンをタップして「音声通話」をタップします。

2 音声通話が始まる

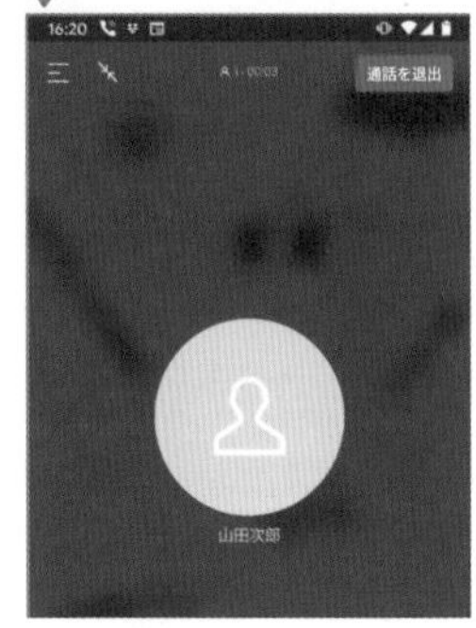

音声通話画面に切り替わり、相手に音声通話の通知が行きます。しばらく待ちましょう。

3 参加をタップする

コールされたメンバーにはトークルーム上部に「グループ通話を開始しました」というメッセージが表示されます。参加する場合は「参加」をタップします。

4 参加したメンバーが表示される

グループ通話に参加中のメンバーのアイコンが通話画面に表示されれば通話できます。

LINEではニュースも読むことができる

LINEではほかのユーザーとコミュニケーションする機能のほかに日々のニュースをチェックする「ニュース」機能が搭載されています。画面下部の「ニュース」タブをタップしましょう。経済やエンタメ、スポーツなどさまざまなカテゴリに分類された最新ニュースをまとめてチェックできます。ニュースの詳細画面にある「LINE」アイコンをタップすれば、気になったニュースをほかのユーザーと共有することもできるので、相手と**コミュニケーションするためのネタ**にもなります。ニュース以外にも天気予報や電車の運行情報もチェックできます。

1 「ニュース」タブを開く

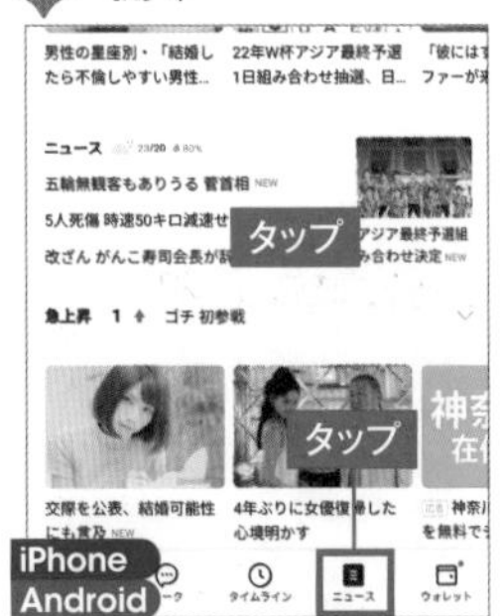

LINE下部のメニューから「ニュース」をタップします。ニュースが表示されるので読みたい記事をタップしましょう。

2 記事を閲覧する

記事を閲覧します。全文を読みたい場合や、ほかのユーザーに記事をシェアしたい場合は「続きを読む」をタップします。

3 記事をシェアする

記事をシェアするには記事最下部にあるシェアボタンをタップして、共有先を指定します。友だちと共有するには「トーク」をタップします。

4 シェアするユーザーを指定する

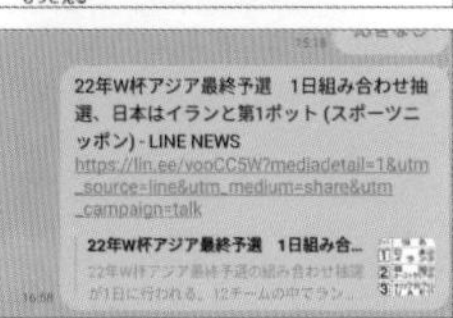

記事をシェアするユーザーやグループを選択しましょう。トーク画面に記事が投稿されます。

プロフィールの画像を好きな画像に変更しよう

LINEのプロフィール画面は、ほかのユーザーに自分のことを知ってもらうための重要な場所です。適当な設定をしていると友だちリストに追加してメッセージを送っても、**相手に不審がられブロックされる**こともあります。わかりやすいものに直しましょう。

LINEの初期設定ではプロフィール画面の横にある写真は真っ白な人形のアイコンになっています。このアイコンはスマホ内に保存している好きな画像に変更することができます。また、その場で撮影したものを設定することもできます。アイコンに使用する写真をレタッチすることもできます。

「ステータスメッセージ」も編集しておきましょう。ここは**簡単な近況や自己紹介文**を記入するところです。

1 プロフィールアイコンをタップ

ホーム画面を開き左上にある自分のプロフィールアイコンをタップします。

2 プロフィール画面でアイコンをタップ

プロフィール画面が表示されます。アイコンを変更するには中央の白い人形アイコンをタップしましょう。

3 「編集」から ファイル元を指定

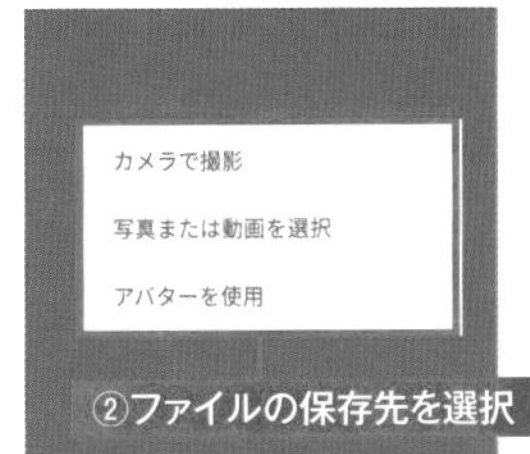

「編集」をタップしてアイコンに利用する写真ファイルの保存先を選択しましょう。

POINT アバターを作成する

LINEではアバターを作成してプロフィール画面に設定することができます。プロフィール画面のメニューで「アバター」を選択すれば、自撮りするだけで簡単に作成できます。

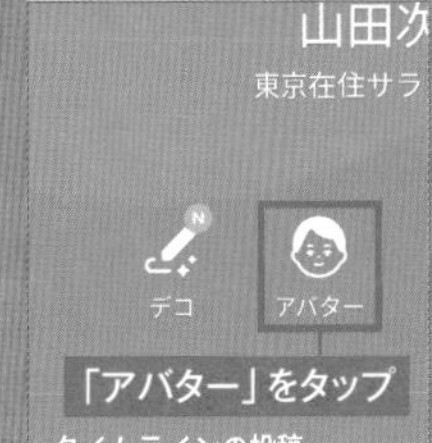

4 写真をトリミングする

写真を選択したら写真の隅をドラッグして切り取る範囲を指定しましょう。指定したら「次へ」をタップします。

5 写真を加工する

続いて画面右に設置されているツールを使って写真にテキストやスタンプなどを入力していきましょう。フィルタを使って色調を変更することもできます。

6 ステータスメッセージを入力する

写真を設定したら「ステータスメッセージを入力」をタップし、近況や自己紹介文を入力します。

7 プロフィールの完成

プロフィールが完成しました。プロフィールを変更したくなったら名前の部分をタップしましょう。また、アイコンをタップすると「ストーリー」が起動します。

3 ▶▶ メール、メッセージ、LINE

LINEのアカウントを新しいスマホに引き継ぐには？

新しいスマホに買い替えた際、これまで使っていたLINEのアカウントは新しいスマホでも引き継いで利用することができます。ただし、引き継ぎ前には**事前準備が必要**です。

まず、引き継ぐ前のスマホで「電話番号」と「パスワード」の登録内容を確認します。以前は電話番号の変更による引き継ぎをする場合はメールアドレス登録も必要でしたが、現在は必要はなくなりました。

情報の確認と設定が終わったら、「設定」画面に戻り「アカウント引き継ぎ」を開き、「アカウントを引き継ぐ」を有効にします。この設定を有効にしてから36時間以内に新しいスマホで引き継ぎ作業を行いましょう。ここでは、一例として電話番号が同じでAndroidからiPhoneへ変更するときの方法を紹介します。

1 「アカウント」画面を開く

ホーム画面右上にある設定ボタンをタップして、「アカウント」をタップします。

2 電話番号とパスワードを確認する

引き継ぎに必要なのは「電話番号」と「パスワード」だけですが、すでにメールアドレスも登録している場合は忘れずにメモしておきましょう。

3 「アカウント引き継ぎ」を開く

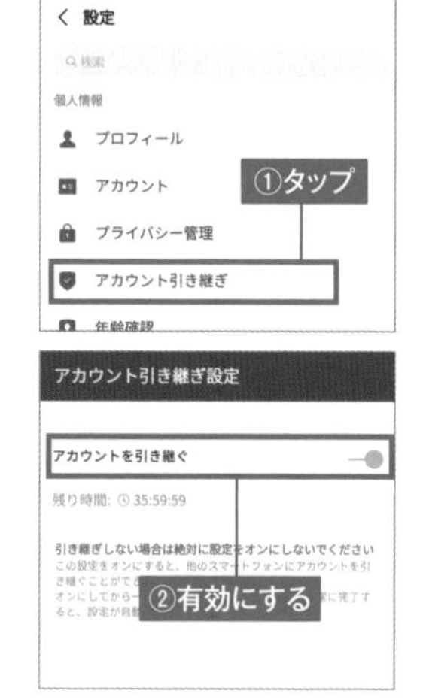

設定画面に戻り「アカウント引き継ぎ」を選択します。「アカウントを引き継ぐ」を有効にします。

4 ログインを選択する

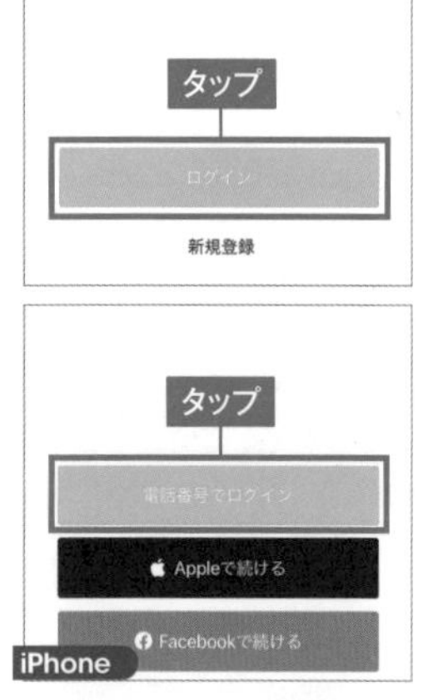

引き継ぎのスマホでLINEを起動し、「ログイン」をタップし「電話番号でログイン」をタップします。

5 電話番号と認証番号を入力

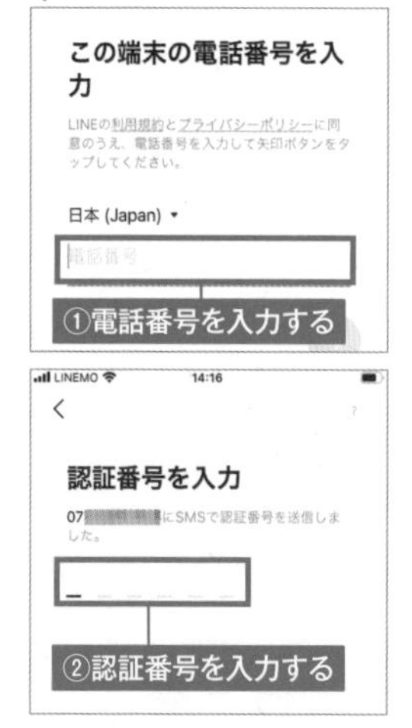

登録していた電話番号を入力して進みます。電話番号に認証番号が送られてくるので入力しましょう。

6 自身のアカウントを確認する

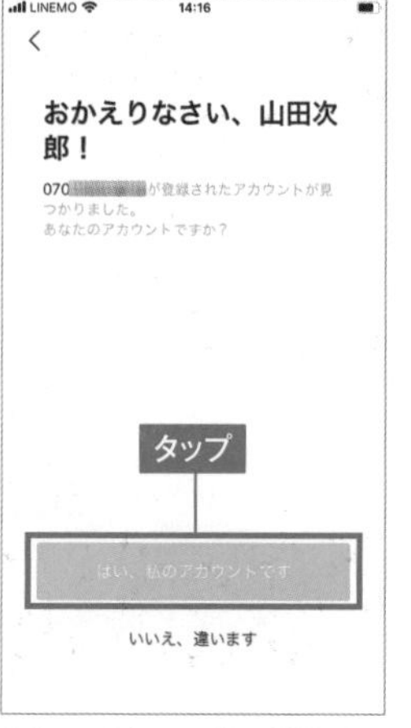

自身のアカウントかどうかを聞かれるので名前と電話番号を確認して、正しければ「はい、私のアカウントです」をタップします。

7 ログインパスワードを入力する

最後にLINEで利用していたログインパスワードを入力すれば、引き継ぎは完了です。

LINEのセキュリティを上げる設定はある?

LINEを使っていて気になるのが個人情報漏洩や不正利用などセキュリティ周りのことでしょう。LINEにはさまざまなセキュリティ機能が用意されています。たとえば、スマホ本体とは別にアプリ自体にパスコードが用意されています。パスコード機能を利用すれば**LINEを起動するたびにパスコードの入力**を求められ、ほかの人が端末を盗んでもLINEを起動することはできません。

また、ほかの端末からログインしようとすると通知が届き、通知に表示された認証番号を入力しないとログインできないようになっており、ほかの端末からの不正利用を防止する仕組みになっています。

1 パスコードの設定をする

ホーム画面右上の設定ボタンをタップして「プライバシー管理」をタップします。

2 パスコードロックを有効にする

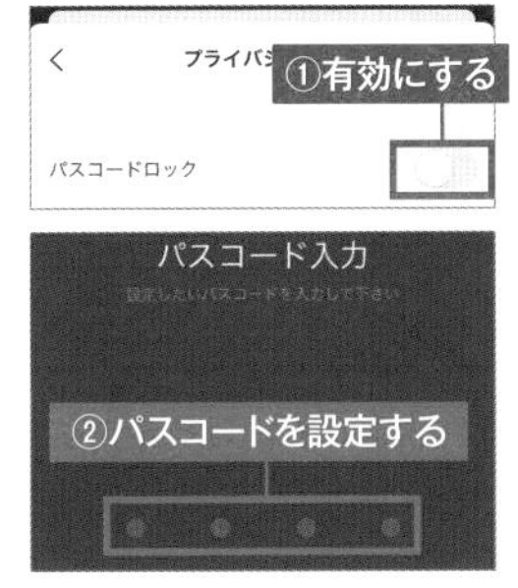

パスコードロックを有効にするとパスコード設定画面が表示されます。4桁のパスコードを設定しましょう。

3 パスコードを入力する

パスコードを設定するとLINEを起動するたびにパスコードが要求されるようになります。

4 不正アクセス通知

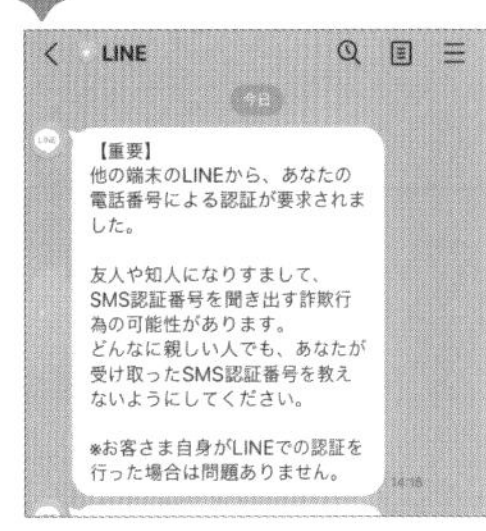

ほかの端末から自分のアカウントにログインを試みる動作があった場合、通知が届きます。パスワードを変更したり、事務局に通報するなり対策をしましょう。

LINEで入手できるクーポンなどを利用しよう

LINEはさまざまなクーポン券を配布しています。飲食店やドラッグストアなどの店舗で注文または会計をする際にクーポンを提示することで割引やサービスを受けることができます。気になるクーポンがあればお気に入りに登録してすぐに出せるようにしておきましょう。

LINEのホーム画面にあるサービス一覧から「クーポン」をダウンロードして使えるようにしましょう。

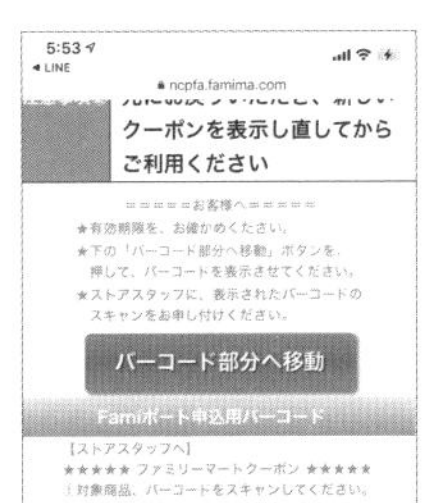

使用するクーポンを事前に用意しておいて会計するときなどに画面を提示しましょう。

LINEのアカウントを削除するには

LINEのアカウントを削除はホーム画面の「設定」から「アカウント」で行えます。退会すると友だちのLINE上の名前には「メンバーがいません」と表示されるようになります。なお、退会するとこれまで購入した有料スタンプやLINE Payに残っている金額も使えなくなります。

ホーム画面から設定ボタンをタップして「アカウント」を開く。下にある「アカウント削除」をタップしましょう。

注意事項にチェックを入れていき最後に「アカウントを削除」をタップしましょう。

第4章
SNSをたっぷりと楽しむ

スマホでは、Facebook、Twitter、Instagramなどの「SNS」を存分に楽しむことができます。それぞれに特徴がありますが、Facebookは、実世界での友だちと交流する際に多く使われるSNSで、実名での利用が基本となります。

Twitterは、幅広い人と交流ができますが、有名人や政治家などのつぶやきをリアルタイムで見ることができるので、見るだけでもとても便利なツールです。

Instagramは、写真がメインのSNSで、旅行や美味しいものを食べたとき、などにもっとも効力を発揮できるツールです。どれも楽しいアプリですが、やらなければいけない訳ではありませんので、気になるSNSがあるなら、個人情報に注意しつつ、お試し程度の気分で始めてはいかがでしょうか?

僕は他人の炎上話が
大好きだから
Twitterからは
離れられないなあ～!
毎日面白いよ。

私はInstagramが
最高だな!
ファッションや
おしゃれなお店の情報は
インスタが一番よ!

重要項目インデックス

Facebookではどんなことができるの?

本名で登録して家族や友達と現実に近い感覚で話し合える

Facebookは、TwitterやInstagramと並んで人気のソーシャルネットワークサービスです。実名と正確な個人情報(勤務先、学歴、出身地など)を登録して利用することが前提となっています。

そのため、**匿名で過激なメッセージが飛び交うツイッターと異なり温和なムード**で、一般的に家族や職場の同僚、学校の友だちなど、現実の知り合いとウェブ上で交流する際に利用されます。投稿する内容に公開制限を設定できるので、プライバシーに対しても注意が払えます。

Facebookにログインするとフォローしている友達や自分が投稿した内容が「ニュースフィード」に表示されます。ニュースフィードに投稿された内容にコメントを付けたり、「いいね!」などのリアクションを付けることができでコミュニケーションを楽しめます。

Facebookの基本的な使い方を理解しよう

1 自身の近況を伝える

自身の近況をテキストや写真で知らせる、またはフォローしている友だちや同僚の近況を知るのが一般的な使い方となります。動画や音声ファイルをアップロードすることもできます。

2 ほかの人の投稿にリアクションする

投稿された内容に対して「いいね!」などのリアクションやコメントを付けてコミュニケーションを行います。

3 プライバシーが重視される

投稿する内容1つ1つに細かな公開設定ができます。Facebookはほかに位置情報の設定、ログインのセキュリティ設定などプライバシーを守るための情報が数多く用意されています。

4 本名や正確な個人情報を公表する

本名や学歴や職歴など自身のキャリアを登録するのが基本のため、現実の知り合いを探して交流しやすくなっています。

Facebookのアカウントを取得する

スマホでFacebookを利用するには、まずアプリをダウンロードしましょう。iPhoneならApp Store、AndoroidであればPlay ストアからダウンロードすることができます。アプリを初めて起動するとログイン画面が表示されます。

初めてFacebookを利用する場合は、まずアカウントを作成する必要があります。アカウントを作成するのに必要なものは**電話番号かメールアドレス**のどちらかです。どちらかを入力すると本人確認のメッセージが送られます。メッセージに記載された認証コードを入力しましょう。認証コードを入力すればアカウント登録は完了です。

Facebookをインストールしよう

1 アプリをダウンロードする

Facebookを利用するにはアプリをダウンロードしましょう。iPhoneならApp Store、AndroidならPlay ストアからダウンロードできます。

2 新規アカウントの登録

ダウンロードしたアプリを起動します。登録画面が表示されるので「登録」をタップします。

3 本名を登録する

氏名入力画面が表示されます。ここでは本名を入力しましょう。匿名だと家族や友だちなど、ほかのユーザーが認識してくれない可能性が高くなります。

4 個人情報を入力する

続いて生年月日や性別を入力しましょう。Facebookではできるだけ正しい個人情報を入力したほうがいいでしょう。

5 電話番号かメールアドレスを入力する

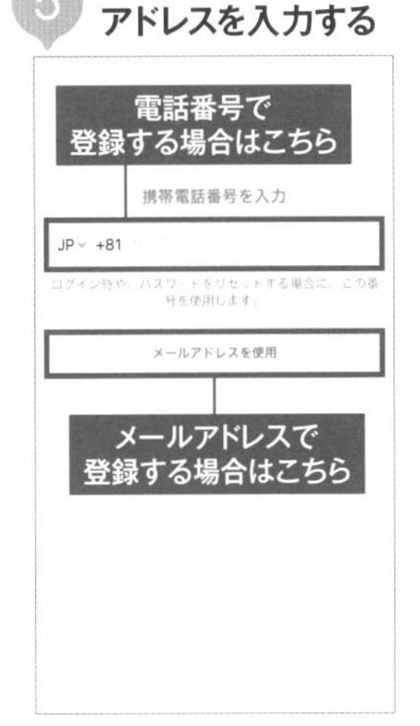

本人確認をするため電話番号かメールアドレスを入力します。入力後、確認メッセージが送信されるので認証作業を行いましょう。

6 ログインパスワードの設定

続いてログインパスワードの設定をします。ログイン時は設定したアカウント名と一緒にここで設定するパスワードを入力します。

7 アカウント登録完了

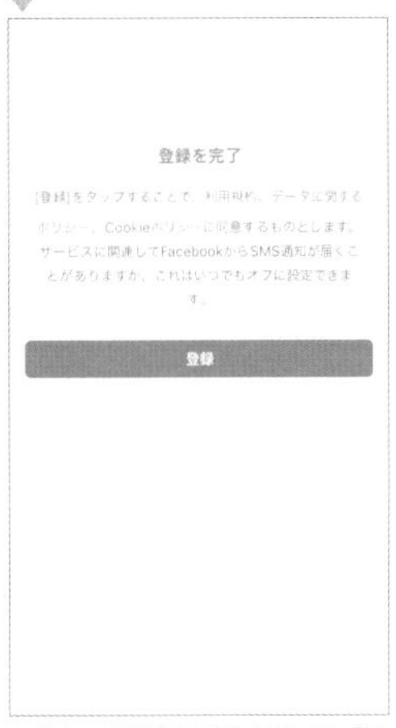

アカウント登録を完了するには、「登録」ボタンをタップしましょう。タップ後、Facebookの画面に移動します。

POINT

入力した個人情報はあとでも変更できるが……

アカウント取得の際に設定した名前、電話番号、メールアドレス、その他の個人情報は、「設定」画面からいつでも変更することができます。ただし、名前を変更すると以後、60日間再変更できなくなるなど条件があります。個人情報の設定はできるだけアカウント取得時に誤りのないように設定しておきましょう。

わかりやすいプロフィール写真を設定しよう

アカウント取得時は、Facebook上には名称など最低限の個人情報しか表示されません。これでは友だちが探しづらいです。そこで、プロフィールを追加しましょう。**最も重要なのはプロフィール写真**です。スマホ内にある自分の写真や家族の写真を設定するのが最も効果的ですが必須ではありません。個人情報の悪用が気になる人は、**お気に入りの持ち物や近所のスポット写真**など自分の特徴をよく表した写真を設定しましょう。

1 アイコンをタップする

Facebookのニュースフィード画面で左上にある人形のアイコンをタップします。

2 プロフィール写真の選択

プロフィール画面が表示されます。もう一度カメラアイコンをタップして「プロフィール写真を選択」をタップ。

3 写真を保存する

プロフィールに選択する写真を選択します。右上の「保存」をタップすれば設定できます。レタッチする場合は左下のレタッチボタンをタップしましょう。

4 写真をレタッチする

レタッチ画面では写真をトリミングしたり、文字を追加することができます。

友だちを探して申請してみよう

Facebookで知り合いや友人とメッセージのやり取りをするには、相手のアカウントに**友達申請をして承諾される必要**があります。目的の相手を探しましょう。右上の検索ボックスに名前を入力すれば、検索結果が表示されます。該当のユーザーがいれば選択してプロフィールの履歴（学歴、在住地、出身地）の詳細を確認しましょう。

また、メニューの左から二番目にある友達アイコンをタップしましょう。ここではあなたの知り合いと思われるユーザーが**「知り合いかも」と表示されます。**iPhoneの場合は連絡先をアップロードして探す方法があります。

1 検索ボタンをタップ

友だちを検索するには右上の検索ボックスをタップします。

2 名前を入力する

検索フォームに名前を入力すると検索結果にユーザー名が表示されるので、該当すると思われるユーザーを選択しましょう。

3 友達画面から探す

メニューから友達ボタンをタップすると知り合いと思われるユーザーを一覧表示してくれます。

4 連絡先をアップロードする

Facebookの設定画面から「設定」→「個人の情報」→「連絡先をアップロード」で機能を有効にすると友だちを見つけやすくなります。

Facebookで友達になるにはリクエストを送る

友だちになるには友達リクエストを申請しましょう。相手にリクエスト通知が送られ承認されると友だちリストに追加され、メッセージのやり取りや、相手がニュースフィードに投稿した内容を閲覧することができます。誤ってリクエストを送ってしまった場合は、「リクエスト送信済み」後に取り消しましょう。

名前の下にある「友達になる」をタップしましょう。相手に申請メッセージが送信されます。

友達申請する際には申請ボタンを押すだけでなく、ボタン下にあるメッセージ入力欄に一言挨拶メッセージを添えたほうがよいでしょう。

友だちのプロフィールを確認しよう

友だちのプロフィールの詳細を確認したい場合は、相手のプロフィール画面を開き「○○さんの基本データ」をタップしましょう。出身地や居住地など本人が公開している経歴などが表示されます。友だち申請する前にチェックしておくと間違った人に申請するミスはなくなるでしょう。

ユーザーのプロフィール画面を開き「○○さんの基本データを見る」をタップします。

相手が公開している個人データが表示されます。

Facebookにテキストを投稿するには

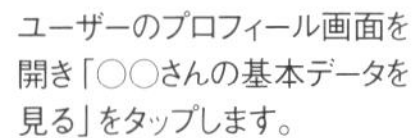

ニュースフィードには、ほかのユーザーが投稿した近況などが流れてきます。ただ見ていたり「いいね!」を付けているだけでもよいですが、自分で何か投稿してみるのもいいでしょう。投稿は画面中央に設置されている投稿フォームから行えます。

投稿する際はテキストだけでなくさまざまな**「気分・アクティビティ」**を添付することができます。これは「楽しい」「悲しい」などそのときの気分を絵文字で表現する機能です。テキストだけでは伝えづらい場合に利用しましょう。

1 投稿フォームをタップ

自分で投稿するには画面中央にある「その気持ち、シェアしよう」という部分をタップします。または「近況」をタップしてもよいでしょう。

2 テキストを入力して投稿する

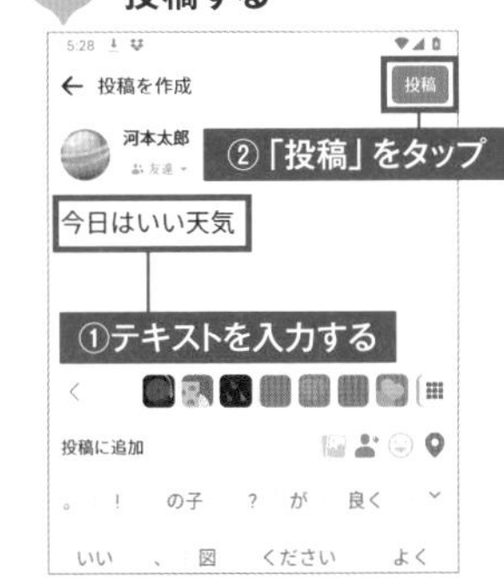

テキスト入力画面が表示されます。キーボードでテキストを入力し、右上の「投稿」をタップしましょう。

3 気分・アクティビティを選択

気分を添付したい場合はメニューから「気分・アクティビティ」を選択し、利用する絵文字を選択しましょう。

「チェックイン」では現在自分がいる場所の情報を添付することができる

Facebookに写真を投稿する

Facebookではテキストのほかにスマホ端末に保存している写真を投稿することができます。旅行で撮影した写真、近況をニュースフィードに投稿しましょう。**テキストよりもはるかに**ほかのユーザーから「いいね!」などの**反応が得られます**。言葉を書くのが苦手な人は近所の花や空模様の写真などを撮影して投稿してみるといいでしょう。

写真は1枚だけでなく複数選択して同時に投稿することもできます。また、高度なレタッチ機能を搭載しており、写真をトリミングしたりエフェクトを使って色調補正したり、手書きでメッセージを入れることができます。

1 写真を添付する

写真を添付するには投稿画面のメニューで「写真・動画」を選択します。写真選択画面が現れるので写真を選択しましょう。

2 写真が添付される

写真が添付されます。そのまま投稿する場合は「投稿」をタップ。写真を編集する場合は「編集」をタップします。

3 写真をレタッチする

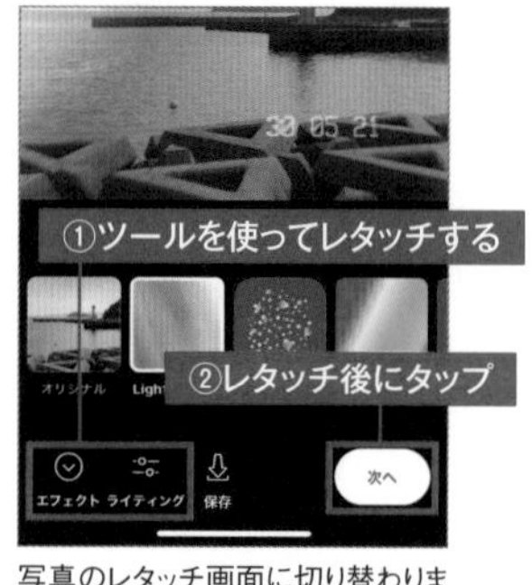

写真のレタッチ画面に切り替わります。上下にあるレタッチツールを使って写真をレタッチしましょう。「次へ」をタップすると投稿画面に戻ります。

投稿を公開する範囲を限定するには?

Facebookに投稿した内容は初期設定では友だちになっている人全員に公開されます。しかし投稿内容によっては、特定の友達のみに知らせたいときがあります。その場合は、公開範囲の設定を変更しましょう。投稿作成画面の公開設定メニューを開き、「次を除く友達」もしくは「一部の友達」に変更しましょう。

公開設定を変更するには、投稿画面で名前の下にある「友達」をタップする。

「次を除く友達」または「一部の友達」で公開する友達を絞ることができます。

投稿後に内容を修正したい

ニュースフィードに投稿した後、誤字脱字や誤解を与える文章や写真を編集したいときがあります。削除して書き直すのもよいですが、せっかくもらったコメントも削除されてしまいます。Facebookに投稿した内容はあとで編集することもできます。

編集したい投稿を開き右上のメニューボタンをタップし「投稿を編集」をタップします。

内容を編集したら右上の「保存する」ボタンをタップしましょう。投稿が編集されます。

友達の投稿に「いいね！」をつけよう

　Facebook上での友だちとコミュニケーションをする手段はさまざまですが、最もよく利用されるのは友達が投稿した内容に「いいね!」を付けるアクションです。「いいね!」は投稿に対して軽く好意的に応援するときに利用します。コメントやメッセージを投げかけるほどでもない場合に利用しましょう。

「いいね!」を付けるには記事の左下にある「いいね!」をタップするだけです。

「いいね!」を付けるとアイコンが青色に変わります。もう一度タップすると「いいね!」を取り消すこともできます。

友達の投稿をシェアしてみよう

　ニュースフィードに流れてくる記事の中には、友達のイベント告知に関する記事など、自分も告知を手伝ってあげたいものがあります。そのような記事は「シェア」しましょう。「シェア」とはほかのユーザーの投稿を自分のニュースフィードに再投稿することで、同じ内容を自分とつながっている友達に広めることができる機能です。

シェアしたい記事右下にある「シェア」をタップしよう。

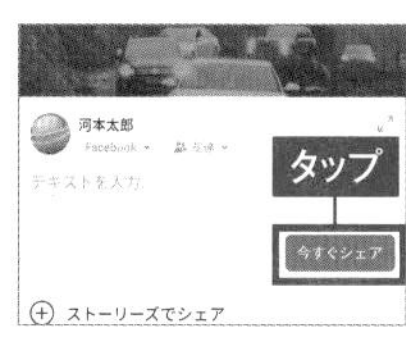

シェア投稿画面が表示されます。そのままシェアする場合は「今すぐシェア」をタップしましょう。コメントも付けられます。

サークル仲間や友達とグループを作成する

　Facebookを使っているとさまざまな人とつながりができますが、サークルや会社の仲間など特定のメンバーとだけ情報を共有したいときがあります。その場合はグループを作成しましょう。グループに投稿した内容は、その**グループに参加しているメンバーだけ閲覧すること**ができます。また、グループでは複数のメンバーと同時にメッセージをやり取りしたり、イベントを作成することができます。

　グループを作成するには、メニューの「グループ」タブを開き、グループを作成してメンバーを招待する必要があります。

1 グループを作成する

Facebookのメニューからグループボタンをタップします。グループ画面が開いたら、グループを「作成」をタップします。

2 グループの設定

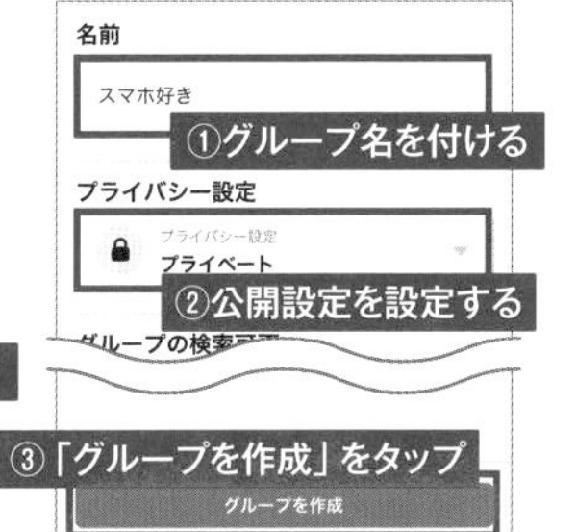

グループ編集画面が表示されます。グループ名を入力し、公開設定を指定したら「グループを作成」をタップしましょう。

3 メンバーを招待する

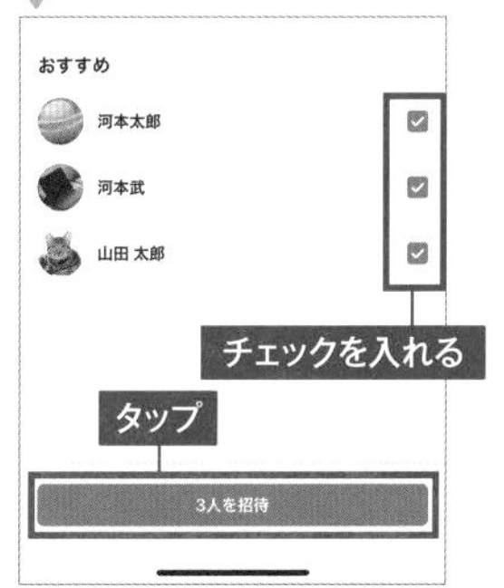

グループに招待したいメンバーにチェックを入れて「招待」ボタンをタップすると招待メッセージが送信されます。

4 グループの退会

グループの退会、設定変更などはグループ画面右上の星ボタンをタップして「設定」「基本設定」から行いましょう。

メッセンジャーで特定の友達とやりとりする

Facebookのコミュニケーションはニュースフィードに投稿された記事にコメントやいいね!を付けるだけでなく、LINEのトークのように**1対1でメッセージのやり取りを行う**方法も用意されています。

ただし、メッセージをやり取りするにはFacebookアプリとは別に**「Messenger」**というアプリをインストールする必要があります。iPhoneの場合はApp Storeから、Androidの場合はPlay ストアからダウンロードしましょう。アプリを起動すると友達リストが表示され、メッセージの送信ができます。

1 アプリをダウンロードする

メッセージをやり取りするには、まず「Messenger」というアプリをダウンロードしましょう。

2 アプリを起動する

アプリを起動すると友達が一覧表示されます。メッセージをやり取りしたい相手をタップします。

3 メッセージを送信する

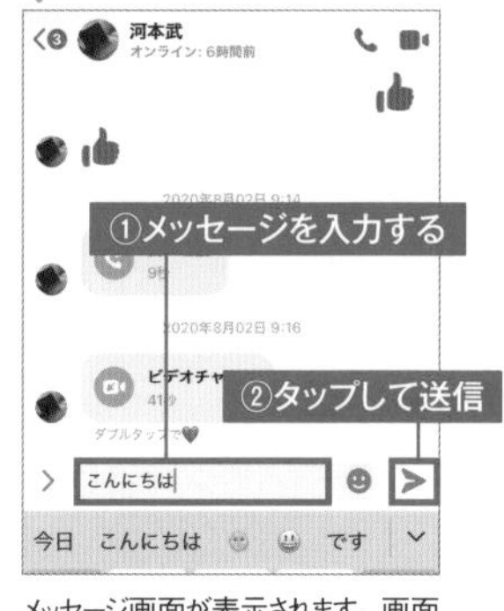

メッセージ画面が表示されます。画面下部の入力欄をタップしてメッセージを入力して送信しましょう。

POINT Facebook 音声を使う

「Messenger」アプリはテキストメッセージだけでなく、LINEと同じように音声通話をすることもできます。メッセージ画面右上にある電話ボタンをタップするとコールすることができます。

アカウントを削除するには

Facebookのアカウントを削除する方法は2つ用意されています。1つは**アカウントを完全に削除する**方法で、プロフィール、写真、投稿、その他アカウントに追加したコンテンツのすべてが完全に削除されます。アカウントを再開することはできます。

もう1つの削除方法は、Facebook利用の**一時休止**です。こちらを選択した場合、自分もほかのユーザーもFacebookのアカウントにアクセスできなくなりますが、見えない形でサーバ上にデータは残っています。再開したくなったときに今までのデータを復元することができます。

1 設定画面を開く

設定画面を開き「設定とプライバシー」をタップして「設定」をタップします。

2 アカウントの所有者とコントロール

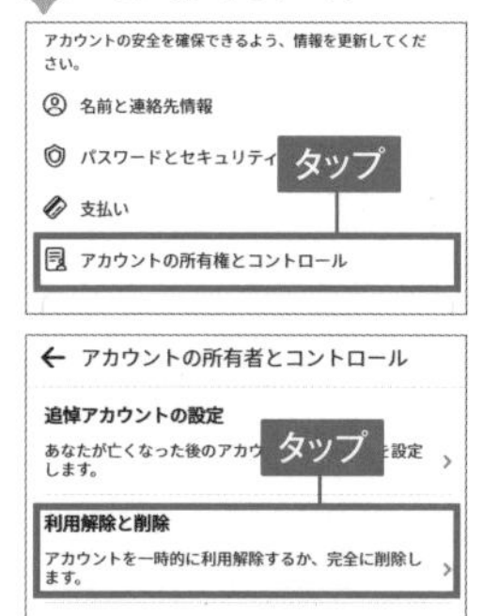

「アカウントの所有者とコントロール」をタップして「アカウントの利用解除と削除」をタップします。

3 削除方法を選択する

アカウントの削除方法を選択します。後はそのまま画面を進めていけばいいでしょう。

ツイッターでは どんなことができるのか

匿名で気軽に利用でき、ニュースやトレンドの情報収集に便利

ツイッターはFacebookやLINEと並んで人気のSNSです。ほかのユーザーをフォローすると相手の投稿がタイムラインに流れます。自分で現在の状況をタイムラインに投稿したり、写真をアップロードすることもできます。

Facebookと使い方はよく似ていますが、ほかのSNSとの最大の違いは、実名登録や個人情報を隠して**匿名で利用できる**ことです。そのため、Facebookでは話しづらい話題をしたいときに便利です。

また、ツイッターに投稿された内容は「ツイート」と呼ばれ、文字数が140文字以内に制限されています。**短文のため日記やコラムなど長い文章を書くには向いていません。**そのとき思いついたことを投稿したり、マスメディアが配信している短いニュース記事をチェックしたいときに便利です。

Twitterでできることをチェック

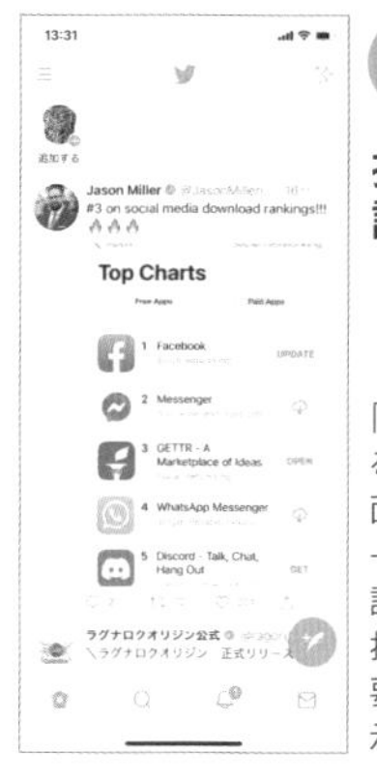

1 投稿された記事を読む

「タイムライン」と呼ばれるTwitterのメイン画面です。ここではフォローしているアカウントや話題(トピック)に沿った投稿やプロモーション要素を含む投稿が表示されます。

2 ニュースをチェックする

多くのニュースサイトやテレビ局のアカウントが存在して毎日のニュースを配信しているので、日々のニュースチェックに役立ちます。

3 ほかのユーザーにリアクションする

Facebookに比べて、フォローしなくてもほかのユーザーに気軽にコメントしたり「いいね!」をしたりできます。

4 メッセージのやり取りをする

ほかの人には見られない1対1のダイレクトメッセージのやり取りもできます。

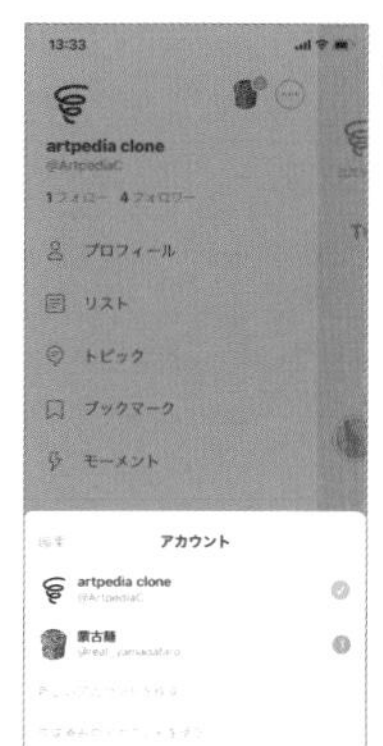

5 複数のアカウントを使い分ける

複数のアカウントを作って切り替えて使うことができます。

ツイッターのアカウントを取得しよう

Twitterを利用するにはアプリをインストールしましょう。iPhoneの場合はApp Storeから、Androidの場合はPlay ストアからダウンロードしましょう。

Twitterでアカウントを取得するには、スマホの電話番号、もしくはメールアドレスを事前に用意しておく必要があります。電話番号を登録しておくとセキュリティの高い2段階認証が利用できます。

TwitterはFacebookと異なり本名や学歴、住所などの個人情報を入力する必要はありません。**むやみに個人情報を掲載しない**ように注意しましょう。また、匿名で複数のアカウントを取得してアプリ上で切り替えて使い分けることができます。

Twitterのアカウントを取得しよう

1 新規アカウントを作成する

Twitterのアプリをインストールしたら起動しましょう。このような画面が表示されたら「アカウントを作成」をタップします。

2 名前と電話番号を登録する

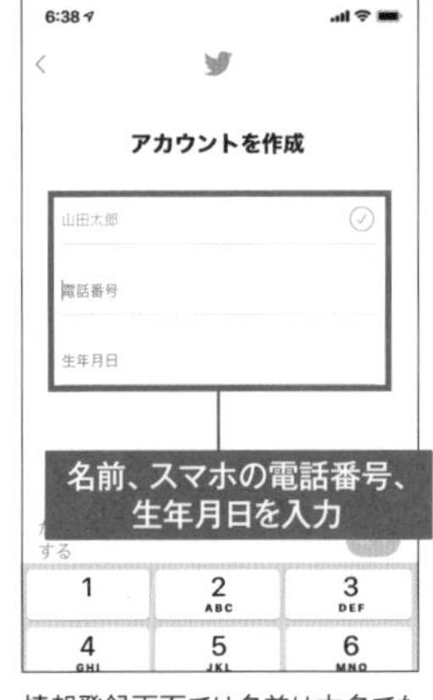

情報登録画面では名前は本名でなくてもかまいません。ただし、スマホの電話番号、生年月日は正しいものを入力しないと登録できません。

3 認証コードを入力する

スマホのメッセージアプリに認証コードが送信されるので、コードを入力しましょう。

4 プロフィール画像や自己紹介の設定

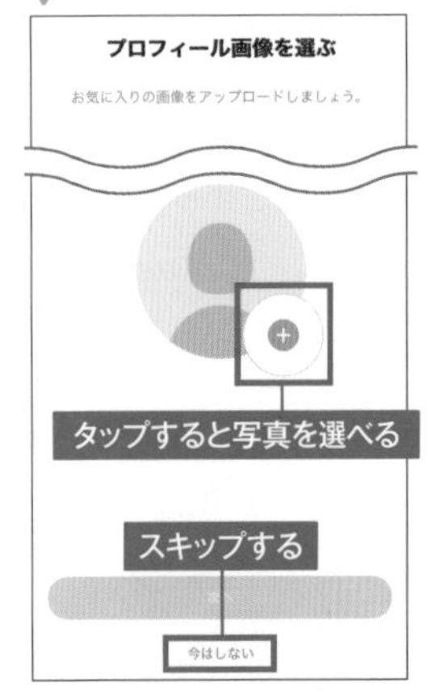

プロフィール画像や自己紹介を設定できる画面が続きますが、必須ではありません。スキップしても問題ありません。

5 連絡先の同期の可否

「連絡先の同期」は必要なら後で設定できます。匿名で行う場合は「今はしない」を選択しておいたほうがよいでしょう。

6 興味あるトピックやフォロワーをフォローする

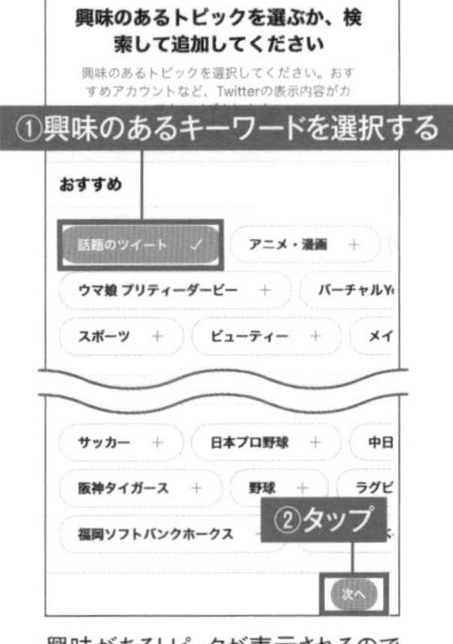

興味があるトピックが表示されるのでいくつか選択しましょう。続いておすすめフォロワーが表示されるのでフォローしましょう。

7 初期設定の完了

Twitterのメイン画面(タイムライン)が表示され、フォローしたユーザーの投稿を見ることができます。

友達や有名人を探してフォローしてみよう

Twitterの初期設定時に選択したユーザーがフォローされた状態になっていますが、ほかに気になる企業や人の名前、また友達をフォローしたい場合は検索画面から探しましょう。検索ボックスにキーワードを入力すると候補が表示されます。気になるユーザー名をタップして「フォローする」をタップすればフォロー完了です。タイムラインに投稿が流れるようになります。**Facebookのように許可制ではない**ので気軽にどんどんフォローしていきましょう。なお、Twitterでは自分がフォローされることもあります。

1 検索ボックスを開く

メニューから検索ボタンをタップし、表示される検索ボックスにキーワードを入力しましょう。

2 「フォローする」ボタンをタップ

検索結果が表示されます。目的のユーザーやトピックを探して「フォローする」ボタンをタップしましょう。

3 フォローを確認する

自分がフォローしているユーザーを確認する場合は、メニューボタンをタップします。「フォロー」をタップするとユーザーが一覧表示されます。

POINT 新機能「トピック」とは？

トピックをフォローするとそのトピックに関して話題にしているさまざまなTwitterユーザーのツイートがタイムラインに表示されるようになります。そのトピックに関する最新情報や複数の意見を効率よく収集したいときに便利です。

最新のトレンド情報を収集しよう

Twitterはほかのユーザーとコミュニケーションするよりも、最新のトレンド情報を収集するのに便利です。検索画面を開いてみましょう。「おすすめ」や「トレンド」という項目に現在Twitter上で流行っている話題（ツイート数をもとにTwitterがピックアップしている）が一覧表示されます。

メニューから検索ボタンをタップすると「おすすめ」が表示されます。

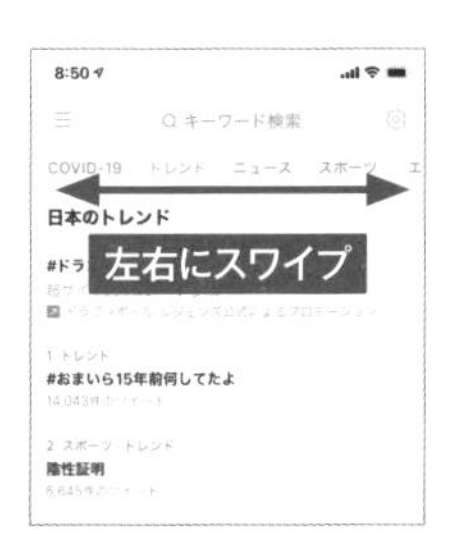

上部のメニューを左右にスワイプすることで話題を変更することができます。

ハッシュタグってなんのこと？

タイムラインに流れてくる投稿の中には、よく「#」が付いた文字列を見かけます。これはハッシュタグと呼ばれるものです。ハッシュタグの付いた文字列をタップすると、同じハッシュタグが付けられたほかのTwitterユーザーのツイートを一覧表示させることができます。また、ハッシュタグは自分で投稿する場合にも追加できます。

ツイート内にあるハッシュタグをタップしてみましょう。

同じハッシュタグを含むほかのユーザーのツイートが表示されます。気になる話題を効率よく収集できます。

Twitterに写真や動画を投稿する

Twitterではテキストだけでなく**写真や動画を投稿する**こともできます。投稿するには投稿画面の下部メニューから写真アイコンをタップします。スマホ内に保存している写真が一覧表示されるので、投稿したい写真や動画を選択しましょう。iPhoneの場合は「写真」、Androidの場合は通常「ギャラリー」画面が開きます。レタッチ機能を搭載しており、投稿前に写真をトリミングしたり、フィルタを使って華やかな写真にすることもできます。

1 写真アイコンをタップ

メニュー左端の写真アイコンをタップします。ギャラリーが開くので、添付する写真を選択しましょう。

2 写真を添付

写真が添付されます。そのまま投稿するなら「ツイートする」をタップします。レタッチするなら右下のペンアイコンをタップします。

3 レタッチ画面

レタッチ画面です。画面下部にあるツールを使って写真をレタッチしましょう。

何をツイートすればよいのか?

140字以内の投稿制限があるTwitterを初めて使うと何を投稿してよいか悩むことがあります。Twitterでは日記や文章よりも、そのとき感じた気持ちをつぶやくのに適しています。例えば、タイムラインに流れてくるニュース対して「怖い」「本当!?」などの反応を書くだけでも十分です。

ツイートにコメントしながら投稿したい場合は、引用ツイートを利用しましょう。RTボタンをタップします。

「引用ツイート」をタップしてツイートに対してコメントを書いて投稿してみましょう。

ツイートを削除したい

投稿したツイートは削除することができます。削除すると自分のタイムラインだけでなくフォロワーのタイムラインからもなくなります。ツイート内容に誤字脱字があったり、不適切だと思うツイートは削除しましょう。

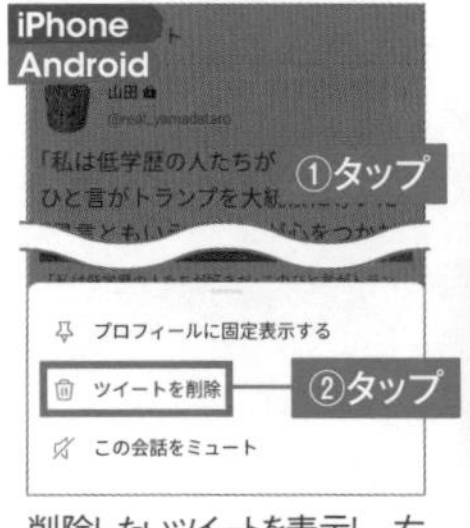

削除したいツイートを表示し、右上のメニューボタンをタップして「ツイートを削除」をタップします。

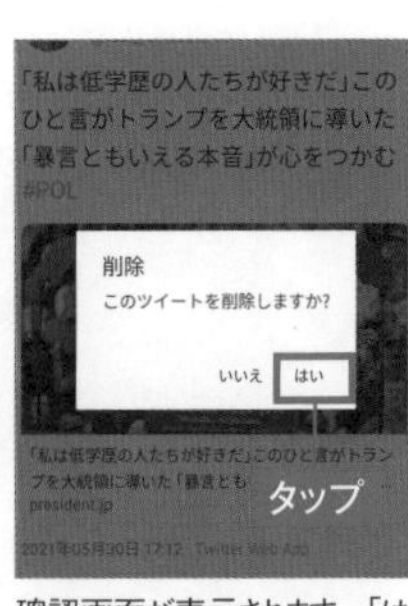

確認画面が表示されます。「はい」をタップするとツイートが削除されます。

友達の投稿に「いいね」を付けよう

タイムラインに流れている、気になる記事があった場合はリアクションをしてみましょう。もっとも簡単なのは「いいね」を付ける方法です。コメントを付けるほどでもないけれど気になったものに付けましょう。ツイート下部のハート型のアイコンをタップするだけです。

気になるツイートの下部にある「いいね」をタップします。

ハート型のアイコンが赤色に変化すれば「いいね」完了です。

有益なツイートを拡散するには？

流れてくるツイートでほかのフォロワーにも伝えたいものが見つかった場合は、「いいね」だけでなく「リツイート」も行いましょう。リツイートはほかのユーザーのツイートを自分のタイムラインに再投稿する機能です。ツイート画面下の矢印ボタンをタップするだけです。

拡散したいツイートの下部にあるリツイートボタンをタップします。

メニューが表示されます。「リツイート」をタップしましょう。

通知タブでは何を確認できるのか

Twitterを使っていると通知タブと呼ばれる場所に頻繁に通知メッセージが届くようになります。ここではフォロワーが自分の投稿に「いいね」を付けたり、リプライ（返信）が付いたときに誰が反応してくれたのか確認できます。ほかにも、フォローされたときなどさまざまなアクションを知らせてくれます。

しかし、あまりに頻繁に通知が届くと煩わしく感じ、**重要な通知を見逃しがち**です。通知の設定を変更して不要な通知をオフにしましょう。

1 通知タブを開く

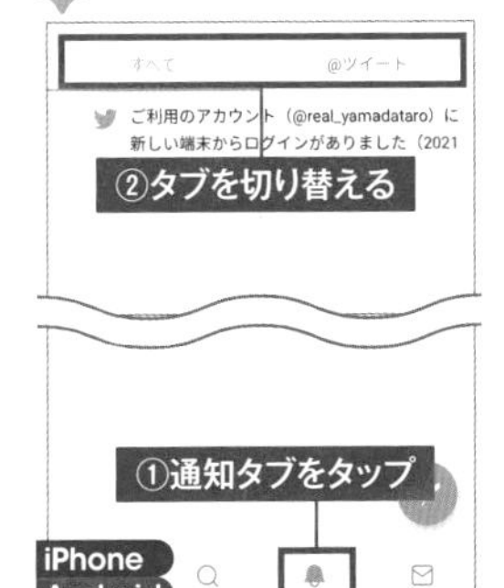

画面下にある鈴ボタンをタップすると通知タブが開きます。「すべて」の通知と「@ツイート（リプライ）」タブに分かれています。

2 設定画面を開く

通知設定を変更するには、左上のメニューボタンをタップして、「設定とプライバシー」をタップします。

3 「通知」をタップ

設定とプライバシー画面から「通知」をタップします。

4 詳細設定をする

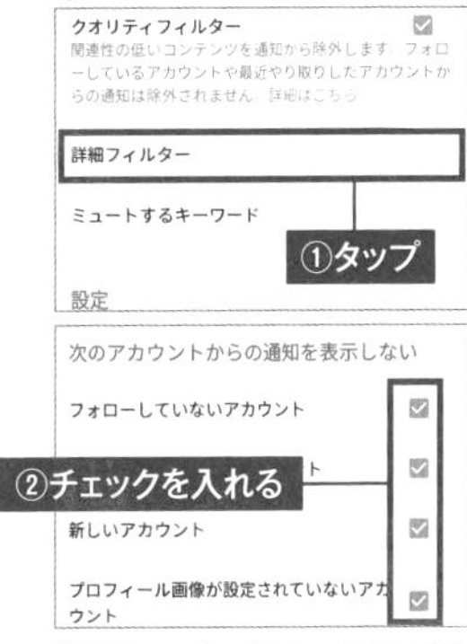

「詳細フィルター」をタップして、不要な通知の項目にチェックを入れましょう。

ツイートを知り合いだけに限定公開する

Twitterは初期設定では投稿したツイートはだれでも閲覧できる状態になっています。もし、**家族や知り合いだけ**でTwitterでつながっていて、プライベートな内容が含まれるツイートが多いなら非公開設定にしてもよいでしょう。フォロワー以外にはツイートが公開されなくなります。また、リツイートもされなくなります。

また、非公開にすると知らない人からフォローされる際に承認制になります。知らないユーザーからフォローされることがなくなります。フォローリクエストが届いたとき知らない人の場合は拒否しましょう。

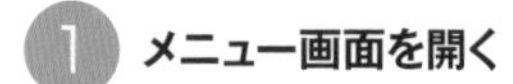

1 メニュー画面を開く

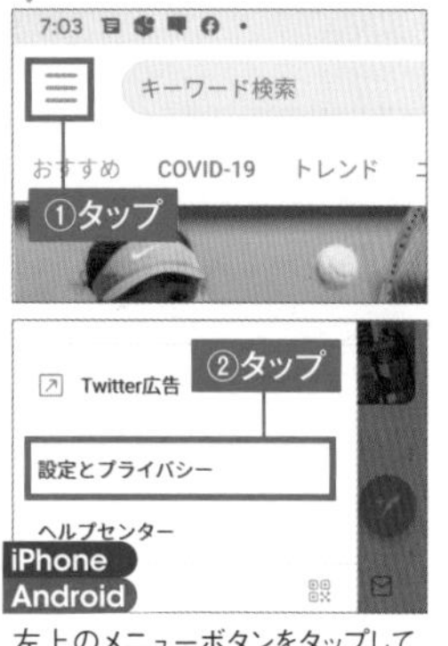

左上のメニューボタンをタップして、「設定とプライバシー」をタップします。

2 非公開にする

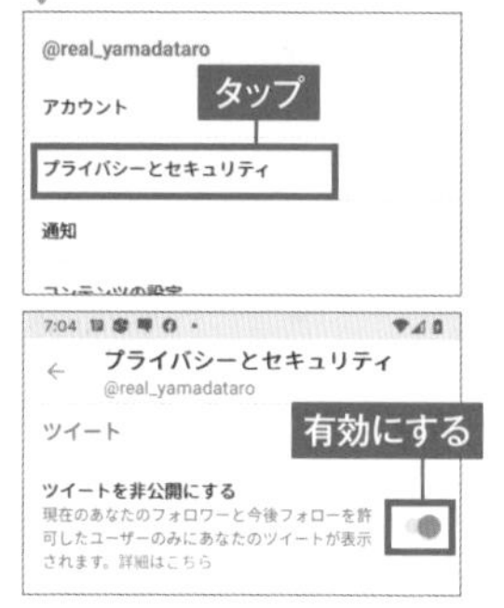

「プライバシーとセキュリティ」をタップして「ツイートを非公開にする」を有効にしましょう。

3 外からはツイートが見えない

ツイートを非公開にすると、このようにフォローされていないユーザーからはツイートが見えないようになります。

アカウントを削除するには

アカウントの削除は「設定とプライバシー」から「アカウント」をタップして開き、「アカウントを削除する」から削除できます。アカウントを削除すると、これまでの投稿は閲覧できなくなります。なお、アカウントを削除しても**30日以内まで**はTwitterに再ログインするだけで、アカウントを復活させることができます。削除に後悔したり、問題が解決したら復活も手段として残されているので安心しましょう。

1 「設定とプライバシー」をタップする

プロフィールアイコンからメニューを開き、「設定とプライバシー」をタップします。

2 「アカウント」をタップする

設定項目の中から「アカウント」をタップします。

3 「アカウントを削除」をタップ

画面の下の方にある「アカウントを削除」をタップします。

4 アカウントを削除する

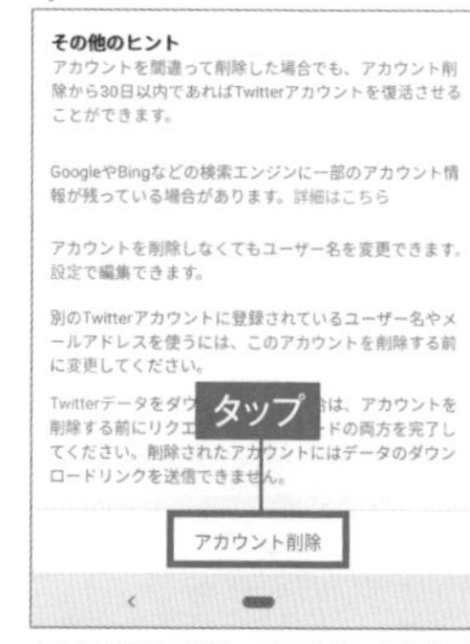

あとは画面に従ってアカウント削除を進めましょう。削除後、30日以内であればアカウントを復活させることもできます。

Instagramでは どんなことができるのか

写真や動画を通してさまざまな人とつながる!

Instagramは写真や動画を媒介にしてユーザーとの交流を促進するソーシャルネットワークサービスです。Twitterと同じく気軽にアカウントを作成して、まったく見知らぬ他人ともフォローして交流することが推奨されるオープン性の高さが特徴です。

しかし、Twitterと決定的に異なるのは**投稿する際は写真や動画のアップロードが必須**でテキストはあくまでアップロードする画像に対する説明文となります。言葉で何かを発信するのが難しいというユーザーは身近な食べ物や景色を撮影して投稿するといいでしょう。また、TwitterやFacebookと同じように投稿に対して「いいね!」やコメントを付けることができます。

Instagramでできること

1 写真や動画をアップして ほかのユーザーと交流する

テキストのみ投稿することはできず、写真や動画を必ず添付する必要があります。これがほかのサービスとの大きな違いです。

2 豊富なレタッチ機能

写真が主体となるサービスだけあってレタッチ機能が豊富です。10種類のレタッチ機能とフィルタを使って細かく加工できます。

3 ほかのユーザーとの 交流が活発

アップロードされた写真には「いいね」やコメントを付けて交流ができます。ダイレクトメッセージを送信することもできます。

4 写真の検索性も高い

Instagramは投稿された写真を検索する機能も優れています。ハッシュタグを利用することで目的の写真が簡単に見つかります。

5 ストーリーズが活発

24時間で消えてしまう写真動画投稿機能のストーリーズがほかのサービスよりも特に活発です。

Instagramのアカウントを取得するには？

Instagramを利用するにはアカウントを取得する必要があります。Instagramは基本的にスマホ専用アプリのため、スマホからアカウントを取得します。まずはiPhoneなら「App Store」、Androidなら「Play ストア」からInstagramのアプリをダウンロードしましょう。

アカウントを取得する際は、**電話番号かメールアドレスが必要**となります。電話番号で入力するとSNSで認証コードが送られてくるのでそれを入力し、ユーザーネームを設定すれば登録完了となります。

また、InstgaramはFacebookのグループ会社ということもあり、Facebookアカウントがあれば、簡単にInstagramのアカウントを作成できます。

Instagramのアカウントを取得しよう

1 アプリをインストール

Facebookを利用していない場合、アプリを起動したら下の方にある「登録はこちら」をタップします。

2 電話番号で取得する

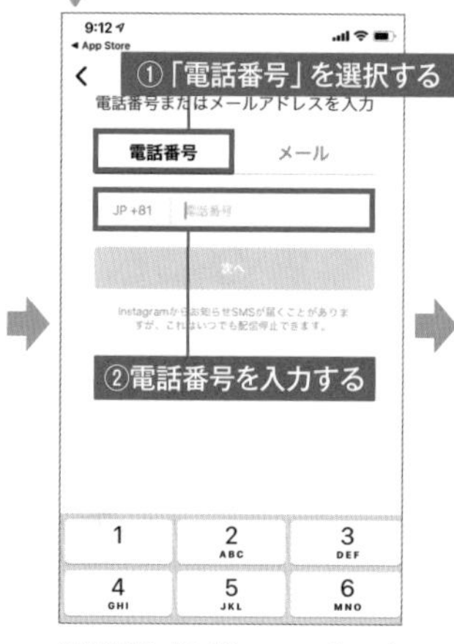

電話番号、もしくはメールアドレスを選択して登録します。ここでは電話番号でアカウントを登録します。

3 確認コードを入力する

SMSに認証コードが送信されるので届いたコードを入力しましょう。

4 名前を設定する

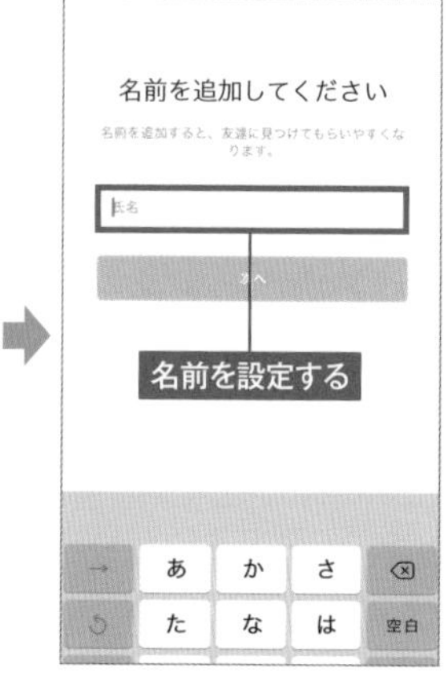

名前を設定しましょう。匿名でもよいですが本名のほうが友達に見つけてもらいやすくなります。

2 メールアドレスで取得する

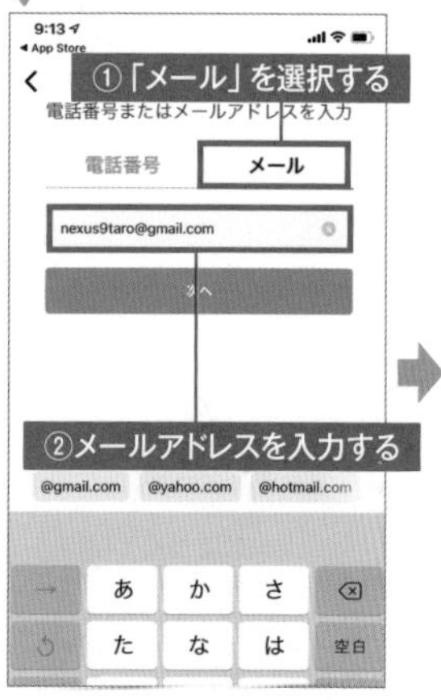

メールアドレスで登録する場合は、「メール」をタップしてメールアドレスを入力しましょう。

3 プロフィールを入力する

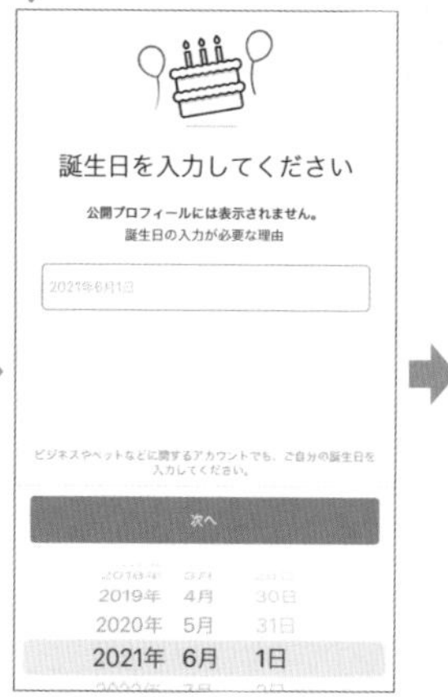

名前、誕生日などプロフィール情報入力画面が表示されるので入力して進めましょう。

4 アカウント作成完了

メールアドレスでアカウントを作成した場合は、標準ではメールアドレスの頭が名前になっていますが、あとで変更できます。

POINT Facebookアカウントで作成する

すでにFacebookをインストールして使っている場合は、Instagram起動画面の「ログイン」下にある「Facebookでログイン」をタップしましょう。

プロフィールに自己紹介を追加するには

アカウントを取得した初期状態はプロフィール写真は真っ白な人形で自己紹介文も設定されていません。ほかのユーザーとコミュニケーションする前に**プロフィールの設定**をしましょう。メニュー右端にあるアイコンをタップするとプロフィール画面が表示されます。プロフィール写真の下にある「プロフィールを編集」をタップしましょう。人形のアイコンをタップするとプロフィール写真を設定できます。また、150文字以内で自己紹介文を設定することができます。

1 プロフィール画面を開く

メニュー右端のプロフィールアイコンをタップして画面中央にある「プロフィールを編集」をタップします。

2 プロフィール写真を設定する

プロフィール編集画面が表示されます。写真を設定する場合は「プロフィール写真を変更」をタップしてスマホ内の写真を選択しましょう。

3 自己紹介文を設定する

「名前」「ユーザーネーム」などほかのプロフィールも編集しましょう。続いて「自己紹介」をタップします。

4 150文字以内で自己紹介文を書く

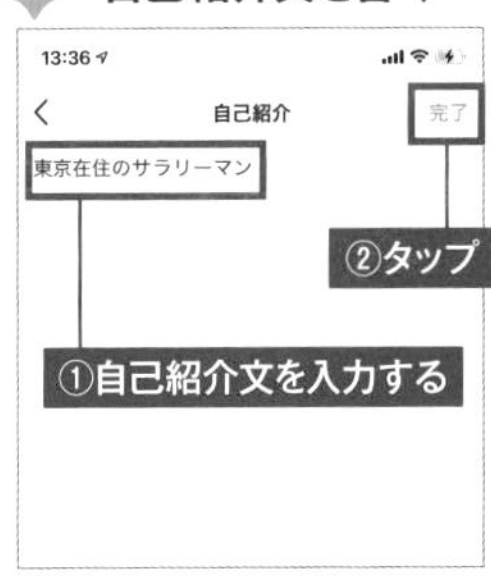

150文字以内で簡単な自己紹介文を設定しましょう。設定が終わったら「完了」をタップします。

友達や有名人をフォローしてみよう

Instagramでほかのユーザーをフォローするとタイムラインにそのユーザーが投稿した写真が流れます。気になる写真を投稿しているユーザーがいればフォローしましょう。Instagramには**有名人も多数参加している**ので、まずは有名人のアカウントをフォローしてみるといいでしょう。

画面下部の「検索&発見」タブをタップしたあと、検索ボックスにユーザー名やキーワードを入力しましょう。該当するユーザーが表示されたら、プロフィール画面を開き「フォローする」をタップすれば完了です。

1 「検索&発見」をタップ

フォローしたい人を探すには下部メニューの「検索&発見」タブをタップします。

2 キーワードを入力する

検索ボックスにキーワードを入力しましょう。検索結果からフォローしたいユーザーの名前をタップします。

3 フォローする

プロフィール画面が表示されます。「フォローする」をタップするとフォローできます。

気に入った写真に「いいね！」をつけよう

Instagramでほかのユーザーとコミュニケーションする基本的な方法は、**気にいった写真があれば「いいね!」**を付けることでしょう。写真の下にあるハート形のアイコンをタップすることで付けることができます。

また、写真に対してコメントを付けることもできます。フキダシアイコンをタップして写真に対して感想や質問を送信しましょう。このコメントはほかのユーザーにも公開されるので丁寧な内容を心がけましょう。

1 写真に「いいね」を付ける

フィード内の写真で気に入ったものがあれば、写真下のハート形アイコンをタップしましょう。

2 写真に「いいね」が付く

ハートアイコンが赤くなれば「いいね!」がついた証拠です。もう一度タップすると取り消せます。

3 コメントを付ける

コメントを付ける場合は、コメントアイコンをタップします。

4 コメントを入力する

コメント入力欄が表示されるのでコメントを入力しましょう。絵文字で軽く挨拶するのもいいでしょう。

ハッシュタグはなんのこと？

Instagramにアップロードされる写真には半角の「#」とキーワードで添付されているのが一般的です。「#」はハッシュタグと呼ばれるもので、タップすると同じハッシュタグを付けられているほかのユーザーの写真が一覧表示されます。**気になる写真と関連のあるほかの写真**を効率的に探すことができます。なお、自分がアップロードする写真にハッシュタグを付けることで、より多くの不特定多数のユーザーに閲覧してもらえるようになります。ハッシュタグ自体をフォローすることもできます。

1 ハッシュタグをタップ

写真下部にあるハッシュタグをタップしましょう。

2 写真が一覧表示される

そのハッシュタグが付けられたほかのユーザーの写真が一覧表示されます。効率的に気になるジャンルの写真が探せます。

3 ハッシュタグをフォローする

ハッシュタグ画面上部にある「フォローする」をタップするとユーザーと同じようにフォローすることができ、フィードに写真が流れるようになります。

Instagramに写真を投稿するには

フォローしたユーザーの写真を閲覧するだけでなく、自分でも写真を投稿してみましょう。写真を投稿するには**画面下部中央にある追加ボタン**をタップします。スマホ内に保存している写真が表示されるので、投稿したい写真を選択しましょう。また、添付する写真に対してキャプションを入力することができます。写真に対して何か説明文を付けたい場合は入力しましょう。なくても問題ありません。また、多くの不特定ユーザーに写真を見てもらいたい場合は、説明文にハッシュタグを付けましょう。

1 追加ボタンをタップ

写真を投稿するには画面下部の「+」をタップします。iPhoneでは右上にあります。

2 写真を選択する

投稿する写真を選択しましょう。Androidの場合、さまざまなアプリに保存している写真から選べます。iPhoneでは写真アプリから選びます。

3 キャプションを入力する

写真に説明文を入力しましょう。入力後、右上の完了ボタンをタップしましょう。

4 写真がフィードに表示される

写真がアップロードされ、しばらくするとフィードに写真が表示されます。

「インスタ映え」する写真に加工するには?

Instagramは写真中心のソーシャルネットワークサービスだけあって、投稿する写真をレタッチする機能があらかじめ多数搭載されています。レタッチ初心者でも簡単にプロが撮影したような写真に編集することができます。おすすめはフィルターで、40種類以上用意されている中から**使用したいフィルタをタップする**だけで「インスタ映え」(雰囲気のある写真)にレタッチすることができます。無料なので投稿する前にどんどん使いましょう。また、手動で明るさやコントラストなどを調整することもできます。

1 フィルタを選択する

写真投稿画面で「フィルター」を選択します。フィルターが表示されるので、気になるフィルタを選択します。

2 フィルタをかけた状態

フィルターを選択すると写真にそのフィルターがかけられます。もう一度、下部のフィルターをタップしましょう。

3 強度を調節する

スライダーを左右に調節してフィルターの強度をカスタマイズしましょう。

4 手動で調節する

「編集」タブでは明るさやコントラストなどを手動で調節できます。

自分の写真に付いた「いいね！」を確認したい

写真をアップロードしていると、「いいね!」が付けられますが、どの写真にどれだけ「いいね!」されているか詳細を知りたくなってきます。「いいね!」の詳細を確認したい場合は投稿した写真の下にある「いいね!他○人」をタップしましょう。その写真に「いいね!」を付けてくれた**ユーザー名が一覧表示**されます。また、リアルタイムで「いいね!」してくれたユーザーを確認したい場合はアクティビティ画面を開きましょう。ここでも「いいね!」してくれたユーザーを確認することができます。

1 「いいね！他○人」をタップ

「いいね!」の詳細を確認したい写真の下にある「いいね!他○人」をタップしよう。

2 ユーザーを確認する

「いいね!」を付けてくれたユーザーが一覧表示されます

3 アクティビティから確認する

アクティビティ画面からでも「いいね!」を付けてくれたユーザーを確認できます。

ストーリーズってどんな機能？

Instagramにはフィードに写真をアップロードするほかにストーリーズと呼ばれるコンテンツがあります。ストーリーズはアプリ画面上部に横列に表示されます。ユーザーアイコンをタップするとそのユーザーが投稿したストーリーズが表示されます。ストーリーズに投稿された写真や動画は通常の投稿と異なり、**24時間経つと自動的に削除される**のが特徴です。そのため、ライブ要素が強く、今目の前で起きているイベントなどをフォロワーに伝えたいときにおもに利用します。

1 ユーザーアイコンをタップ

ストーリーズを閲覧するには、アプリ画面上部に並ぶユーザーアイコンをタップしましょう。

2 ストーリーズが表示される

選択したユーザーが投稿したストーリーズが表示されます。上部にある横線をタップするとほかの写真に切り替えることができます。

3 ほかのユーザーに切り替える

左右にスワイプするとほかのユーザーが投稿したストーリーズに切り替えることができます。

4 自分で投稿する

自分でストーリーズを投稿することもできます。写真撮影画面でメニューから「ストーリーズ」を選択して写真や動画を撮影しましょう。

親しい友達だけに写真を公開したい

Instagramは標準では誰でも投稿した写真が閲覧できる状態になっています。しかし、ユーザーの中には**親しい友達だけに**プライベートな写真を見せたい人もいるでしょう。そんなときは非公開アカウントに変更しましょう。非公開アカウントにするとフォロワー以外のユーザーに自分の投稿した写真が見られることはなくなります。フォローも承認制になるため怪しいユーザーをブロックできます。ただし、プロフィール画面は見ることができるので、ほかのユーザーからリクエストが届くことはあります。

1 設定画面を開く

右上の設定ボタンをタップして、メニューから「設定」を選択します。

2 プライバシー設定を開く

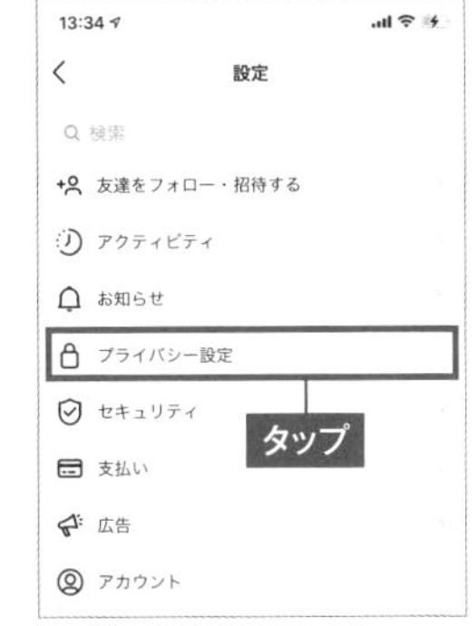

メニュー画面から「プライバシー設定」をタップします。

3 非公開アカウント設定にする

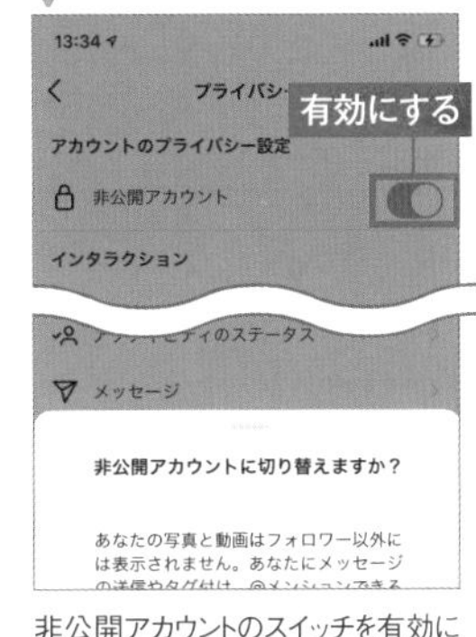

非公開アカウントのスイッチを有効にしましょう。これでフォロワー以外のユーザーは投稿を閲覧できません。

4 鍵マークが付く

非公開状態になっていれば、ユーザーネーム左に鍵マークが付いています。

アカウントを削除するには

コミュニケーションに疲れたり何らかのトラブルでアカウントを削除したくなるときがあります。しかし、Instagramのアカウントの削除は「Instagram」の**アプリ上から直接行うことができない**の注意しましょう。

削除するには、Safariなどのブラウザでアカウント削除の専用ページにアクセスして、削除申請をする必要があります。ページにアクセスしたら、利用しているInstagramのアカウントのIDとパスワードを入力してログインし、退会手続きを行いましょう。

1 ブラウザでアクセスする

ブラウザでInstagramの削除ページ(https://www.instagram.com/accounts/login/?next=/accounts/remove/request/permanent/)にアクセスしてアカウント情報を入力してログインします。

2 アカウントを削除する理由を選択

「アカウントを削除する理由」をタップして、理由を選択して「完了」をタップします。

3 パスワードを入力してアカウントを削除

ログインパスワードを入力して「アカウントを完全に削除」をタップします。

POINT アカウントを一時停止にする

タップ

すべてのデータが消えてしまうのが惜しいという人は一時停止を検討するのもいいでしょう。一時停止する場合はブラウザでWeb版インスタグラムにアクセスして、プロフィール画面から「アカウントを一時的に停止する」をタップしましょう。

第5章 カメラを使いこなす

現在のスマホのカメラはとても高性能です。カメラを起動させて、特になにも意識せずシャッターを押すだけできれいな写真が撮れてしまいますが、せっかくなら、カメラのモードも理解して、目的の部分にきちんとピントの合った、適正な明るさの写真を撮りたいものです。

この章では、ほんの少しの努力で可能になる、より写真をキレイに撮るテクニック、また撮った写真の活用法を解説していきましょう。

撮影した写真は、すぐにたまってしまいますので、アルバムに整理しておくとあとで見直すときにとても便利です。友だちに見せたいものはカンタンに共有できる方法があります。撮った写真をスライドショー形式で再生するのも楽しいです。

私は、飲んだワインはすべて
写真に撮っているよ!
まあワイン以外の写真は
なにも撮ってないんだけどね。

スマホのカメラは
ホントに最高!
常にInstagramのことを
考えて写真撮ってるから
たまにちょっと
疲れるけどね……。

重要項目インデックス

スマホのカメラではどんなことができるのか

誰でも簡単にきれいな写真を撮影できる

スマホで最もよく使うものといえば「カメラ」という人も多いでしょう。ほとんどのスマホに搭載されており、カメラに詳しくない人でも**簡単な操作で画質の高い美しい写真を撮影することができます。**撮影した写真は、標準ではiPhoneでは「写真」アプリ、Androidアプリでは「Files」アプリやGoogleフォトなどに保存されます。

カメラの使い方はiPhoneもAndroidもほとんど同じです。利用するにはホーム画面やアプリ一覧にある「カメラ」アイコンをタップします。カメラが起動するので被写体に向けたらシャッターボタンを押せば撮影完了です。

また、撮影時には白黒モードやパノラマモードなどさまざまな撮影モードを選択できます。ピント位置や明るさも自由に調節でき、フラッシュのオン・オフもできます。

iPhoneでカメラを起動する

1 「カメラ」アプリを起動する

iPhoneでカメラ撮影するにはホーム画面にある「カメラ」アイコンをタップしましょう。

2 被写体を撮影する

カメラが起動します。撮影したい被写体に向けたら画面のシャッターボタンを軽くタップすれば撮影されます。

3 「写真」アプリに保存されている

iPhoneで撮影した写真は、標準では「写真」アプリに保存されています。

Androidでカメラを起動する

1 「カメラ」アプリを起動する

Androidでカメラ撮影するにはホーム画面かアプリ一覧にある「カメラ」アイコンをタップしましょう。

2 被写体を撮影する

カメラが起動します。撮影したい被写体に向けたら画面のシャッターボタンを軽くタップすれば撮影されます。

3 「ファイル」アプリに保存されている

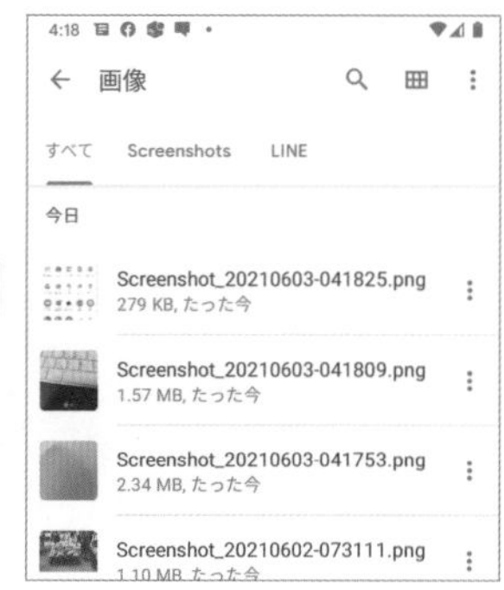

Andoridで撮影した写真は、機種によって名前は異なりますが標準では「ファイル」もしくは「Googleフォト」アプリに保存されています。

カメラを素早く起動するテクニック

カメラを使っていると決定的瞬間や素早く起動して撮影したいことがよくあります。しかし、標準ではスリープを解除したり、アプリアイコンを探してタップするなど手間がかかります。iPhone、Androidともに素早くカメラを起動する方法があるので覚えておきましょう。

iPhoneの場合は**ロック画面で右から左へスワイプ**、またはロック画面右下にあるカメラアイコンをタップすればカメラが起動します。Androidでは、**電源ボタンを2回タップ**するか、機種によっては**ロック画面で上へスワイプ**すると起動できます。

1 iPhoneで素早くカメラを起動する

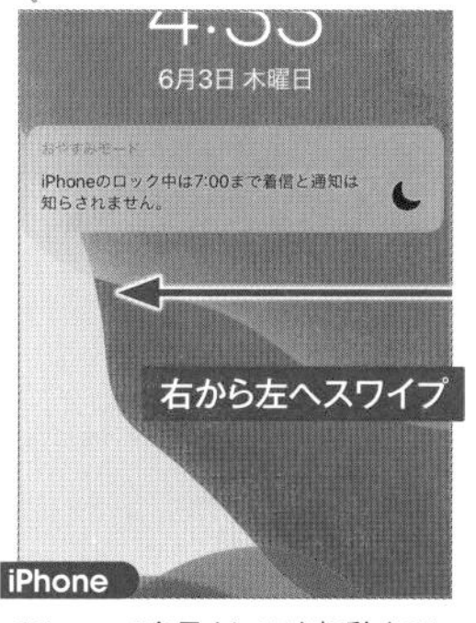

iPhoneで素早くカメラを起動するには、ロック画面で右から左へスワイプしましょう。

2 カメラが起動する

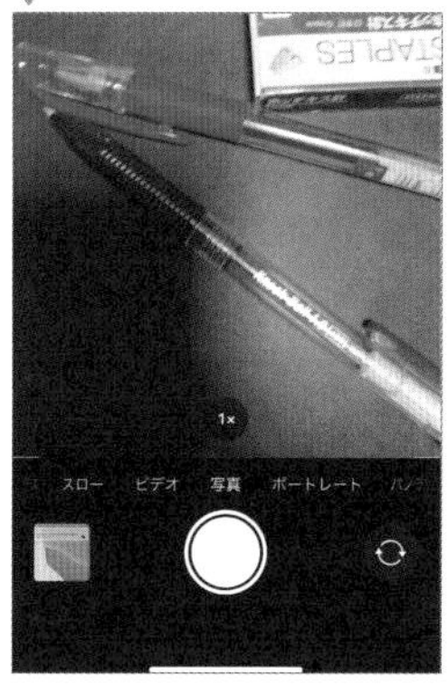

すると直接カメラ画面が起動します。

Androidで素早くカメラを起動する

Android(ここではPixel)でカメラを素早く起動するには電源ボタンを2回押しましょう。

Androidは端末によってはカメラキーが本体に搭載されていることもあるよ!

対象に上手くピントを合わせるには?

スマホのカメラは標準では自動的に被写体にピントを合わせてくれるので、特に操作を必要としません。ただし、まれに思い通りに被写体にピントが合わないときがあります。そんなときは手動で合わせましょう。操作はピントを合わせたい被写体をタップするだけです。

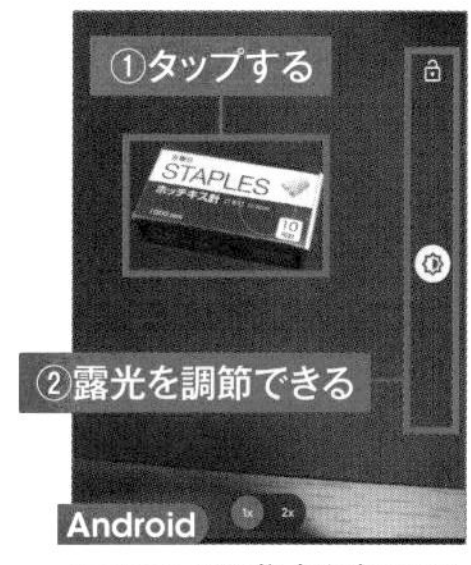

Androidでは焦点を合わせたい部分をタップすると丸い枠が表示され自動調整されます。

iPhoneも方法は同じです。焦点を合わせたい部分をタップすると黄色い枠組みが現れ調整されます。

手動で明るさを調節するには?

スマホのカメラはピント同様に明るさも自動調節してくれますが、明るさを自分で調節したいときもあります。手動で明るさを調節するにはピント調節方法とほぼ同じで、画面をタップします。表示されるスライダーを動かせば明るさを調節できます。

Androidでは明るさを調節するには画面をタップすると画面左に表示されるスライダーを動かしましょう。

iPhoneも方法はほぼ同じです。画面をタップすると表示される黄色い縦棒を上下に動かしましょう。

フラッシュが勝手に光ってしまう

カメラ設定でフラッシュの自動設定が有効になっていると、暗いところで撮影するたびにフラッシュが点灯してしまいます。フラッシュライトの設定は手動でオフに切り替えることができます。撮影するシーンにあわせてフラッシュライトの設定を切り替えられるようになりましょう。

iPhoneの場合は左上にあるフラッシュボタンをタップしてオン・オフを切り替えます。

Androidの場合はカメラ画面で上から下へスワイプしてメニューを表示し、フラッシュライトの設定を変更しましょう。

同じ写真が2枚も撮影されてしまう

iPhoneユーザーの場合、撮影方式がHDRになっていると設定によっては、HDRの写真と通常の写真の2枚の写真が保存されてしまいます。1枚だけ保存したい場合は、設定画面の「カメラ」から「通常の写真を残す」をオフにしましょう。これで重複することはありません。

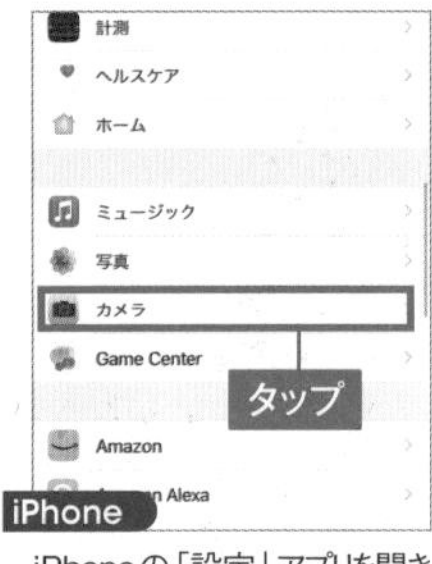

iPhoneの「設定」アプリを開き「カメラ」をタップします。

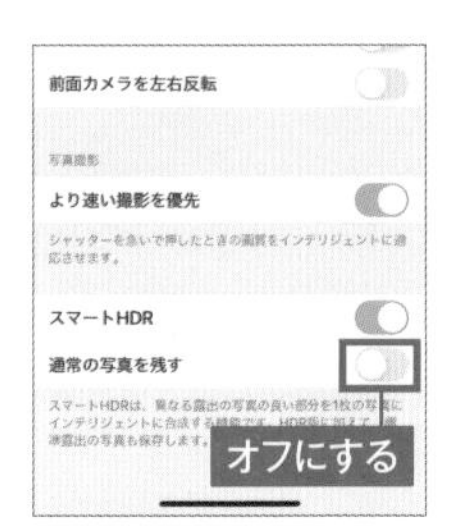

「通常の写真を残す」をオフにしましょう。これで綺麗な写真の方だけを保存してくれます。

スマホでは動画も撮影できる

スマホのカメラは写真だけでなく動画の撮影もできます。設定は簡単です。カメラ画面下部に表示されているメニューからiPhoneなら「ビデオ」、Androidなら「動画」に切り替えてシャッターボタンを押しましょう。録画が始まります。もう一度シャッターボタンを押すと録画完了です。

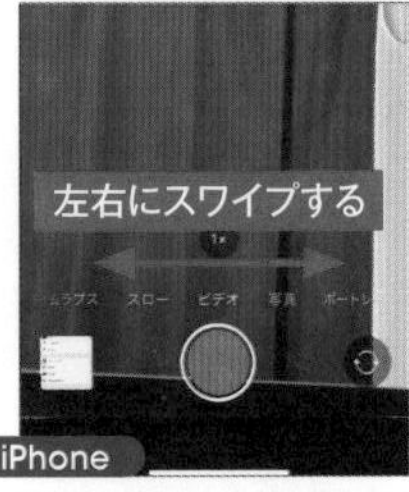

iPhoneの場合、左右にスワイプしてメニューを「ビデオ」に切り替えます。

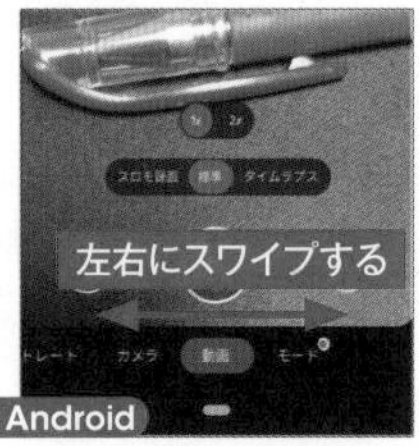

Androidも同じく、左右にスワイプしてメニューを「動画」に切り替えてシャッターボタンを押しましょう。

スマホで自撮りするには?

よく見かける自撮り写真はスマホでも行えます。標準ではアウトカメラ(背面カメラ)設定になっていますが、これをインカメラ(前面カメラ)に切り替えるだけです。切り替えるにはカメラ画面端にある切り替えボタンをタップしましょう。

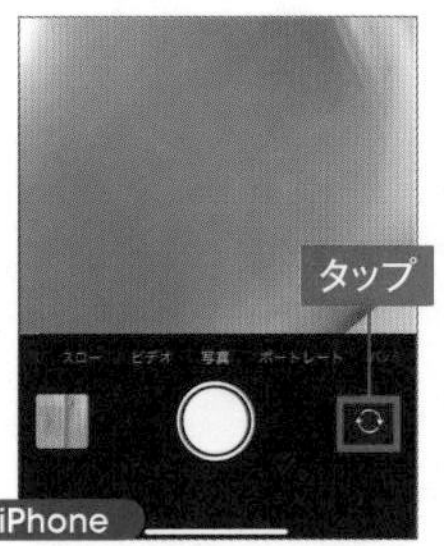

iPhoneの場合、カメラ画面右下の切り替えボタンをタップしましょう。

Androidもほぼ同じです。カメラ画面のシャッターボタン横に切り替えボタンが用意されています。

スマホのカメラのモードの意味がわからない

スマホには通常の撮影のほかにもポートレイト、タイムラプスなどさまざまな撮影モードが用意されていますが、カメラ初心者には各モードの違いがわかりづらいです。ここではスマホカメラによく搭載されているモードを解説しましょう。iPhone、Androidともに搭載されている**「タイムラプス」とはコマ撮り映像風の動画**を撮影する機能です。長時間撮影した動画を短く編集でき、植物の成長記録や天体の動きを表現したいときなどに便利です。「ポートレート」は人物写真を撮影するのに便利なモードで、具体的には**背景をぼかして、被写体に焦点を当てた撮影**ができます。これら撮影モードの変更は画面にある横長のメニューを左右にスワイプしましょう。

撮影モードを変更して撮影してみよう

1 モードを変更する

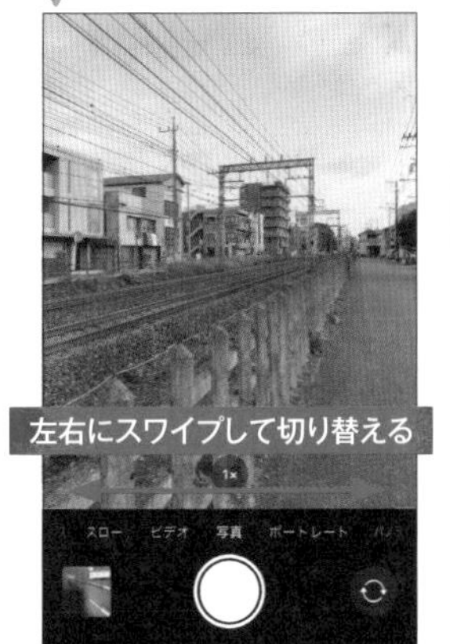

iPhoneで撮影モードを変更するには、画面下部にあるモードメニューを左右にスワイプしましょう。

2 パノラマで撮影するには

パノラマモードを利用するには撮影ボタンを押したまま身体とiPhoneを矢印方向へ動かしましょう。

3 撮影ボタンを離す

パノラマ形式で撮影されていきます。撮影を終了させるには撮影ボタンから指を離しましょう。

4 パノラマ写真が保存される

「写真」のアルバムにこのような長細い写真が作成されます。

ポートレートモード

グラビアなどの人物撮影でよく使われる撮影方法です。メインの被写体だけにピントを合わせて、背景や前景をぼかします。人物以外でも、モノを見せたい場合には効果的です。

1 Androidのモード変更

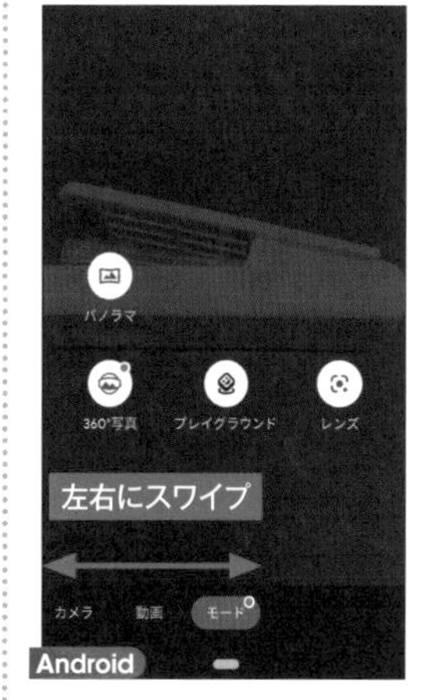

Androidのモード変更も基本的にはiPhoneと同じで画面下部にあるメニューを左右にスワイプしましょう。

2 タイムラプスを使うには

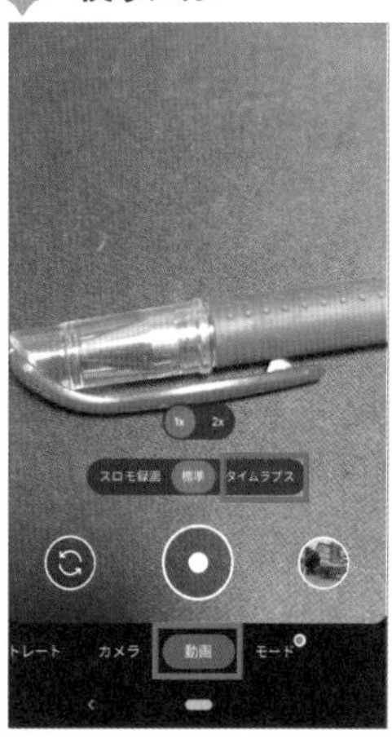

Androidでタイムラプスを利用するには「動画」モードにするとサブメニューで「タイムラプス」を選べます。

iPhoneの「Live Photos」ってどんな機能?

iPhoneの「Live Photos」は、撮影した写真の前後1.5秒、合計3秒の映像と音声を保持する機能です。「Live Photos」で撮影した写真は「写真」アプリ上で上へスワイプするとエフェクト画面が現れます。ここから「ループ」「バウンス」「長時間露光」などのGIF動画を作成することもできます。

Live Photos形式で撮影するには画面右上にあるLive Photosボタンをタップして有効にしよましょう。

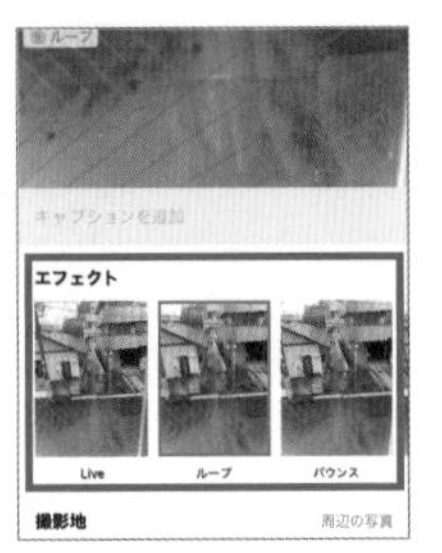

撮影した写真を上へスワイプするとモードが選択できます。

写真の傾きを修正する

写真の傾きの補正はiPhone、Androidのどちらでも可能です。iPhoneの場合は写真の編集画面のトリミング画面から行えます。Androidの場合もカメラアプリからフォルダを開いて編集したいファイルを開くとトリミングメニューが利用できます。

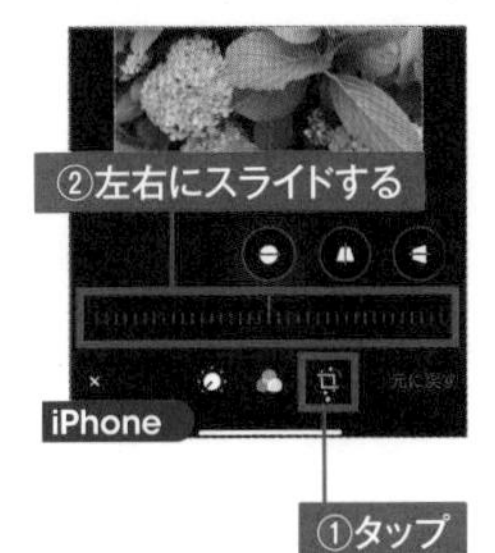

iPhoneのレタッチ画面でトリミング画面を開き左右にスライドさせましょう。

Androidも手順はほぼ同じ。レタッチツールから「切り抜き」を選択して左右にスライドさせましょう。

見栄えのしない写真をきれいにしたい

本当は良い景色なのに、曇って見えたり、撮影が下手に見える、ハッキリしない写真が作成されることもあります。そのような写真は色味を調整することできれいに補正しましょう。iPhone、Androidともに簡単に写真を補正してくれる機能があります。

iPhoneでは写真から「編集」画面を開き、真ん中にある補正ボタンをタップすると自動で補正してくれます。

Androidでは「編集」画面を起動して「補正」をタップすると自動で補正してくれます。

撮影した場所や日時ってわかるの?

撮影した写真の撮影場所や日時に関する情報は標準で確認できますが、サイズや大きさなど細かなカメラ情報になると専用のアプリが別途必要になります。Androidの場合は「Googleフォト」からExif情報を確認できます。など、GoogleフォトはiPhoneでも利用できます。

Googleフォトで写真を開き右上のメニューボタンをタップします。

撮影日時だけでなく、ファイル形式、サイズなどの情報も表示されます。

撮影した写真がどこにあるかわからない

スマホのカメラで撮影した写真が端末内のどこに保存されているか迷うことがあります。iPhoneの場合、カメラで撮影した写真は**「写真」アプリに保存されます**。「写真」アプリを起動してメニューから「ライブラリ」をタップすると時系列で一覧表示されます。

Android端末の場合は、端末によって保存される場所が少し異なるのでやや複雑です。初期設定では端末の内部ストレージに保存されており、内部ストレージにアクセスするための**「ファイル」もしくは「Files」アプリを利用する**ことで写真にアクセスできます。なお、「ファイル」アプリでは、カメラ撮影した写真のほか撮影した動画、録音した音声などもまとめて保存されています。

iPhoneで撮影した写真を開く

1 iPhoneで撮影した写真を探す

iPhoneで撮影した写真を閲覧するにはホーム画面にある「写真」アプリをタップしましょう。カメラアプリ左下をタップしてもアクセスできます。

2 「ライブラリ」を開く

「写真」アプリを開いたら下部メニュー左端にある「ライブラリ」をタップしましょう。撮影した写真が一覧表示されます。

3 スワイプして写真を切り替える

開いている写真を効率的に切り替えるにはサムネイルを左右にスワイプしましょう。

4 「アルバム」メニューから開く

「アルバム」の「マイアルバム」からでも撮影した写真を閲覧することができます。

Androidで撮影した写真を開く

1 Androidで撮影した写真を探す

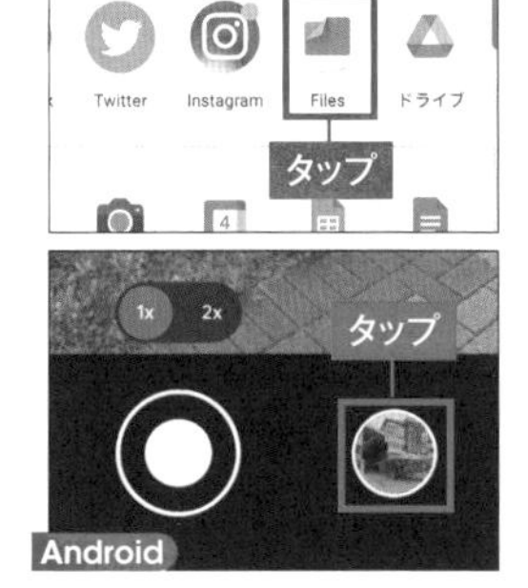

Androidで撮影した写真を探すには「ファイル」アプリをタップ。また、カメラのシャッター横からアクセスすることもできます。

2 画像フォルダを開く

「ファイル」アプリにはさまざまなデータが保存されています。写真を開くには「画像」をタップします。

3 保存場所を選択

機種によっては、メニューからさらに保存先を選択する必要があります。アプリごとに保存場所が用意されています。

POINT

Googleフォトに自動的に保存されているかも

タップ

Android端末には標準でGoogleフォトがインストールされていることが多く、撮影した写真はGoogleフォトに自動的に保存されていることがあります。

特定の人物や撮影場所の写真を探すには？

膨大な写真の中から地名や人物など特定のジャンルの写真を効率的に探したい場合は、検索機能を利用しましょう。検索ボックスに入力したキーワードに該当する写真だけを表示してくれます。また、iPhoneや一部のAndroid端末では撮影時に自動的に撮影場所や人物ごとに分類してくれます。

iPhoneの場合は「写真」アプリの「検索」タブからキーワード検索ができます。

Androidの場合はGoogleフォトを利用するのがおすすめです。検索タブからキーワード入力で探せます。

スマホの写真をパソコンに保存しよう

スマホに保存している写真をパソコンに保存する方法はたくさんありますが、最も簡単な方法はパソコンとスマホをUSBケーブルで接続する方法です。ただし、Androidの場合、端末側のUSB接続設定を「ファイル転送」に変更しないとPCに端末が表示されないので注意しましょう。

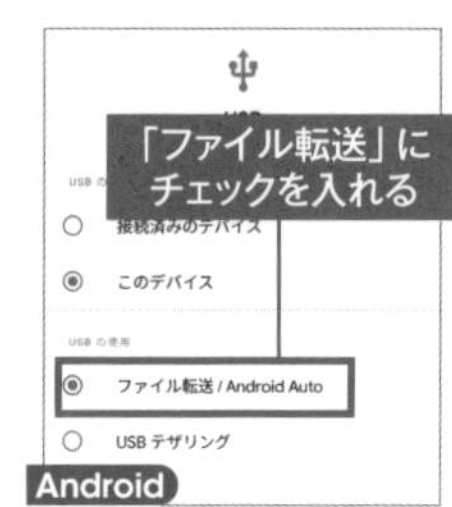

Androidの設定画面の「USBの設定」を開き、「ファイル転送」にチェックを入れます。

設定後、WindowsパソコンにUSB接続するとエクスプローラーに端末名が表示され、写真にアクセスできます。

スマホでQRコードを活用する

QRコードをスマホで読み取るには以前は専用のQRコード読み取りアプリが必要でしたが、現在はiPhoneもAndroidも標準のカメラをかざすだけで自動的に読み取ってくれます。もし、読み取れない場合は、App StoreやPlay ストアで読み取りアプリをダウンロードしましょう。

iPhoneではカメラでQRコードをかざすと読み込んでブラウザで内容を開いてくれます。

機種が古くて対応していない場合は、App StoreからQRコードの読み取りアプリをダウンロードしましょう。

iPhoneの「For You」ってなに？

iPhoneの「写真」アプリのメニューには「For You」という項目があります。For YouはiPhone独自の写真整理機能で撮影した写真を自動的に撮影日や場所、人物、イベントごとに分類してくれる機能です。さらに、分類された項目からスライドショーを作成することもできます。

「For You」をタップすると、項目ごとにiPhoneが写真を自動分類してくれます。

項目名横にある再生ボタンをタップするとスライドショー再生ができます。

撮った写真をアルバムに整理したい

スマホで撮影した写真は、標準では撮影日時や端末が自動作成したカテゴリに基づいて整理されます。自動的に整理してくれるのは便利ですが、手動で写真を分類したいときもあります。iPhoneにもAndroidにも手動で写真をアルバムごとに分類する機能が用意されています。

iPhoneでアルバムを作成するには、**「アルバム」タブを開きます。**「新しいアルバム」を追加し、アルバム名をつけたら追加したい写真を選択していきましょう。

また、Androidでアルバム作成をする場合は**Googleフォトアプリを利用**しましょう。メニューの「アルバム」からアルバムを作成して、追加したい写真を選択しましょう。

iPhoneでアルバムを作成する

1 アルバムタブから作成する

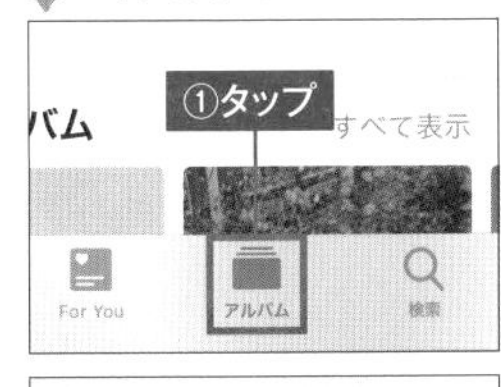

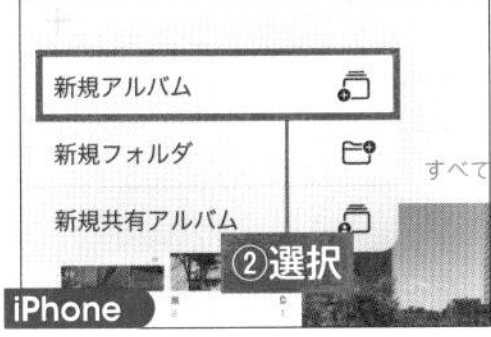

iPhoneでアルバムを作成するには「写真」アプリの「アルバム」メニューを開き、左上の追加ボタンから「新規アルバム」を選択します。

2 アルバム名を付ける

アルバム名入力画面が表示されるのでアルバム名を入力して「保存」をタップしましょう。

3 写真を選択する

写真が一覧表示されるのでアルバムに追加する写真を選択して「完了」をタップしましょう。

4 アルバムが作成される

「アルバム」メニューに自分で作成したアルバムが追加されます。

Androidでアルバムを作成する

1 Googleフォトを起動する

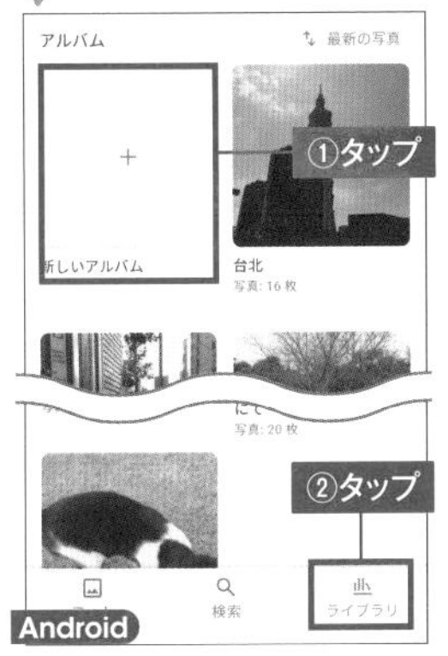

Googleフォトを起動したらメニューから「ライブラリ」を選択し、「新しいアルバム」をタップします。

2 アルバム名を付ける

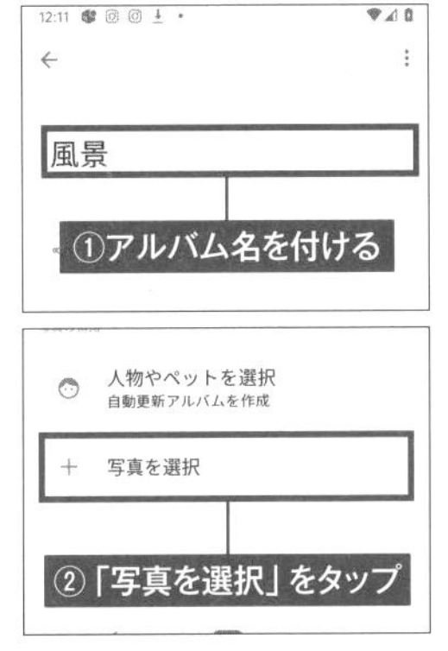

アルバム作成画面でアルバム名を入力し、「写真を選択」ボタンをタップします。

3 写真を追加する

写真選択画面が現れるので追加する写真を選択するとアルバムが作成されます。

Androidの「ファイル」アプリではアルバムを作成できないので注意！

写真を友達や家族と共有するには

撮りためた写真を家族や友だちなど特定の人と共有する場合、1枚や2枚ならメールやLINEに添付して送信するのが簡単な方法です。しかし、**数十枚など大量の写真を共有する**にはこれらの方法は賢明とはいえません。

大量の写真を共有する場合は、アルバムの共有機能を利用しましょう。iPhoneの場合、「写真」アプリ内の「アルバム」画面で「共有アルバム」を作成できます。作成した共有アルバムに写真を追加するだけで、誰でも閲覧可能な公開アルバムを作成することができます。もちろん、家族や友だちなど特定のユーザーのみに送信することもできます。Androidユーザーの場合は、Googleフォトを使えば簡単に共有できます。

iPhoneの共有アルバム機能を利用する

1 新規共有アルバムの作成

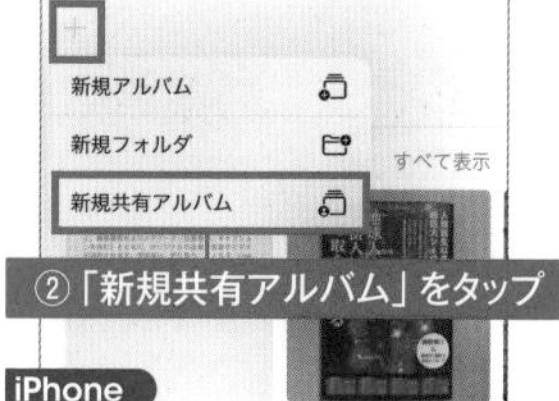

「アルバム」タブを開いて、左上の追加ボタンをタップして「新規共有アルバム」をタップします。

2 共有アルバム名を入力する

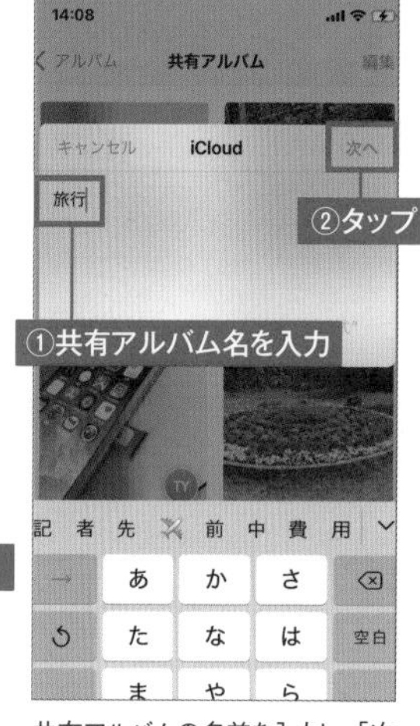

共有アルバムの名前を入力し、「次へ」をタップします。

3 共有相手の情報を入力

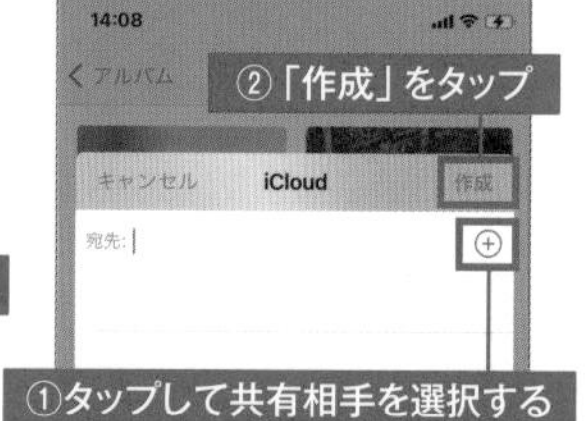

連絡先から共有相手を選ぶか、メールアドレスやiMessageの電話番号を入力します。不特定多数の人と共有する場合はスキップします。

4 写真を追加する

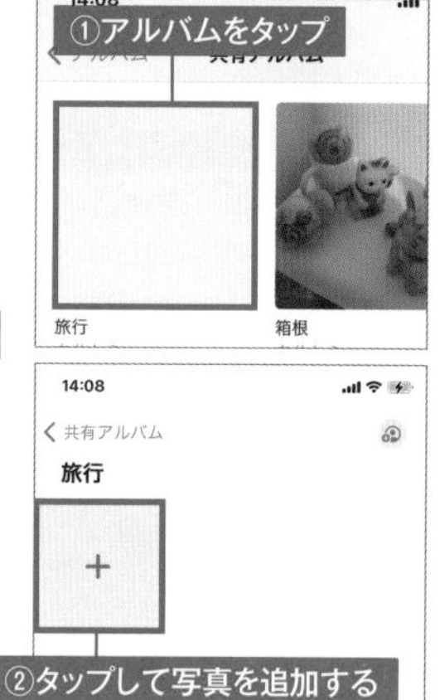

空の共有アルバムが作成されるのでタップして、共有したい写真を追加していきましょう。

5 共有アルバムの作成完了

共有アルバムが作成されました。不特定のユーザーと共有したい場合は、右上の共有アイコンをタップします。

6 公開リンクを作成する

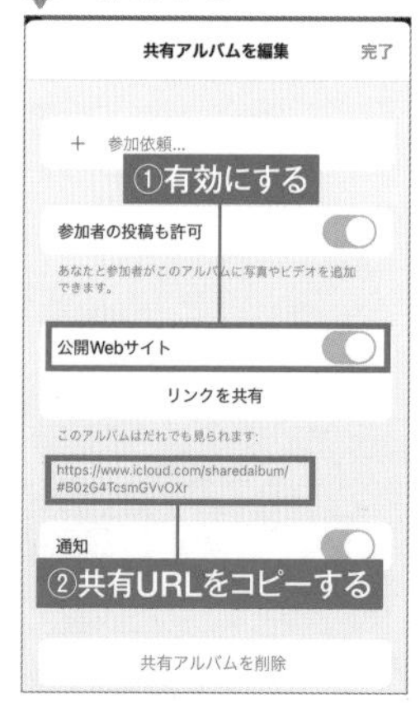

「公開Webサイト」を有効にして、下に表示されるURLにアクセスすれば誰でも共有アルバムを閲覧、ダウンロードできます。

7 共有アルバムにブラウザでアクセス

実際にパソコンのブラウザで共有URLにアクセスしたところです。写真が閲覧できます。

POINT Androidユーザーは Googleフォトを使おう

Androidユーザーの場合は、Googleフォトの共有機能を利用しましょう。アルバムを開き「共有」をタップすればさまざまな手段でアルバムを共有できます。

間違えて重要な写真を削除してしまった!?

操作を誤って写真を削除してしまった場合でもほとんどの端末では復元することができます。iPhoneの場合は、削除してしまった写真はゴミ箱に移動し、**30日間保存されます**。30日以内であればゴミ箱から復元することができます。

Androidで写真を削除すると端末からは即完全に削除されてしまいますが、Googleフォトに自動でバックアップされていることもあるのでチェックしてみるといいでしょう。Googleフォトでは削除したファイルでも**ゴミ箱に60日間残ります**。

1 iPhoneのゴミ箱を開く

「写真」アプリの「アルバム」タブを開き「最近削除した項目」をタップし、復元したい写真を選択します。

2 「復元」ボタンをタップ

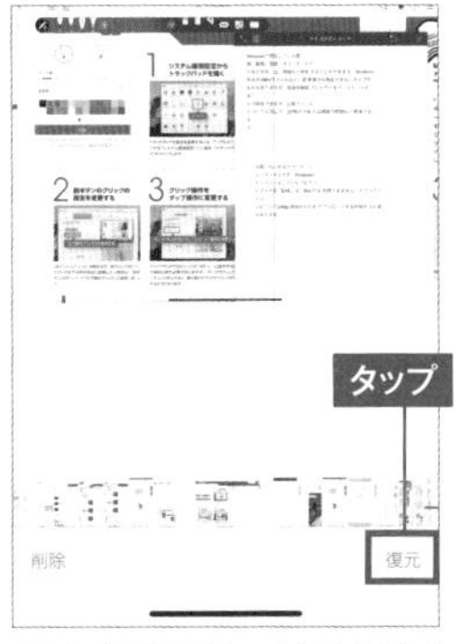

右下の「復元」をタップすると写真が復元されます。

1 Androidで写真を復元する

Androidで写真を復元するにはGoogleフォトを起動し「ライブラリ」から「ゴミ箱」をタップします。

2 ファイルを復元する

ゴミ箱が開くので復元したいファイルを選択して復元作業を行いましょう。

写真をスライドショーのように再生するには?

スマホでは**保存された写真を自動で切り替えて表示**する「スライドショー」機能があります。iPhoneでスライドショー機能を利用するには事前にスライドショー用のアルバムを作成し、そこにスライドショーさせたい写真を追加しましょう。スライドショー再生時はBGMやテーマを指定したり、切り替え速度を変更することができます。

Androidの場合は、Googleフォトの機能を利用する必要があります。Googleフォトのアルバムを開き、スライドショーの開始位置にしたい写真を表示してメニューから「スライドショー」をタップしましょう。

1 iPhoneでスライドショーを再生

「アルバム」から対象のアルバムを開き右上のメニューボタンをタップして「スライドショー」をタップしましょう。

2 スライドショー再生が始まる

スライドショーで再生が始まります。

3 オプションの設定

画面をタップして表示されるメニューから「オプション」をタップするとBGMやテーマの変更ができます。

Androidでスライドショーを再生

Googleフォトでは写真を開いてメニューから「スライドショー」をタップしましょう。

ブラウザはアプリの基本!
たくさんの機能があるから
ゆっくり覚えてね!

第6章
必須アプリをマスターする

スマホには膨大な量のアプリが存在していますが、まずは絶対にマスターしておきたいのが「ブラウザ」です。iPhoneならSafariを、AndroidならChromeの基本的な使い方を覚えれば、インターネット上の自分にとって重要な情報をスムーズに入手することができます。ブラウザを最優先で学びましょう。

外出時にとにかく便利なのが地図アプリです。現在地がどこなのか、目的地にはどの方向を向かって進めばいいのかなど、すぐに教えてくれます。ほかにも、テレビが不要になりそうなほどあらゆるジャンルの動画が楽しめるYouTubeや、無料で好きなアーティストの音楽が楽しめてしまうSpotifyなど、「スマホがあってよかった!」と思えるアプリがいっぱいです。

スマホを持ってると
なんでもすぐに検索して
調べられるから
ホント便利だよね!

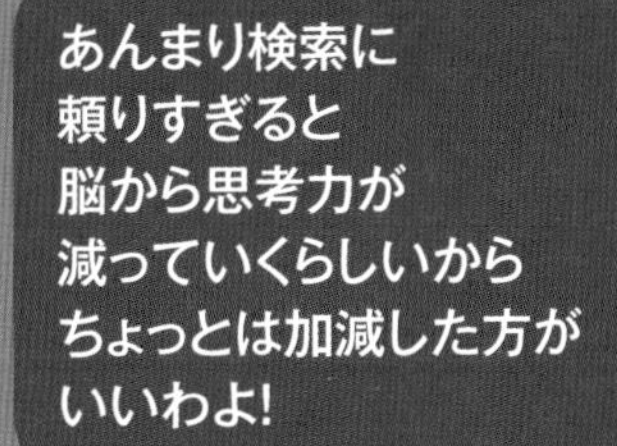

重要項目インデックス

スマホでウェブサイトを見るにはどのアプリを使う?

iPhoneならSafari、AndroidならChromeを使おう

インターネット上のサイトを閲覧するのに**欠かせないアプリといえば「ブラウザ」**アプリです。メールやLINEのメッセージに記載されているリンクをタップしたときに起動するアプリの多くもブラウザです。ブラウザはスマホに標準で搭載されているので、ストアからダウンロードする必要はありません。

iPhoneでブラウザを利用するにはホーム画面にある「Safari」アプリを利用します。起動したらアプリ上部に設置されている検索ボックスに調べたい言葉を入力してみましょう。Googleで検索結果が表示されます。気になるページタイトルをタップするとその内容を閲覧できます。

Androidでブラウザを利用するにはホーム画面にある「Chrome」アプリを利用します。なお、Androidではホーム画面に設置されているGoogleの検索ボックスに言葉を入力するとChromeとは別のブラウザが起動します。ちょっとした調べ物であれば、こちらのほうが便利です。

ブラウザを使って検索してみよう

Safariを使う

iPhoneユーザーはホーム画面(またはドック)に設置されているSafariアイコンをタップしましょう。ブラウザの検索ボックスにキーワードを入力します。

Googleの検索画面が表示されます。この検索結果画面はSafariでもChromeでも同じものです。上下にスクロールして、気になるページがあればタップして開きましょう。また、検索ボックス下のメニューを左右にスワイプして、ニュース記事、画像、動画などを検索することができます。

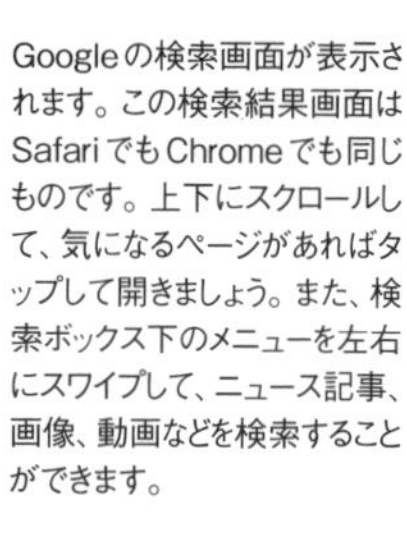

Chromeを使う

Androidでブラウザを利用するにはアプリ一覧かホーム画面にあるChromeをタップします。起動したら上部の検索フォームにキーワードを入力しましょう。Googleの検索結果画面が表示されます。

前のページに戻ったり進んだりするには？

ひとつ前に表示していたページを再び表示したいときは、**「戻る」アイコン**をタップしましょう。Safariでは画面左下にある「<」をタップすると前のページ戻ります。ChromeもSafariと同じく画面左下にある「<」をタップすると前のページ戻ります。

前のページに戻ったあとに、元のページに戻りたいときは「進む」アイコンをタップしましょう。進むアイコンは「>」で表示され、「戻る」ボタンをタップすると自動的に表示されます。

1 Safariで「戻る」

Safariで前のページに戻るにはブラウザ左下の「<」をタップしましょう。

2 Safariで「進む」

前のページを開いたあと、元のページに戻りたい場合は隣の「>」をタップしましょう。

1 Chromeで「戻る」

Chromeで前のページに戻るにはブラウザ左下の「<」をタップしましょう。

2 Chromeで「進む」

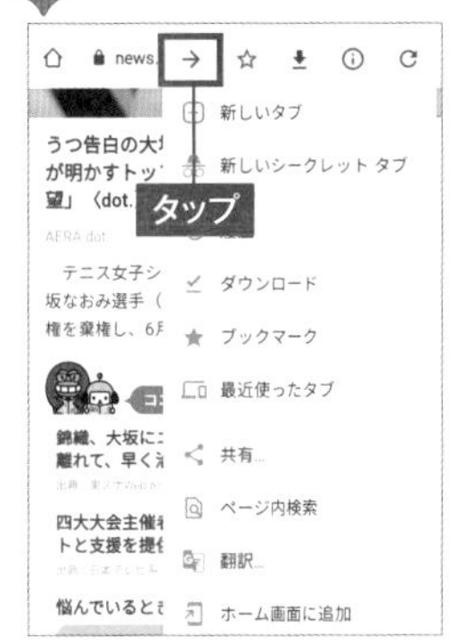

Chromeで元のページに戻る場合は、右上のメニューボタンをタップして「→」をタップしましょう。

見終わったウェブページを閉じるには？

ブラウザではページを開くたび「タブ」と呼ばれる機能が追加されていきます。タブはページを切り替えるのに便利ですがたくさん開き過ぎると動作が遅くなる原因にもなります。余計なタブは閉じましょう。タブ画面を開いて「×」をタップすることで閉じることができます。

Safariでは右下のタブボタンをタップして、閉じるタブの「X」をタップしましょう。

Chromeでは右上のタブボタンをタップして、閉じるタブの「X」をタップしましょう。

ウェブページにある画像を保存するには？

ウェブページ上に表示される画像の多くは、端末にダウンロードすることができます。SafariでもChromeでもダウンロード方法は同じで、画像を長押しすると表示されるメニューから保存しましょう。保存した画像は、iPhoneでは「写真」、Androidでは「ファイル」で見ることができます。

Safariでは対象の画像を長押しして表示されるメニューで「写真に追加」をタップします。

Chromeでは対象の画像を長押しして表示されるメニューで「画像をダウンロード」をタップします。

6 ▶▶ 必須アプリをマスターする

よく見るサイトをブックマークに登録する

よく見るお気に入りのサイトを毎回Google検索してアクセスするには手間がかかります。「ブックマーク」に登録しましょう。ブックマークに登録しておけば、毎回検索しなくてもブラウザから**素早くページを開く**ことができます。

Safariでブックマークに追加するにはアプリ下部にある共有メニューから「ブックマークを追加」をタップしましょう。Chromeもブックマークの使い方はほぼ同じで、アプリ右上のメニューから開いているページをブックマークに登録できます。ブックマークにいくつでもサイトを登録でき、また登録したサイトを分類することができます。

1 iPhoneでブックマークをする

ブックマークしたいページを開いたら共有メニューを開く。

2 ブックマークを保存する

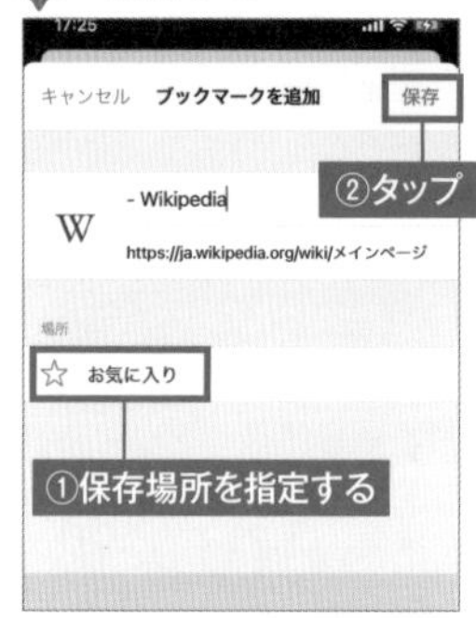

ブックマーク追加画面が表示されます。保存場所を指定して、右上の「保存」をタップします。

3 ブックマークを開く

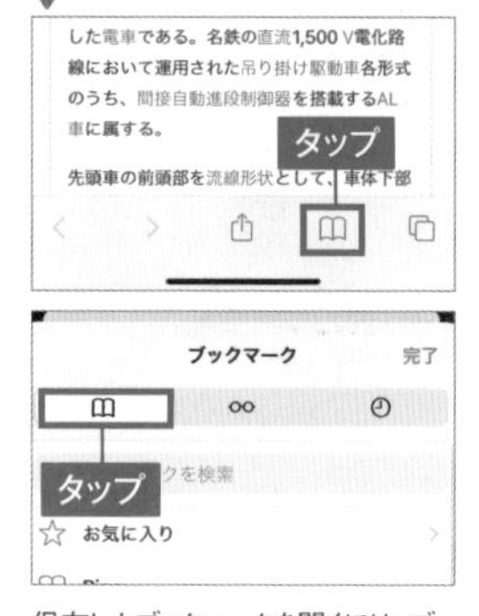

保存したブックマークを開くには、ブックマーク画面を開き、保存したページをタップしましょう。

Chromeでブックマークを保存する

Chromeではブラウザ右上のメニューボタンをタップして☆マークをタップするとブックマークに保存できます。

誤って閉じたサイトをもう一度開き直すには?

操作ミスで閲覧中のウェブページのタブを誤って閉じてしまうことがあります。検索ボックスから再び同じページを探すのは手間がかかる上、ページ名を忘れて見つけられなくこともあります。

ブラウザには、以前に閲覧したページ一覧表示化させて、**指定したページを再表示する履歴機能**があるので利用しましょう。Safariではタブ一覧画面から再表示したいタブを選択しましょう。Androidではブラウザのメニューの「最近使ったタブ」から目的のタブを選択しましょう。

1 Safariのタブ一覧画面を開く

Safariではタブ一覧画面を開き、中央の「+」ボタンを長押しすると直前に閉じたタブが一覧表示されます。

2 ブックマークから履歴を開く

ブックマークの「履歴」タブから過去に閲覧したページを探す方法もあります。

1 Chromeで履歴を開く

Chromeで最近閉じたタブを開くには、右上のメニューボタンをタップして「最近使ったタブ」を選択しましょう。

2 最近閉じたタブが表示される

最近閉じたタブが一覧表示されるので目的のタブをタップしましょう。

ブラウザアプリにはどんな機能がほかにあるのか

ブラウザアプリにはこれまで紹介した基本的な機能のほかにも便利な機能がたくさんあります。SafariとAndroidで共通して利用できる機能も多いですが、多少違いもあります。

Safari特有の機能といえば、ウェブページから**広告画像など余計な要素を除去**して読みやすくしてくれる「リーダー」機能です。有効にすると広告が排除され、本文と、本文に関連のある画像だけのシンプルなレイアウトに変更してくれます。

Chromeで便利なのは**「翻訳」機能**です。英語ページを閲覧したいときに翻訳機能を有効にすれば自動で日本語に変換して再表示してくれます。

1 Safariのリーダー機能を使いこなす

リーダー表示したいページを開いたら、アドレスバー左の部分をタップして「リーダー表示を表示」をタップします。

2 ページがシンプルになる

ページ内から余計な広告画像やメニューが削除され読みやすくしてくれます。

3 リーダー表示をカスタマイズする

特定のサイトにアクセスした際、毎回リーダー表示にしたいときは、メニューから「Webサイトの設定」をタップします。

4 自動的にリーダーを使用するに有効にする

「自動的にリーダーを使用」のスイッチを有効にして「完了」をタップしましょう。

1 Chromeの翻訳機能を使う

Chromeで海外のサイトにアクセスすると画面下部に翻訳メニューが表示されます。標準では中国語に設定されているのでこれを変更します。「⋮」をタップします。

2 日本語を指定する

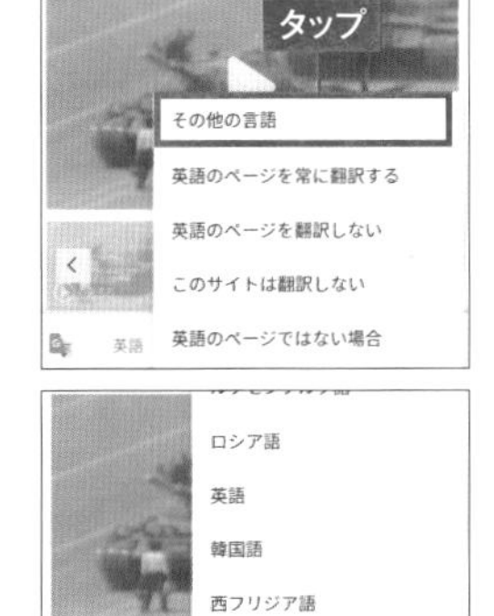

メニューから「その他の言語」を選択します。

3 日本語に変換される

すると外国語を日本語のページに自動的に変換して再表示してくれます。Google翻訳を利用しているので変換精度は高く読みやすいです。

POINT

PC版のサイトを表示する

メニューから「PC版サイト」をタップ

ウェブサイトの中にはスマホでアクセスするとレイアウトが崩れてしまうPC用のサイトがあります。そのようなサイトはメニューから「PC版サイト」を選択するときちんと閲覧できます。

閲覧履歴を他人に知られたくない！

ブラウザで閲覧した内容はブラウザ内に残っており閲覧履歴画面から確認することができます。一度アクセスしたことのあるページにさかのぼるのに便利な機能ですが、スマホを共用しているユーザーにとっては**プライバシーの漏洩**にも繋がります。閲覧履歴を削除する方法を覚えておきましょう。Safari、Chromeともに閲覧履歴は簡単に削除することができます。また、閲覧履歴を削除することでデータを節約でき、端末の空き容量を増やすこともできます。

履歴を残さないままブラウジングするなら「シークレットタブ」を使う手もある！

1 Safariで閲覧履歴を削除する

下部のメニューからブックマーク画面を開き「履歴」タブを開きます。

2 履歴を削除する

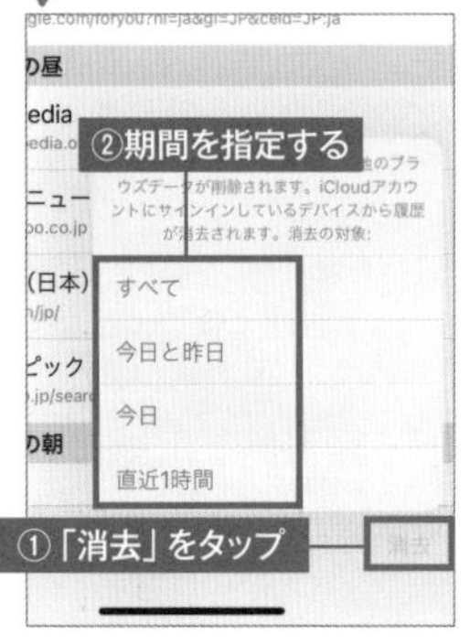

画面右下の「消去」をタップして消去する期間を指定しましょう。

Chromeで履歴を削除する

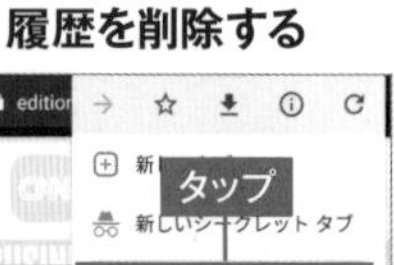

Chromeのメニュー画面から「履歴」画面を開き、左上の「閲覧履歴データを削除」をタップ

Googleマップはカーナビのように使える！

スマホで利用する人気地図アプリといえば「Googleマップ」です。無料で目的地までの経路や、気になるお店を探すのに非常に便利で、多くのスマホユーザーが利用していることでしょう。iPhone、Androidのどちらでも利用できます。Androidは最初から使えます。

経路検索は特に利用することが多いGoogleマップの機能だと思いますが、日常的に自動車で移動する機会が多いユーザーなら覚えておきたいのが**カーナビのように音声**で案内してもらえる機能です。移動ルート選択後に「ナビ開始」をタップするとナビ画面に切り替わり、音声ナビで誘導してくれます。

1 自動車で経路検索をする

Googleマップを起動したら、目的地を入力し、移動手段を自動車に変更します。いくつか経路が表示されるので利用する経路を選択します。

2 「ナビ開始」をタップ

「ナビ開始」ボタンをタップします。すると画面が音声ナビ画面に切り替わります。カーナビのように現在地に応じて画面が切り替わり、音声案内してくれます。

3 レポートの追加

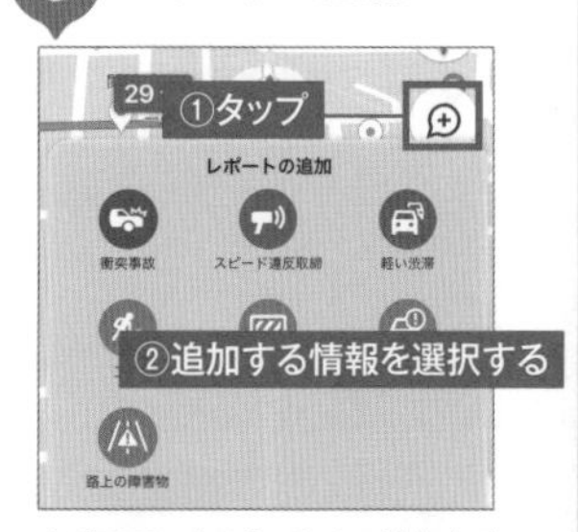

ナビ画面にある「レポートの追加」ボタンをタップすると、地図上に渋滞地域や車線規制、衝突事故があった場所など現在のさまざまな道路状況を追加できます。

POINT 経路オプションの選択

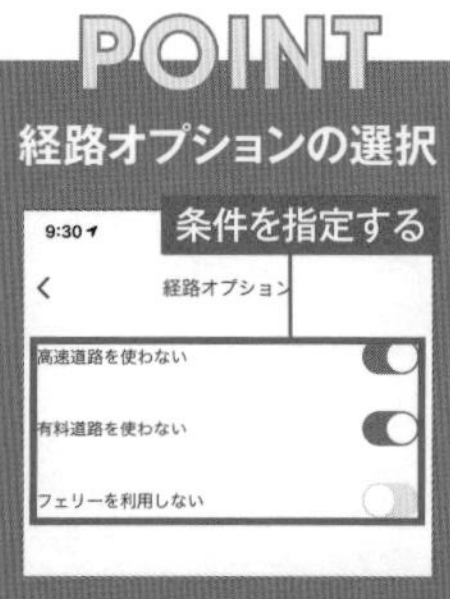

経路検索のときに現在地横の「…」から「経路オプション」をタップすると、高速道路や有料道路を使うかどうかの条件の設定もできます。

地図アプリを使って目的地の情報を調べる

目的地の情報だけでなく経路も検索できる

スマホアプリの中で、ブラウザアプリと並んで人気のアプリといえば地図アプリでしょう。地図アプリに調べたい地域名を入力すれば、その地域周辺の地図情報や詳細な住所を表示してくれます。iPhoneでは「マップ」アプリ、Androidでは「Google マップ」が標準でインストールされており無料で利用できます。なお、iPhoneでもApp StoreからGoogleマップをダウンロードして利用することができます。

地図アプリは、**地域情報だけでなく経路検索にも便利**です。これから向かう予定の目的地を入力すると、電車、自動車、徒歩などあらゆる交通手段を通じた経路情報を教えてくれます。また、現在地情報を利用して経路を調べることができるので道に迷ったときに使うとスムーズに目的地にたどり着けるでしょう。ここではiPhoneの「マップ」で基本的な使い方を紹介します。

地図アプリを使ってみよう

「マップ」アプリを起動すると現在地周辺の地図と検索ボックスが表示されるので、調べたい地名や目的地を入力しましょう。

つまみを上にスワイプするとその場所の詳細な情報や写真が表示されます。観光スポットの場合はWikipediaへのリンクもあります。

入力した場所周辺の地図が表示されます。この画面から経路検索をしたり、その地域の情報を収集したりさまざまな操作を行います。

地図の表示形式を通常の「マップ」から交通機関が強調された地図や航空写真で撮影された地図に切り替えることができます。

ピンチイン・ピンチアウトで地図の拡大縮小ができます。

「経路」をタップすると現在地から目的地までの経路が表示されます。移動手段を変更すると経路も変更します。

▶▶ 必須アプリをマスターする

Googleマップで終電の時間を調べる

Googleマップで出発地から目的地までのルート検索を調べる場合、経路に「公共交通機関」を選択すると、現在の時刻に基づいた最適なルートとともにおすすめの出発時間や到着時間も表示してくれて便利です。標準では目的地までの最短の到着時間が表示されますが、**指定した二区間の終電時間**を調べることもできます。出発地に終電時間を知りたい駅名、到着駅に目的地を入力したあと「オプション」をタップして「終電」をタップしましょう。その日の終電時刻を調べることができます。iPhone、Androidの両方に対応しています。

1 出発地を指定する

Googleマップを起動したら出発地の駅名を入力して「経路」をタップします。

2 区間を指定して検索する

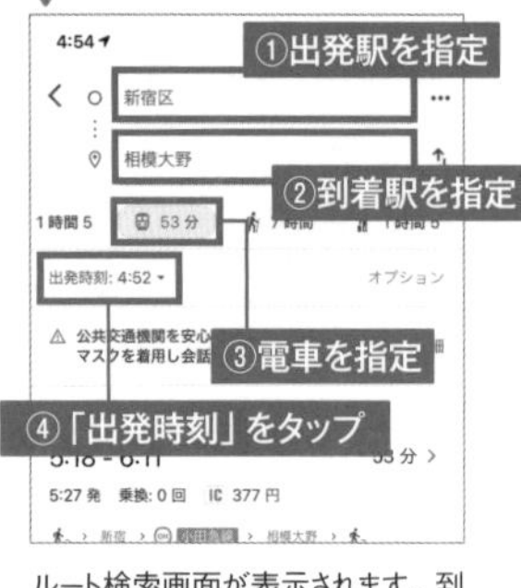

ルート検索画面が表示されます。到着地を指定します。次に電車アイコンをタップして「出発時刻」をタップします。

3 「最終」をタップ

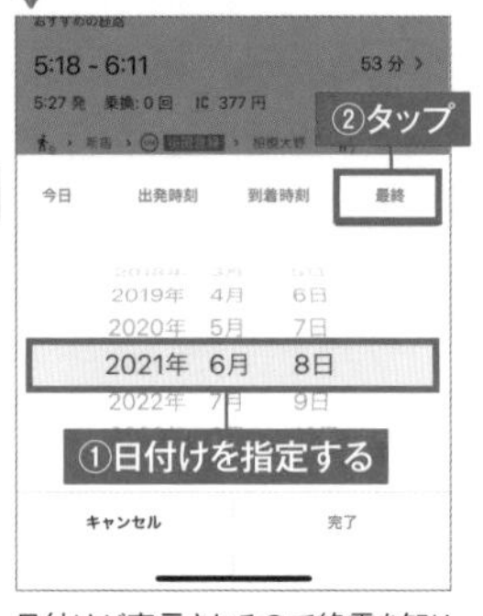

日付けが表示されるので終電を知りたい日にちを選択して「最終」をタップします。

4 終電時間が表示される

その区間の終電時間が上から順番に表示されます。

現在地の近くにある飲食店を探したい

地図アプリは周囲にある飲食店を探すのにも便利です。Googleマップには「周辺のスポット検索」があり、現在地周辺にあるさまざまな飲食店を写真や評価付きで一覧表示してくれます。時間帯や用途に合わせたおすすめの飲食店やレストランや居酒屋などジャンルを絞り込んで探すこともできます。

メニュー左の「スポット」をタップすると周辺のスポットが表示されます。ジャンルを選択します。

上部メニューから検索条件を指定して店舗を絞り込みましょう。メニューを見ることもできます。

お気に入りの場所を保存しておくには？

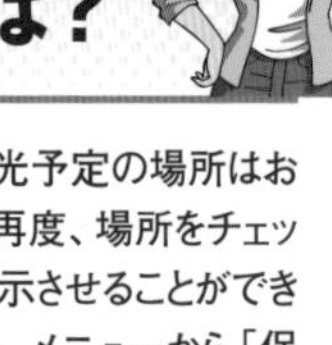

何度も通う場所や、これから観光予定の場所はお気に入りに保存しておきましょう。再度、場所をチェックするときに素早く地図情報を表示させることができます。保存したい場所を長押しし、メニューから「保存」をタップすればお気に入りに保存できます。

保存したい場所を長押ししてピンを立てます。下のメニューから「保存」をタップする。

保存したお気に入りはメニューの「保存済み」の「お気に入り」からアクセスできます。

YouTube動画をスマホで鑑賞したい

Googleアカウントでログインして視聴するのがおすすめ

YouTubeは誰でも無料で閲覧することができるインターネットの動画サイトです。企業のサイトも独自の動画コンテンツを配信していますが、最大の特徴は**個人が動画を自由にアップロード**して配信されていることでしょう。そのため、テレビやNetflixのような企業サイトとは異なる個性的な映像が楽しめます。

動画を視聴するだけでなく、自分のスマホのカメラで撮影した動画を簡単にアップロードして世界中の人々に視聴してもらうこともできます。近所で遭遇した事件やおすすめスポットを撮影して伝えたいときに便利です。

なお、YouTubeはアカウントがなくても無料で視聴できますが、ログインすればお気に入りの動画を保存したり、**自分好みの動画を効率よく探せる**ようになります。YouTubeのログインにはGoogleアカウントを使用します。

YouTubeにログインして動画を再生してみよう

iPhoneでYouTubeを利用するにはApp Storeからアプリをダウンロードする必要があります。

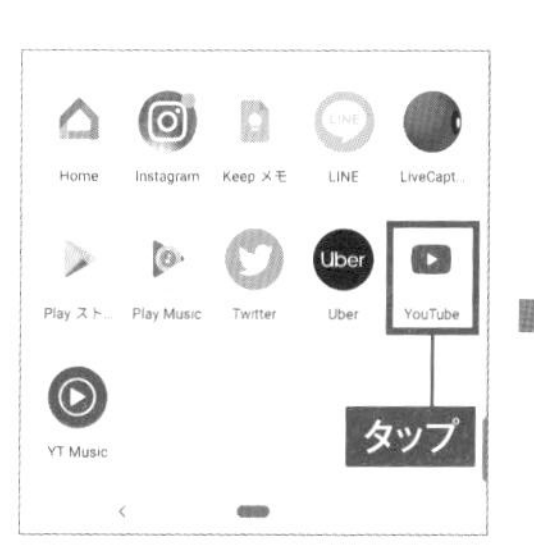

Androidの場合は、標準でインストールされています。アプリ一覧画面から起動しましょう。

Googleアカウントを所有していれば起動時に入力しましょう。ログインするとこのような画面が表示されます。動画をタップすると動画が再生されます。

動画の再生中にスマホを横向きにすると全画面表示で再生できます。

YouTubeで動画を検索するには？

YouTubeでは表示される動画を鑑賞するだけでなく、キーワードを入力して動画を検索することができます。何か探している映像がある場合は検索機能を使いましょう。検索アイコンをタップし、キーワードを入力すれば検索結果が表示されます。

検索アイコンをタップしてキーワードを入力しましょう。候補をタップします。

検索結果が表示されます。上下にスクロールして目的の動画を探してタップすると再生できます。

好みのYouTubeチャンネルを登録しよう

YouTubeの各動画には「チャンネル登録」というボタンがあります。このボタンをタップするとその動画を投稿しているユーザーが新たに動画を投稿したときにホーム画面に表示されたり、通知してくれます。好みの動画を効率良く探すにはチャンネル登録作業は必須です。

動画の下にある「チャンネル登録」をタップします。登録後、メニューの「登録チャンネル」をタップします。

新しく追加された動画が上から順番に表示されます。画面上部のアイコンをタップしてチャンネルを切り替えることができます。

以前見た動画をもう一度見たい

YouTubeで以前再生したことのある動画をもう一度見たくなった場合は、履歴画面から対象の動画を探しましょう。履歴画面は「ライブラリ」タブからアクセスでき、過去に再生した動画を時系列順に表示してくれます。見たい動画をタップすると再生画面に切り替わります。

YouTubeのメニューから「ライブラリ」を選択して「履歴」を選択します。

過去に視聴した動画が時系列順に表示されます。目的の動画を探してタップしましょう。

YouTube以外にスマホで動画を楽しむには

YouTubeは無料で視聴できるのが最大のメリットですが、画質がよくなかったり、コンテンツのレベルも決して高いとはいえません。良質な動画コンテンツを楽しむなら月額制の「Netflix」や「Hulu」を利用しましょう。各ストアからダウンロードできます。

●Netflix
月額料金:990円(税込)～
有名ドラマ、映画、ドキュメンタリーなど、作品は充実のラインナップ。旅先や通勤の途中、ちょっとした休憩時間などいつでもどこでもスマホで視聴できます。

●Hulu
月額料金:1,026円(税込)～
70,000本以上の映画・ドラマ・アニメ・バラエティなどが見放題です。

Amazonで買い物をしてみよう！

世界最大のオンラインショッピングサイト「Amazon」はスマホ用のアプリを提供しています。すでにアカウントを所有している人はアプリをインストールしましょう。アプリ上から商品を探したり、購入したり、受け取り設定ができます。気になる商品は「欲しい物リスト」に登録しておけば、商品名がわからなくてもあとですぐに探し出せます。スマホ版で便利なのは通知機能です。**発送されるとスマホで通知**され、商品の配送状況を確認することができます。なお、通知を受け取るには、アプリの設定で通知を有効にしておきましょう。

1 アプリをダウンロードする

まずはアプリをダウンロードしましょう。iPhoneではApp Store、AndroidはPlay ストアからダウンロードできます。

2 サインイン画面

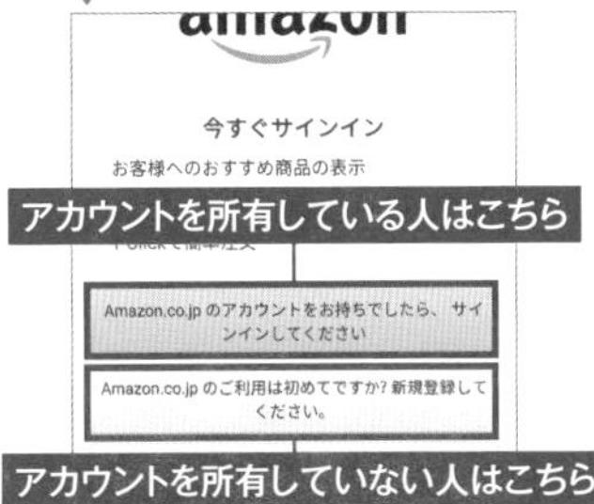

アプリを起動します。すでにアカウントを所有している人は黄色いボタンをタップしてログイン、所有していない人は灰色のボタンをタップしてアカウントを取得しましょう。

3 メイン画面

Amazonのメイン画面です。メニュー画面を表示するには左上のメニューボタンをタップします。

4 通知設定

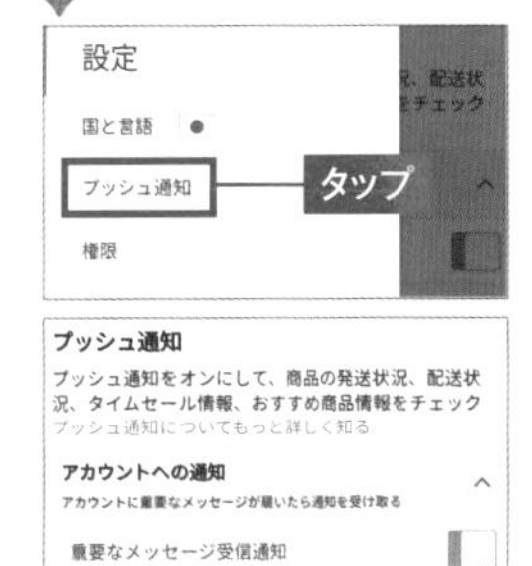

「設定」の「プッシュ通知」でAmazonからの通知設定をカスタマイズできます。

Amazonで欲しい商品を探すテクニック

Amazonに出品されている膨大な商品の中から目的の商品を見つけるには検索機能を利用しましょう。画面上部にある検索ボックスにキーワードを入力すれば検索結果が表示されます。

ただ、Amazonではあらゆるジャンルの商品を扱っているため、キーワード検索だけでは思い通りの商品を見つけることができません。そこで、**検索結果画面からさらに絞り込み**を行いましょう。カテゴリ、価格、新着商品などさまざまな条件を指定して商品を絞り込むことができます。

1 キーワードを入力

上部にある検索ボックスからキーワードを入力すると検索結果が表示されます。

2 絞り込みをする

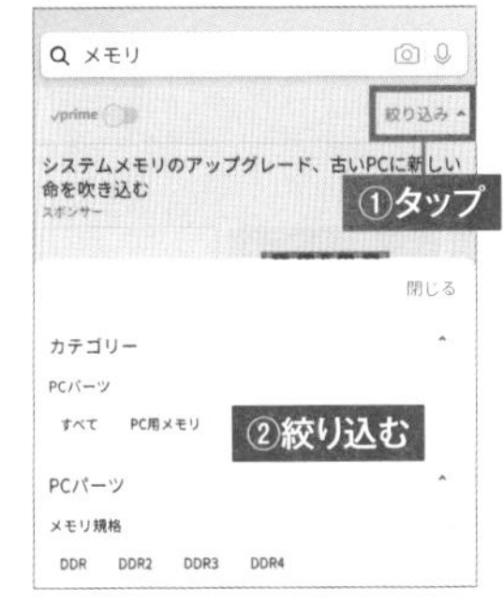

検索結果画面右上の「絞り込み」をタップすると検索条件が表示されます。選択して絞り込んでいきましょう。

3 写真撮影してアップする

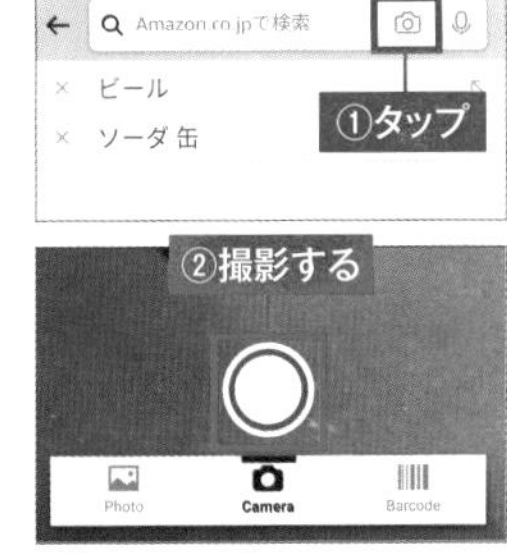

検索ボックス横のカメラボタンをタップして商品を撮影して、Amazonの価格や在庫をチェックすることができます。

電車の乗り換えをスマホで調べたい

地図アプリで電車の経路を調べることはできますが、最も詳細に電車の運行情報を調べるなら「Yahoo! 乗換案内」を使いましょう。出発駅と到着駅を指定すると、最も早い路線、乗り換えの少ない路線、料金が安い路線など**目的にあわせた経路**を探し出すことができます。各経路を利用した場合の合計金額、指定した時刻からの到着時間も一緒に調べることができます。また、現在の**電車内の混雑状況**も教えてくれるので、混雑を避けて電車通勤したい人にとって非常に便利です。

1 アプリをダウンロード

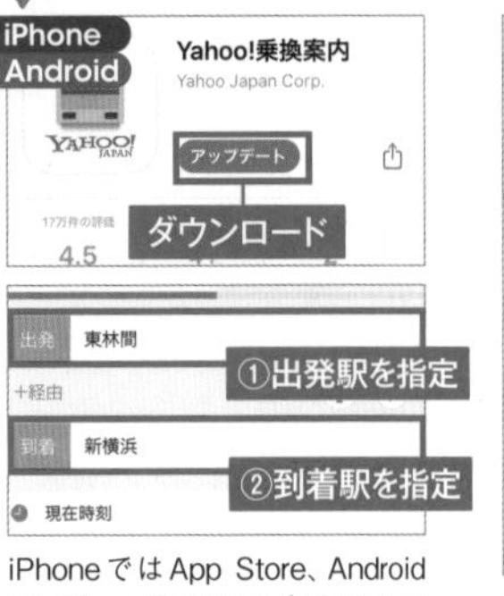

iPhone では App Store、Android では Play ストアからアプリをダウンロードできます。起動後出発駅と到着駅を指定します。

2 検索結果画面から経路を選択する

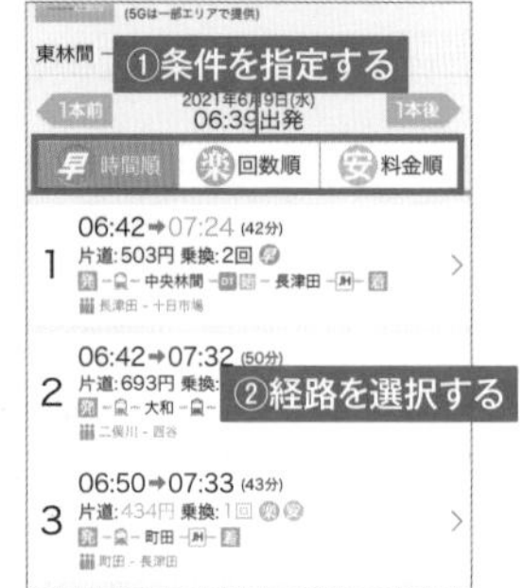

検索結果が表示されます。「早い時間順」など条件を指定して、適切な経路を選択しましょう。

3 ルートを閲覧、保存する

ルートをタップすると詳細を確認できます。ルートを保存しておきたい場合は、左上の「ルートメモ」をタップして保存するかスクリーンショット撮影をしましょう。

4 混雑状況をチェックする

「運行情報」では現在の各路線の混雑情報が表示されます。混雑が多い時間を避けて通勤したいときに便利です。

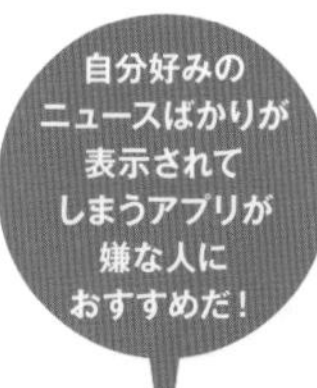

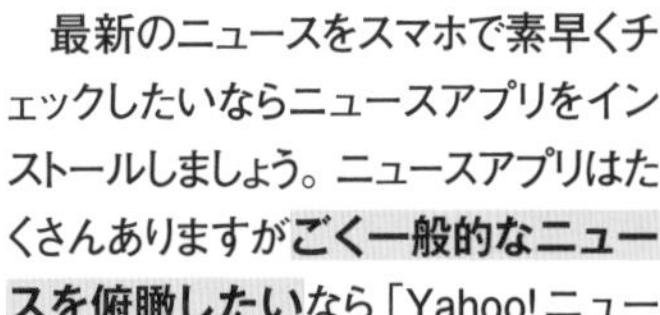

スマホでニュースをチェックするには

最新のニュースをスマホで素早くチェックしたいならニュースアプリをインストールしましょう。ニュースアプリはたくさんありますが**ごく一般的なニュースを俯瞰したい**なら「Yahoo! ニュース」がおすすめです。新聞紙や TV のニュース報道のように国内・経済・エンタメ・スポーツなど多様なジャンルを網羅し、今、トレンドになっているニュースをピックアップして教えてくれます。大手新聞社や TV 局から配信されるニュース記事を流用しているので情報の信憑性も高く安心して読むことができます。

1 アプリをダウンロード

Yahoo! ニュースは iPhone では App Store、Android では Play ストアからダウンロードできます。ここでは Android でアプリをダウンロードします。

2 カテゴリと記事を選択する

起動したら上部からカテゴリを選択します。選択したカテゴリのニュース記事が一覧表示されるので、読みたい記事を選択します。

3 ライブ配信をチェックする

下部メニューから「ライブ」をタップするとライブ映像の視聴ができます。緊急速報や記者会見を視聴したいときに活用しましょう。

自分好みのニュースばかりが表示されてしまうアプリが嫌な人におすすめだ!

Spotifyなら無料で音楽を楽しむことができる！

スマホで音楽を楽しみたいなら「Spotify」というアプリをインストールしましょう。定額で音楽が聴き放題の音楽配信サービスで、数曲再生ごとに**広告が挿入されますが無料で視聴**することもできます。

配信されている楽曲数は5,000万曲以上でJ-POP、ロック、ジャズ、アニソンなど日本人向けの音楽コンテンツも大量に用意されています。なお、利用するには会員登録する必要があります。有料のプレミアムプランなら広告無しのほか、聴きたい曲を好きな順番で視聴できます。

1 アプリをダウンロード

iPhone Android

Spotify: 新しい楽曲や音楽チャート、ポッドキャストが聴けるオーディオ ストリーミングサービス

Spotify Ltd.

ダウンロードとアカウント取得を進める

インストール

iPhoneではApp Store、AndroidではPlay ストアからアプリをダウンロードできます。起動後、アカウントを取得して進めていきます。

2 初期設定を行う

好きなアーティストを3人以上選んでください。

検索

今すぐ聴くなら

JUDY AND

初回起動時は好みのアーティストを3人選択しましょう。自動的にそのアーティストに近い音楽を選んでくれるようになります。選択後、メイン画面に移動します。

3 音楽を再生する

①タップすると次の曲へ

②下から上へスワイプすると歌詞が表示される

子供の頃の夢は
色褪せない落書きで
いつまでも描き続けられた
願う未来へとつながる

表示されている楽曲をタップすると楽曲が再生されます。歌詞を表示することもできます。

POINT
バックグラウンドで再生できる

コントロールパネルから操作する

Spotify
心のアンテナ

Spotifyはアプリ画面を閉じて、ほかのアプリを起動してもバックグラウンドで再生されます。バックグラウンドで再生する場合はコントロールパネルを利用して操作しましょう。

YouTubeの音楽版アプリを使ってみよう

YouTubeには音楽視聴に特化した「YouTube Music」という約7,000万曲が聴き放題のサービスがあります。YouTubeのアカウントにログインすれば、ユーザーの好みに沿ったプレイリストを自動作成してくれて、連続再生できます。

また、YouTubeにアップロードされている動画を検索して視聴することができます。普段、YouTubeで音楽系を視聴する機会が多い人は、このプレミアム版を利用するのもいいでしょう。もちろん、**YouTube動画は無料で広告なし**で視聴できます。

1 アプリをダウンロードする

YouTube Musicを視聴するには専用アプリをダウンロードしましょう。iPhoneではApp Store、AndroidではPlay ストアからアプリをダウンロードできます。

2 YouTubeアカウントでログイン

普段利用しているYouTubeアカウントでログインするとユーザーの好みに応じてプレイリストを作成してくれます。

3 プレイリストを再生する

プレイリストを選択すると音楽が自動で連続再生されます。YouTube上でほかのユーザーが作成したプレイリストを再生することができます。

無料版はバックグラウンド再生ができず、広告も挿入されるのでプレミアム版（月額1,180円）の購読がおすすめ！

▶▶ 必須アプリをマスターする

カレンダーアプリでスケジュールを管理しよう

予定を記録するのに**便利なスケジュールアプリ**がスマホには標準でインストールされています。iPhoneでは「カレンダー」、Androidでは「Googleカレンダー」という名称のアプリです。カレンダーアプリを起動したら、打ち合わせや会合など何か予定がある日時を選択して、具体的な内容や場所などの情報を入力しましょう。内容がカレンダーに反映されます。

また、カレンダーアプリには通知機能が搭載されており、通知してほしい時間を指定すると、その時間にスマホで通知してくれます。

1 カレンダーアプリを起動する

アプリ一覧画面でiPhoneでは「カレンダー」アプリ、Androidでは「Googleカレンダー」をタップしましょう。

2 日付けを選択する

ここではGoogleカレンダーを例にして使い方を解説します。起動後、予定を入力したい日付けを選択しましょう。

3 内容を入力して保存する

予定内容や日時を入力して「保存」をタップします。カレンダーに内容が反映されます。

4 通知の設定をする

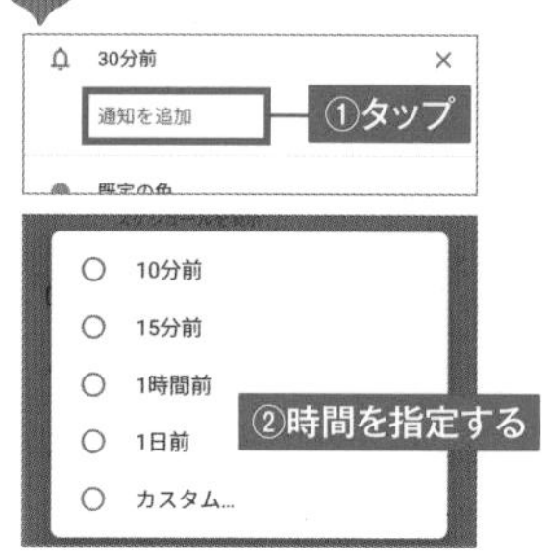

通知を設定する場合は予定入力画面で「通知を追加」をタップし、通知をしてほしい時間帯を指定しましょう。

思いついたときにメモをとりたい

思いついたアイデアや買い物リストなどをスマホにメモとして記録したい場合は「メモ」アプリを使いましょう。iPhoneでは「メモ」アプリ、Androidでは「Google Keep」が標準でインストールされています。使い方は非常に簡単で起動したら、新規メモを作成し、情報を入力するだけです。自動的に保存され標準では時系列でメモが一覧表示されます。また、書いたメモはどちらのアプリも**自動でクラウド上にアップロード**してくれるので機種変更したときや端末を紛失したときでも問題なく復旧できます。

1 iPhoneでメモを利用する

ホーム画面の「メモ」アプリを起動したら新規作成ボタンをタップします。

2 メモを取る

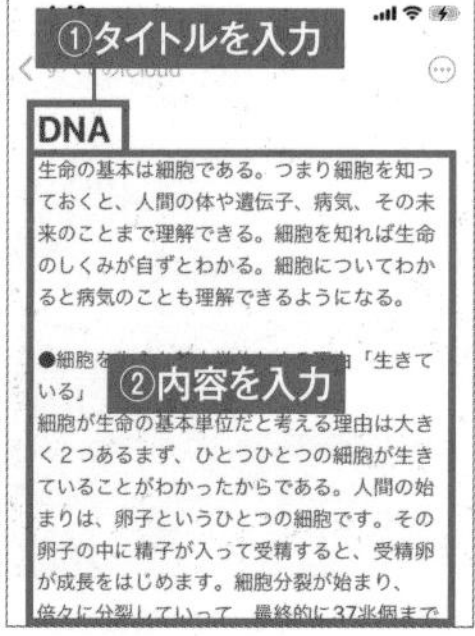

最初の行にタイトル、その下にメモ内容を入力しましょう。入力と同時に自動で保存されます。

1 Androidでメモを利用する

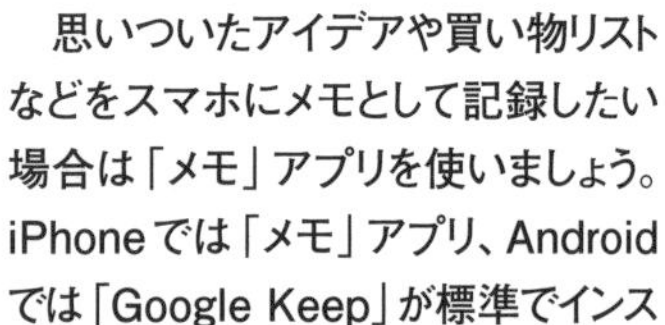

アプリ一覧画面の「Google Keep」アプリを起動したら新規作成ボタンをタップします。

2 メモを入力する

メモの内容を入力しましょう。左下にある追加ボタンから写真やチェックボックスを追加できます。

目覚まし時計代わりにスマホを使うには

枕元にスマホを置いて寝るユーザーなら、スマホを目覚まし代わりに利用しましょう。iPhone、Androidともに**標準でアラーム機能が搭載**されており、指定した時間に好きなアラームを鳴らしてくれます。また、アラームを複数登録できるので二度寝してしまう可能性が高い人は、複数アラームを登録しておくといいでしょう。特定の曜日だけアラームを鳴らすよう繰り返し設定や、スヌーズの間隔の調整もできます。

1 iPhoneでアラームを設定する

ホーム画面から「時計」アプリをタップします。「アラーム」から追加ボタンをタップします。

2 アラームを登録する

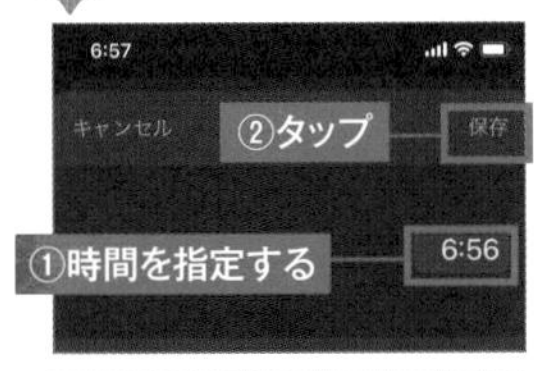

時間を指定して「保存」をタップします。アラームが登録されます。アラームは複数登録できます。

1 Androidでアラームを作成

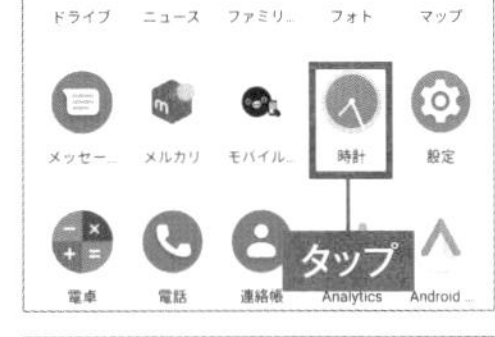

Androidの「時計」アプリを起動したらメニューから「アラーム」タブを開きます。

2 アラームの詳細設定

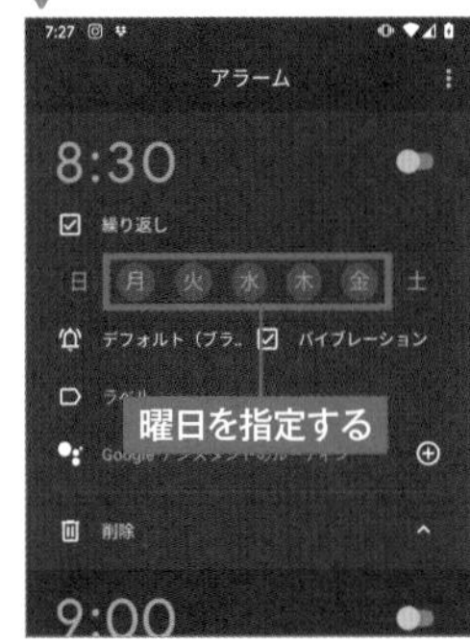

アラームを作成したら詳細設定でそのアラームを利用する曜日を有効にしましょう。繰り返し設定などもできます。

スマホはタイマーとしても使える！

スマホの「時計」アプリはタイマー機能も搭載されており、指定した時間を経過するとアラームで教えてくれます。設定できる時間は1秒から1時間まで細かく設定できます。料理やスポーツ、学習などをするときに非常に便利です。

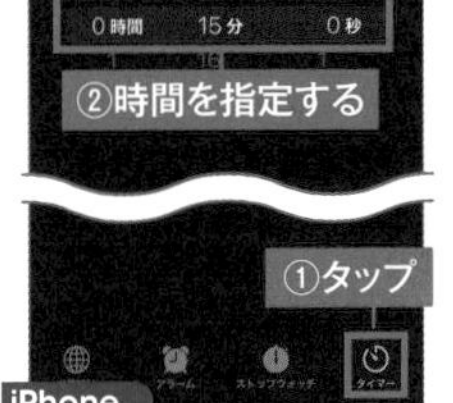

iPhoneでタイマーを利用するには「時計」アプリの「タイマー」タブを開き、時間を指定して「開始」をタップします。

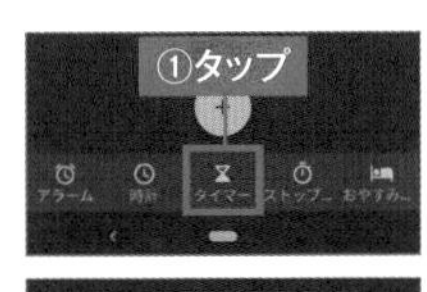

Androidも同じく「時計」アプリの「タイマー」タブを開き、時間を指定して「開始」をタップします。

スマホを計算機として使う

スマホは電卓代わりにも使えます。標準でインストールされている「計算機」アプリを起動しましょう。アナログの電卓とほぼ同じようなレイアウトの計算機が表示されます。なお、端末を横向きにするとレイアウトが変更し、高度な機能も使えるようになります。

iPhoneではアプリ一覧から「計算機」アプリをタップすると電卓そっくりな計算機が起動します。

Androidではアプリ一覧から「電卓」をタップしましょう。右から左へスワイプするとオプション機能が表示されます。

スマホを置き忘れたり
しないようにするのも
重要だけど、落として
しまった場合を
想定することも重要なのだ!

第7章 トラブルシューティング

スマホは本当に便利なものですが、その反面、トラブルも多々あります。挙動がおかしくなったり、通信ができなくなることは、長期的にスマホを使い続けていると必ず何度か起こることです。その際は本書に掲載の対処法を読んで、焦らず冷静に対応しましょう。水没などの例を除くと、日常的な使用で完全に壊れてしまうことは少なく、回復できる場合がほとんどです。

スマホの機械的なトラブル以外に、セキュリティ面にも気を配らなければなりません。個人情報の流出を避けるためにも、面倒がらずに顔認証や指紋認証は徹底して行い、スマホのロックは万全の状態にしておきましょう。最悪の場合、スマホを落としたりしてしまってもセキュリティが大丈夫なら大きな問題にはなりません。

通信が遅くなっても
イライラせずに
状況を確認すれば
だいたい何か原因が
わかるはずよ。
容量いっぱいに
アプリを入れてたり
ブラウザのタブを
たくさん開いてると
調子が悪くなりがち!

重要項目インデックス

他人にスマホを操作されないようにするには？

スマホを使っていて最も注意しないとならないのが紛失や盗難です。悪意ある人の手に渡ると端末内の情報を盗み見られ、個人情報が流出する可能性があります。スマホを購入したらまずは、他人にスマホを勝手に操作されないように注意する必要があります。

スマホにおけるセキュリティ対策の基本といえば**画面のパスコードロック**です。標準ではスマホを操作しないでいたり、電源ボタンを押すと誤作動を起こさないようにロック画面に切り替わりますが、指でスワイプすれば解除され誰でも操作できる状態になっています。パスコードを設定することで指定したパスワードを入力しないとロック解除できないようにしてくれます。パスコード機能はiPhone、Androidどちらの端末にも搭載されています。

1 「設定」アプリを開く

iPhoneでパスコードを設定するには、ホーム画面から「設定」アプリをタップして「Face IDとパスコード」をタップします。

2 パスコードをオンにする

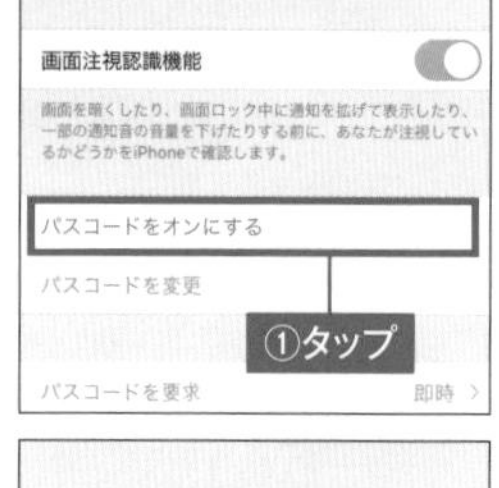

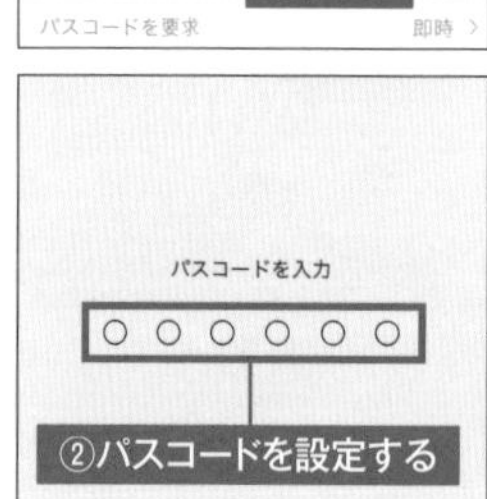

「パスコードをオンにする」をタップして6文字のパスコードを入力して設定します。

3 パスコードの確認とApple IDのパスワードを入力

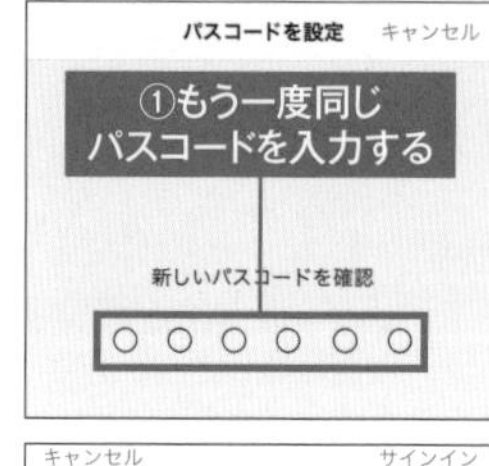

キャンセル　サインイン
Apple IDパスワード
セキュリティのため、"kawamotoryo614@gmail.com"のパスワードを入力してください
パスワード
②Apple IDのパスワードを入力する

設定したパスコードを確認するためもう一度同じパスコードを入力します。その後、Apple IDのログインパスワードを入力しましょう。

4 ロック画面にパスコードが設定される

設定が終わるとロック画面を解除しようとするたびにパスコードの入力が求められるようになります。

1 「設定」アプリを開く

Androidでパスコードを設定するには、アプリ一覧画面から「設定」アプリをタップして「セキュリティ」をタップします。

2 セキュリティ設定画面を開く

「画面ロック」をタップします。画面ロックメニューが表示されます。今回はパスワードでロックをするので「パスワード」を選択します。

3 パスコードの設定と確認

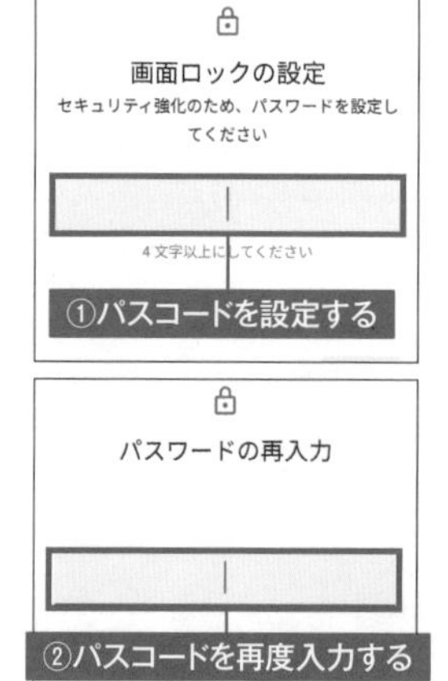

パスコードを設定しましょう。設定後、確認画面が表示されるので同じパスコードを入力します。

4 ロック画面からパスコードを入力する

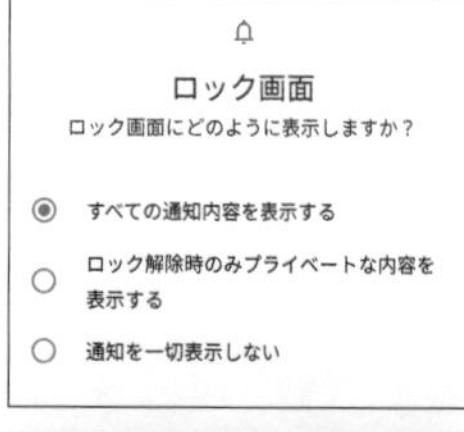

ロック画面に表示するコンテンツにチェックを入れれば完了です。ロック画面を解除しようとするとパスコード入力を求められます。

指紋認証でロックを解除したい

ロック画面を解除する方法はパスコード以外にもいくつか方法があります。ロックをかけておきたいものの、毎回パスコードを打つのが面倒という人は指紋認証機能を利用するのもいいでしょう。端末の**センサーに自分の指を当てるだけ**で自動的にロック解除してくれます。

指紋認証はロックを解除するときだけでなく、さまざまなパスワード入力画面でも代用できます。アプリを購入する際や電子マネーの支払いをする際、毎回パスワードを入力する必要はありません。

指紋認証を設定するには、端末に指紋センサーが付属している必要があります。iPhoneの場合はホームボタンを搭載している端末のみ可能です。

1 「Touch IDとパスコード」を開く

iPhone

ホーム画面から「設定」アプリを開き、「Touch IDとパスコード」をタップします。

2 「指紋を追加」をタップ

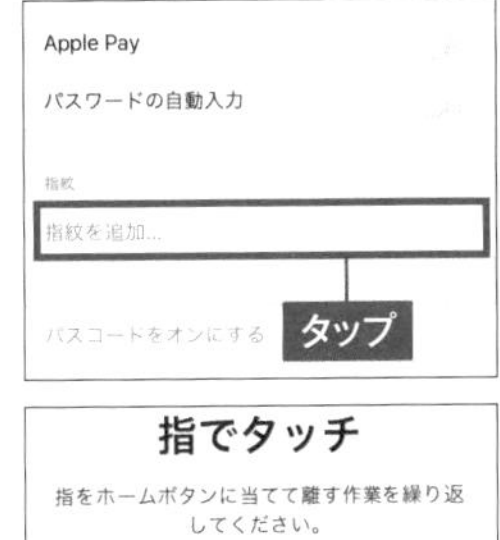

指でタッチ

指をホームボタンに当てて離す作業を繰り返してください。

「Touch IDとパスコード」画面で「指紋を追加」をタップして、ホームボタンに指紋をあてて登録作業をしましょう。

3 パスコードの設定

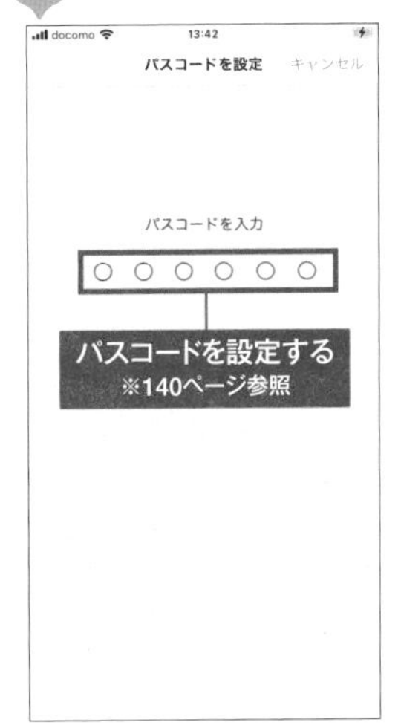

指紋認証がうまくいかなかったときのためにパスコード設定もする必要があります。パスコードを設定しましょう。

4 指紋認証の用途を指定する

指紋登録後、指紋認証に利用するサービスを有効にしましょう。なお、指紋は複数追加することができます。

1 「設定」アプリを開く

Android

Androidで指紋認証を設定するには、アプリ一覧画面から「設定」アプリをタップして「セキュリティ」をタップします。

2 指紋認証メニューを選択する

Pixelユーザーの場合は「Pixel Imprint」をタップします。指紋認証がうまくいかなかったときの予備手段を選択します。

3 予備手段の設定をする

先に予備手段の設定をします。パスワード設定を選択したユーザーはパスワードの設定をしましょう。

4 指紋を設定する

続いて指紋を設定します。Pixelの指紋センサーは端末背面に設置されています。

顔認証でロックを解除したい

パスコード認証や指紋認証のほかに顔認証があります。顔認証とは指の代わりにスマホのフロントカメラで自分の顔を認証することで、**スマホを見ただけで自動的にロックを解除**してくれる機能です。ホームボタンのないiPhoneではXシリーズ以降、指紋認証がない代わりに顔認証が使われています。Androidの場合は、端末によって未搭載の場合があります。

顔認証はロックを解除するだけでなく、パスワードを自動入力させたり、アプリ購入時や電子マネー支払い時に行うパスワード入力作業を省略させることができます。

顔認証を行う際は、サングラスをかけないようにしましょう。注視検出が機能しない場合があります。

1 「設定」アプリを開く

iPhoneで顔認証を設定するには、ホーム画面から「設定」アプリをタップして「Face IDとパスコード」をタップします。

2 Face IDの登録を行う

「Face IDをセットアップ」をタップします。顔をカメラの枠内に入れて画面に従って設定を進めましょう。

3 パスコードの設定とパスワード入力

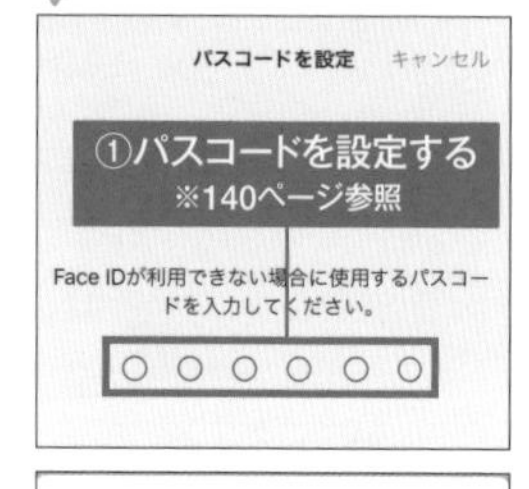

顔認証がうまくいかなかったときの予備方法としてパスコードを入力します。パスコードを設定し、その後Apple IDのパスワードを入力しましょう。

4 顔認証を利用する機能を有効にする

設定後、顔認証を利用する機能のスイッチを有効にしましょう。

1 セキュリティ画面を開く

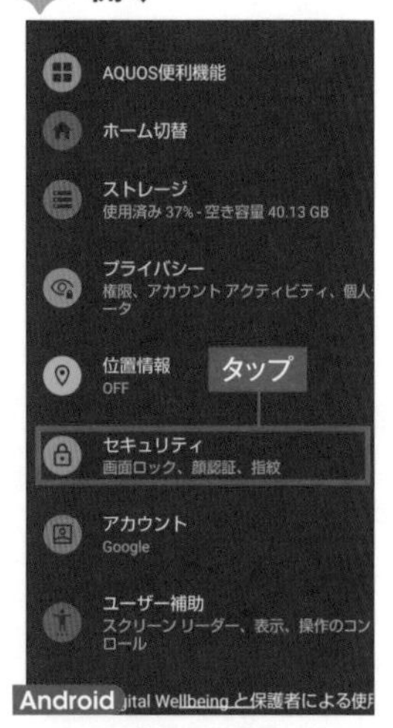

Androidで顔認証を利用するには、「設定」アプリを開き「セキュリティ」をタップします。

2 「顔認証」をタップ

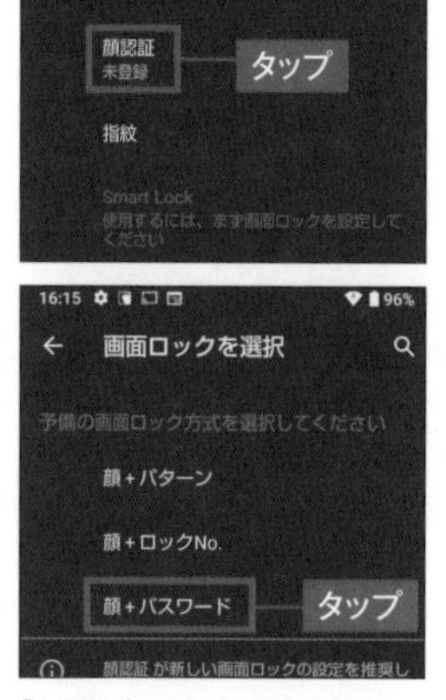

「顔認証」をタップして予備のロック方式を選択します。ここでは「顔+パスワード」を選択します。

3 予備認証の設定を行う

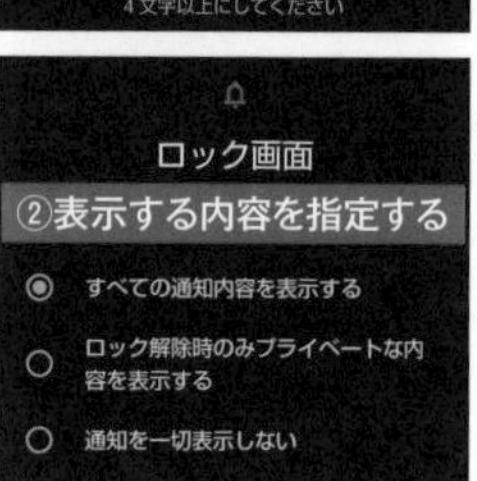

先に予備認証の設定を行います。パスワードを設定します。次の画面で盗み見防止のためロック画面に表示する内容を設定します。

4 顔認証を設定する

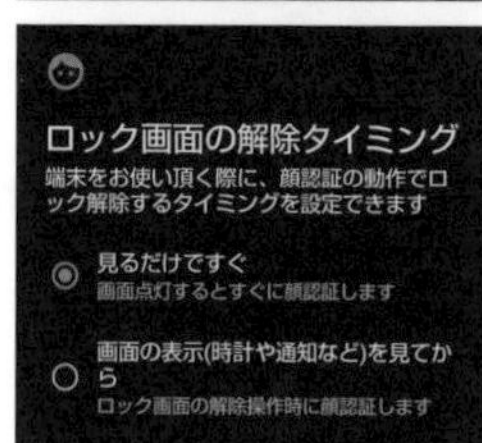

画面の指示に従って端末に顔をかざしましょう。自動的に登録されます。最後にロック画面を解除するタイミングを指定しましょう。

セキュリティを強化するなら2段階認証を行おう

Apple IDやGoogleアカウントにログインするにはアカウント取得時に設定したパスワードを入力する必要があります。これだけでもセキュリティは高いと思いますが、さらに強固にしたい場合は2段階認証によるログインを行いましょう。

2段階認証は、通常のアカウントIDとパスワードの入力のほかに、あらかじめ承認しておいた**いくつかの端末でサインインをして良いかどうかを確認**するログインする方法です。たとえば、第三者があなたのIDとパスワードを入手してログインを試みようとしても承認しておいた端末に届く認証コードが手元にない限りログインすることはできません。一度、承認した端末であれば次回以降2段階認証を行う必要はないので、面倒さもほとんどありません。

1 iPhoneは標準設定

設定

山田二郎

Apple ID、iCloud、メディアと購入

タップ

機内モード

iPhone

iPhoneは2段階認証はApple ID取得時に標準設定になっています。確認するには「設定」アプリを開き、プロフィールアイコンをタップします。

2 パスワードとセキュリティ画面

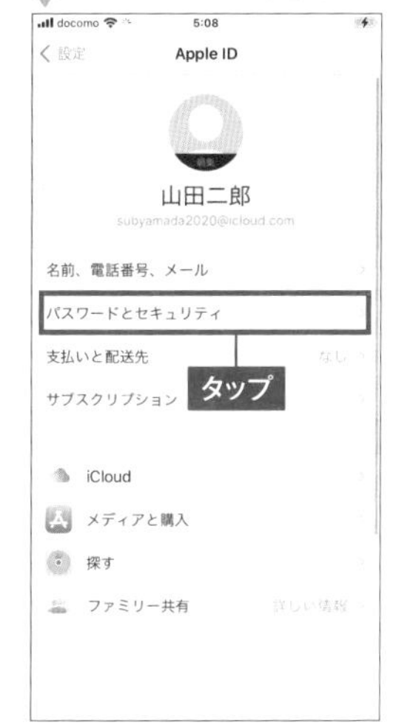

「パスワードとセキュリティ」をタップします。

3 2ファクタ認証の電話番号を確認

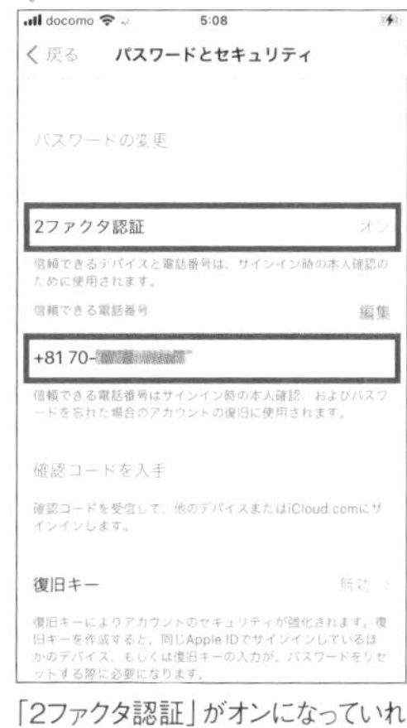

「2ファクタ認証」がオンになっていれば問題ありません。「信頼できる電話番号」に登録した電話番号（通常は自分の携帯電話番号）に2段階認証時の認証コードが送信されます。

4 予備の携帯電話番号を追加する

認証コードを受け取る端末を編集することもできます。自身が端末を紛失した時のときのために予備の携帯電話番号を追加しておくといいでしょう。

1 アカウント画面を開く

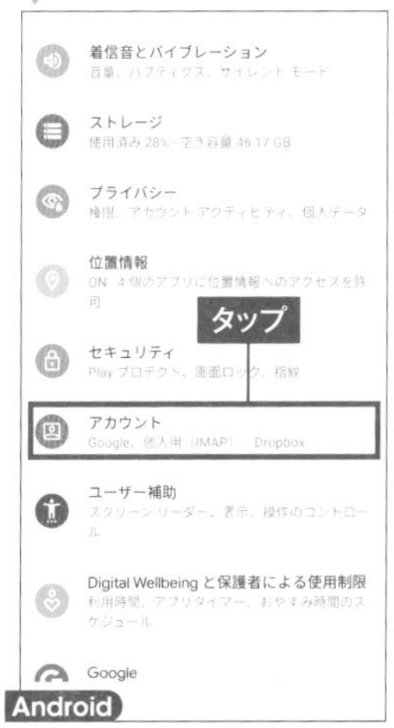

Androidの場合は「設定」アプリを開いた後、「アカウント」をタップします。

2 Googleアカウントを選択する

アカウントの管理画面からスマホ端末に紐付けられているGoogleアカウントを選択しましょう。

3 Googleアカウントにログインする

「Googleアカウント」をタップしてGoogleアカウントにログインし、「セキュリティ」タブから「2段階認証プロセス」をタップします。

4 2段階認証の設定を進める

2段階認証設定画面が表示されるので、画面に従って進めていきましょう。

7 ▶▶ トラブルシューティング

位置情報や、公開される情報に注意する

スマホで撮影した写真には位置情報が付加されています。このような情報は標準では利用中のSNSやメッセージアプリに情報が削除されないまま公開され、第三者から住んでいる場所を特定される恐れがあります。**写真に対して位置情報を付加しない**ようにしましょう。

iPhoneの場合は「設定」アプリの「プライバシー」の「カメラ」で、利用する写真に対して位置情報を付与するかどうかの設定がアプリごとに行えます。Androidでは「設定」アプリの「プライバシー」からカメラの位置情報の設定ができます。

1 プライバシー画面を開く

「設定」アプリから「プライバシー」をタップして「位置情報サービス」をタップします。

2 位置情報を遮断する

カメラを利用したときに位置情報を付与したくないアプリのスイッチをオフにしましょう。

1 プライバシー画面にアクセス

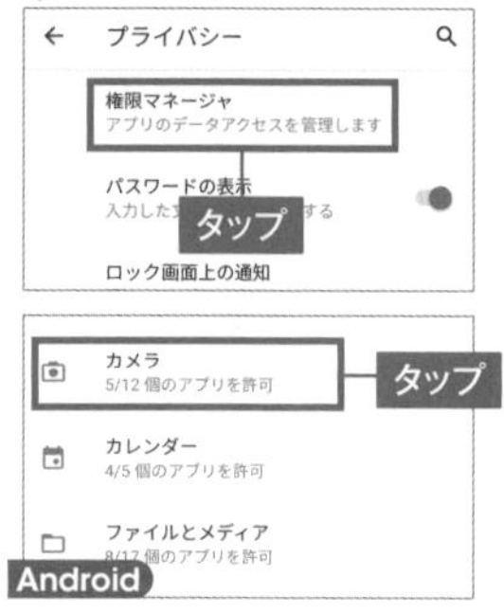

「設定」アプリから「プライバシー」→「権限マネージャー」→「カメラ」をタップしましょう。

2 アクセス権限を設定する

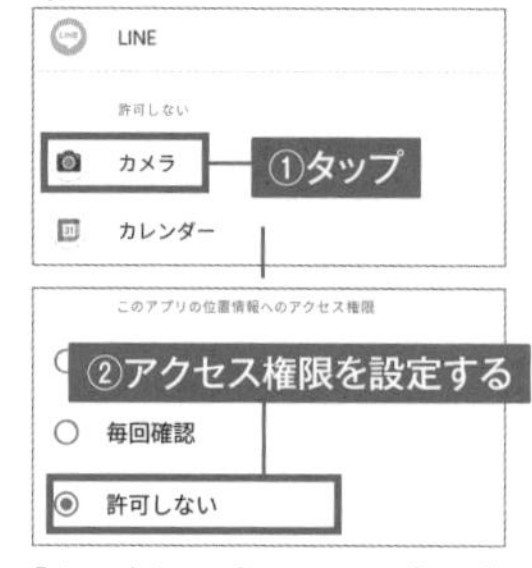

「カメラ」をタップし、カメラアプリの位置情報のアクセス権限を「許可しない」にチェックしましょう。

スマホでウイルス感染対策をするには？

パソコン同様、スマホにもウイルス感染する可能性があります。ウイルスに感染するとスマホの動作がおかしくなったり、個人情報が外部に送信されてしまいます。多くはスマホのOSを最新版にシステム・アップデートすることでセキュリティの脆弱性に対処できます。

ほかにウイルスに対処する方法としては**ウイルス対策アプリ**をインストールする方法があります。iPhoneでもAndroidでもパソコンのウイルス対策で有名な「ノートンセキュリティ」のモバイル版がリリースされています。

1 OSのアップデートをチェック

iPhoneでは「設定」アプリから「一般」→「ソフトウェア・アップデート」と進みiOSが最新版になっているかチェックしましょう。

2 ウイルス対策アプリを使う

App Storeで「ウイルス対策」と検索をすればウイルス対策ソフトがいくつか表示されます。ブランドのあるメーカーや評価の高いアプリを選びましょう。

1 OSのアップデートをチェック

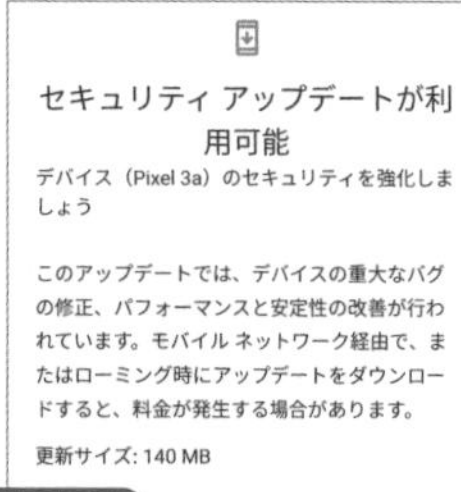

Androidでは「設定」アプリから「システム」→「システムアップデート」と進みOSが最新版かチェックしましょう。アップデートがある場合はインストールして再起動します。

2 ウイルス対策アプリを使う

Play ストアで「ウイルス対策」と検索をすればウイルス対策ソフトがいくつか表示されます。ブランドのあるメーカーや評価の高いアプリを選びましょう。

ドコモやソフトバンクなどのキャリアと契約時にスマホを購入した場合、初期設定ではキャリアのモバイル回線を使ってインターネットを行います。しかし、モバイル回線の多くは通信量に上限が定められており、それを超過すると表示速度が遅くなるなど、通信制限がかけられ、通信制限を解除するには、追加料金が必要になります。

こうしたデータの通信量を気にせず無料で高速なインターネットを楽しむならWi-Fiを利用するといいでしょう。

Wi-Fiを利用するには、携帯電話で契約した内容とは別にWi-Fiサービスを提供している**プロバイダーと契約**する必要があります。契約後、Wi-Fiルータが送付されたら、自宅に設置して、スマホをWi-Fiに接続しましょう。

1 Wi-Fi設定画面に移動する

iPhoneでWi-Fi接続するには「設定」アプリを開き「Wi-Fi」をタップします。

2 接続するネットワークを選択する

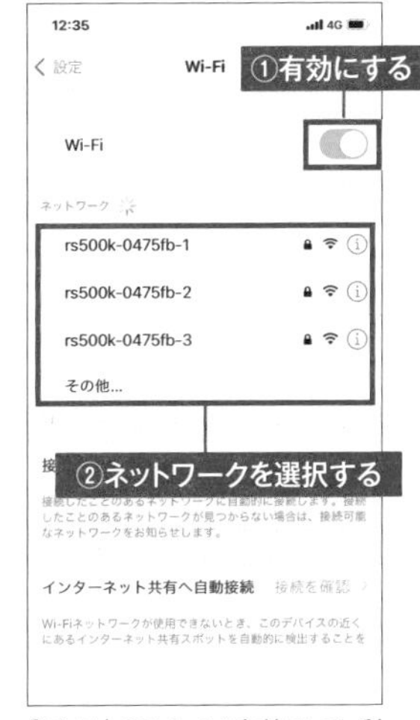

「Wi-Fi」のスイッチを有効にして、利用しているWi-Fiのネットワークを選択します。

3 パスワードを入力して接続する

Wi-Fiのパスワードを入力して接続がうまくいくとステータスバーのアイコンが「○G」からWi-Fiアイコンに変更します。

Wi-Fiのアクセスポイントやパスワードがわからないときはルーター本体に記載されていることがあるのでチェックしてみよう！

1 Wi-Fi設定画面に移動する

AndroidでWi-Fi接続するには「設定」アプリから「ネットワークとインターネット」をタップします。

2 接続するネットワークを選択する

「Wi-Fi」をタップして、「Wi-Fiの使用」を有効にして接続するネットワークをタップしましょう。

3 パスワードを入力して接続する

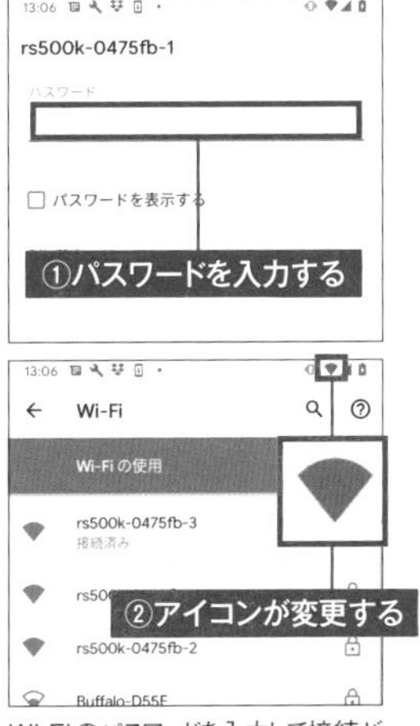

Wi-Fiのパスワードを入力して接続がうまくいくとステータスバーのアイコンが「○G」からWi-Fiアイコンに変更します。

POINT
Wi-Fiルーターを購入しよう

自宅でWi-Fiを利用するには、一般的には回線工事を行ったあとルーターを設置する手順となります。ルーターは家電量販店で購入することができます。しかし「Softbank Air」のようにキャリアがWi-Fiサービスの提供とルーターを販売していることもあります。電源タップに接続するだけのSoftbank AirはWi-Fi初心者に人気です。

7 ▶▶ トラブルシューティング

Wi-Fiにうまく繋がらなくなってしまった

スマホを使っていると一度は起きるトラブルがWi-Fiが突然使えなくなってしまうことでしょう。Wi-Fiが使えなくなってしまったときは、いくつかチェックポイントがあります。

最も多いトラブルは、通信設定が機内モードになっていることでしょう。機内モードが有効になっていると基本的にはモバイルデータ通信、Wi-Fiは使えなくなってしまいます。機内モードが有効になってないか確認しましょう。

次に多いのが、特に設定そのものに問題はないものの**何らかの原因でWi-Fiネットワークが調子が悪くなっている**点です。この場合は、スマホのWi-Fiを一度オフにし、再度オンにする、スマホを再起動する、Wi-Fiルーターを再起動することで解決することがあります。

1 機内モードを確認する

機内モードが有効になっていないか確認しましょう。iPhoneではコントロールセンター、Androidではクイック設定パネルで確認できます。

2 Wi-Fi接続を一度切る

Wi-Fi接続を一度切って、再度接続し直してみましょう。直ることがあります。

3 スマホを再起動する

Wi-Fi接続オン・オフをしても直らない場合はスマホ端末を再起動してみましょう。

4 ルーター機器を再起動する

スマホにも問題ない場合は、ルーター機器に問題があるかもしれません。ルーターの電源を一度切って再起動してみましょう。

POINT

Wi-Fiパスワードの誤入力に注意

ほかに考えられる原因は、Wi-Fi接続する際にパスワードの入力に誤りがあることです。以前にWi-Fiのパスワード設定を変更したのに忘れて、昔のパスワードを入力していないか確認しましょう。なお、Wi-Fiのパスワードの初期設定はWi-Fiルータ本体や契約時に渡された取扱説明書などに記載されています。自分でパスワードを変更した場合は、ブラウザでルータ設定画面にアクセスしてパスワードを確認してみましょう。

1

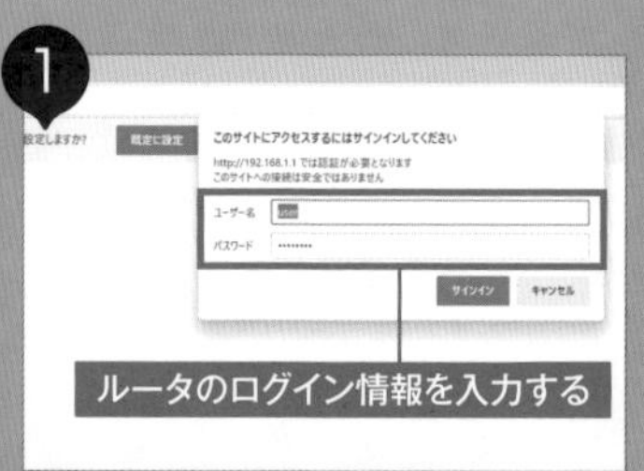

ここではNTTのフレッツ光ルータを例にして説明します。ブラウザでアドレス入力バーに「http://192.168.1.1」と入力をしてEnterキーを押します。ルータのログイン画面が表示されます。ルータのログイン情報「ユーザ名」と「パスワード」を入力します。

2

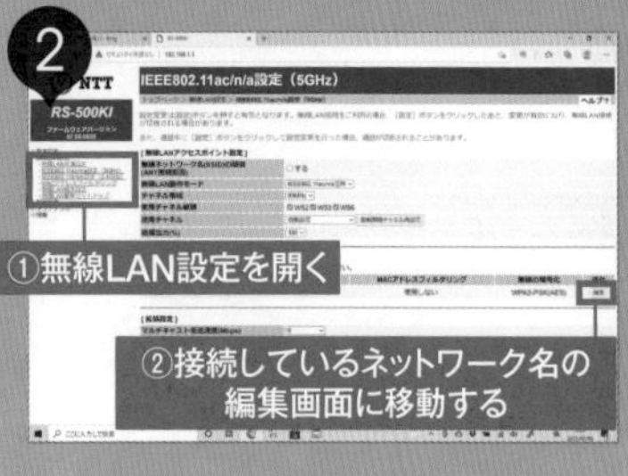

左メニューから「無線LAN設定」を開き、利用している無線ネットワーク名を探します。ネットワーク名を見つけたら編集メニューに移動します。

3

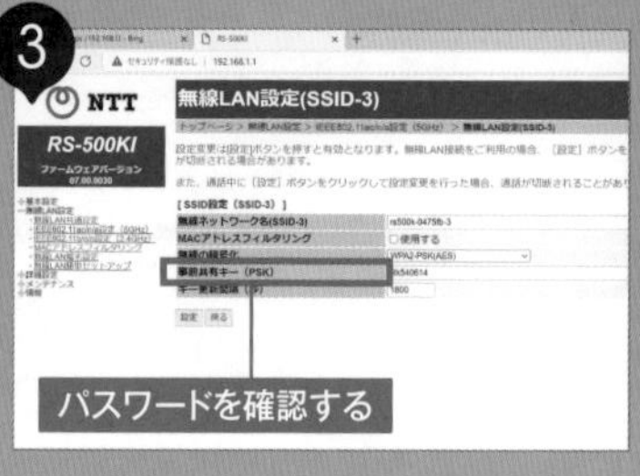

「事前共有キー（PSK）」に記載されている文字列がWi-Fiのパスワードです。入力しているパスワードと合っているか確認しましょう。

コンビニ、カフェ、交通機関でWi-Fiを無料で使う

外出先でインターネットをする場合もWi-Fiを利用すると通信量を節約できます。モバイルWi-Fiのような機器を購入して持ち歩くのもよいですが、無料で利用できる**「公衆無線LAN」サービス**を使う手もいいでしょう。

セブンイレブンやローソンなどの大手コンビニでは、メールアドレスや性別・誕生日など簡単な個人情報を登録するだけで高速なインターネットが利用できます。また、スターバックスやタリーズなど大手カフェでも無料でWi-Fiが利用できます。外出時に少し長めにインターネットを使いたくなったらこうした場所へ行くのもよいでしょう。

1 公衆無線LANに接続する

コンビニや駅など公衆無線LANサービス付近でWi-Fiの設定画面を開きましょう。鍵のかかっていないアクセスポイントをタップすれば接続できます。

2 ブラウザを起動して同意する

カフェや新幹線など公衆無線サービスの中には無線LAN接続後、ブラウザを起動して表示される規約画面に同意する必要がある場合もあります。

3 無線LAN接続アプリを使う

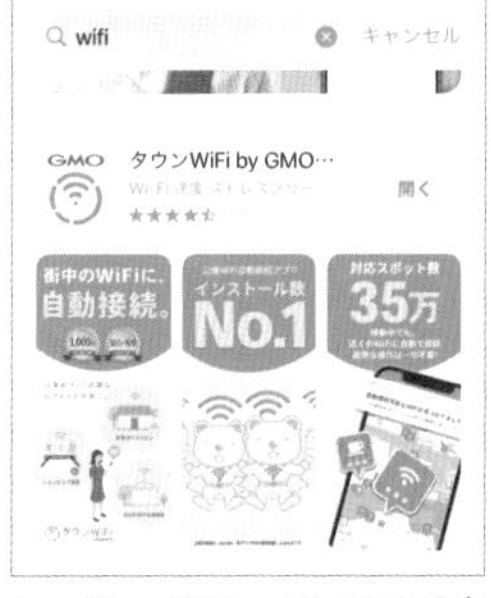

App StoreやPlay ストアには公衆無線LANサービスを検索したり、接続を簡易化してくれるアプリがあります。検索してみましょう。

一定時間経過してWi-Fi接続が切れても、再度接続すればずっと使える！

外出先で勝手にWi-Fiにつながるのを防ぐ

一度、接続したことのある公衆無線LANサービスは、以降その対応エリアに入ると自動的にWi-Fiに接続してしまいます。不要な場合は、Wi-Fiのネットワーク情報を一度削除しましょう。また、そのネットワークの「自動接続」をオフにしておくといいでしょう。

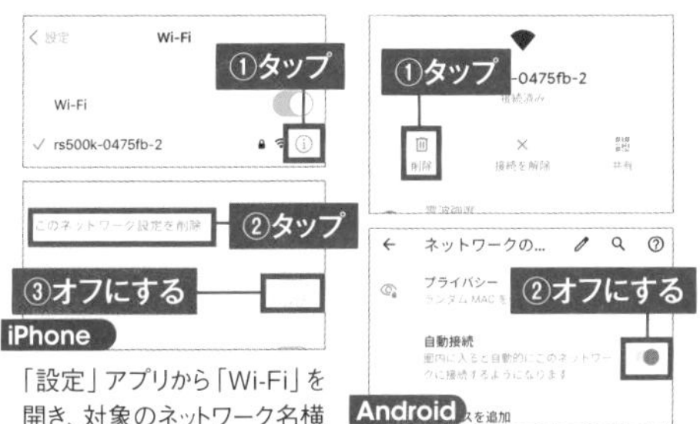

「設定」アプリから「Wi-Fi」を開き、対象のネットワーク名横の「i」をタップし、ネットワークを削除、または「自動接続」をオフにしましょう。

Androidも同じくネットワークの詳細画面から削除、または自動接続をオフにしましょう。

Wi-Fiに接続しているかどうか確かめるには？

スマホがWi-Fiに接続されているのかモバイルネットワークに接続されているのかわからない場合は、画面上部のステータスバーのアイコンを確認しましょう。Wi-Fiに接続している場合は扇形のアイコンが表示されます。モバイルネットワークに接続しているときは「○G」と表示されます。

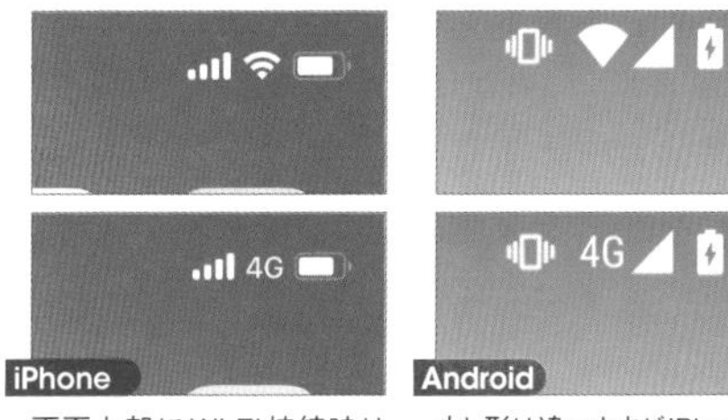

画面上部にWi-Fi接続時は扇形のアイコン、モバイルネットワーク接続時は「○G」と表示されます。

少し形は違いますがiPhoneと同じくステータスバーにWi-Fiやモバイルネットワークのアイコンが表示されます。

飛行機に乗るときは機内モードにしよう

飛行機に乗る際はスマホの電源を切るのもよいですが、機内モードにするのもよいでしょう。機内モードは、通話、モバイルデータ通信、Wi-Fiなど通信関連の機能のみを無効にする機能です。なお、機内モード中でもWi-Fiのみ有効にすることができます。

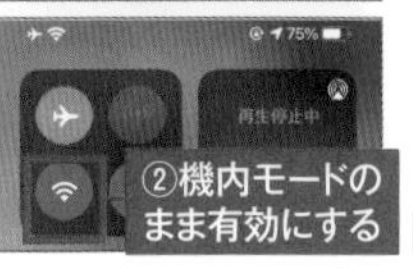

iPhoneではコントロールパネルから機内モードに変更できます。機内モードのままWi-Fi機能を有効にすることもできます。

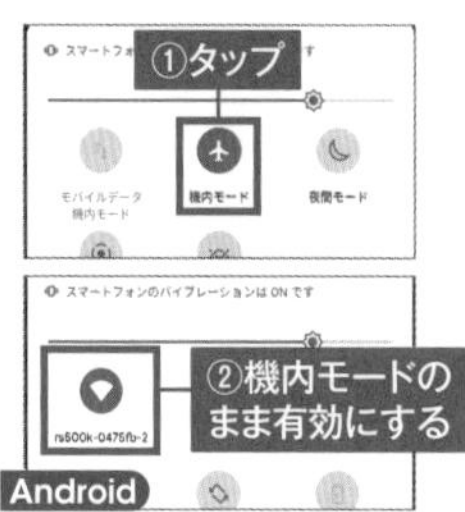

Androidではクイック設定パネルから機内モードに変更できます。機内モードのままWi-Fi機能を有効にすることもできます。

Wi-Fiを素早くオン・オフする方法

Wi-Fi機能をオン・オフするたびに「設定」アプリのWi-Fiの設定画面を開くのは手間がかかります。素早く切り替える方法を知っておきましょう。iPhoneではコントロールセンター、Androidではクイック設定パネルにあるWi-Fiボタンを利用しましょう。タップ1つで素早くオン・オフの切り替えができます。

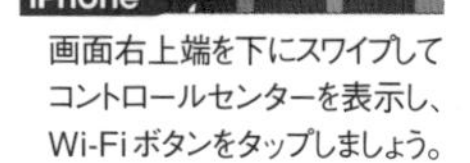

画面右上端を下にスワイプしてコントロールセンターを表示し、Wi-Fiボタンをタップしましょう。

画面上端を下にスワイプしてクイック通知パネルを表示し、Wi-Fiボタンをタップしましょう。

モバイルネットワークにつながらない！

モバイルネットワークは地下などの電波の届かない場所にいると利用することはできません。地上付近に移動することで使えるようになります。

電波状況に問題がない場合は、モバイルデータ通信がオンになっていないかもしれません。コントールパネルやクイック設置パネルを開いてモバイルデータ通信が有効になっているかチェックしましょう。

ほかに、モバイルデータ通信を一度オフにして再度オンにしたり、端末を再起動すると直ることもあります。どうしてもいまくいかない場合はネットワーク設定をリセットしてみましょう。

1 モバイルデータを有効にする

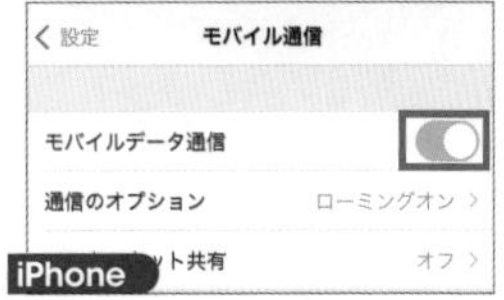

コントロールセンターを開いてモバイルデータが有効になっているかチェックします。「設定」アプリの「モバイル通信」からもチェックできます。

2 ネットワークのリセット

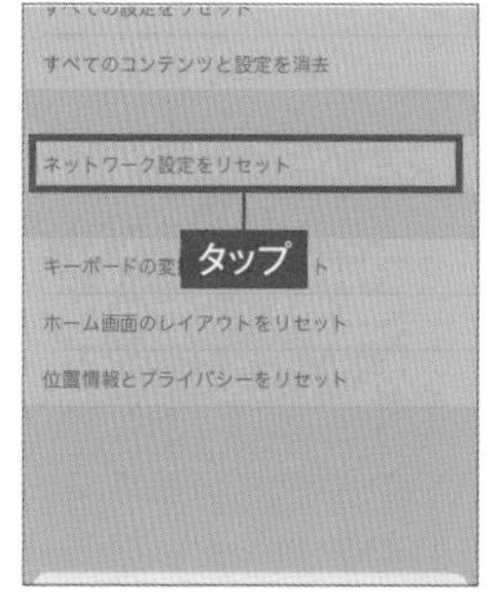

「設定」アプリで「一般」→「リセット」→「ネットワーク設定をリセット」をタップするとネットワークを初期化できます。

1 モバイルデータを有効にする

クイック設定パネルを開いてモバイルデータが有効になっているかチェックします。機内モードになっていないか注意しましょう。

2 ネットワークのリセット

「設定」アプリの「システム」→「リセットオプション」から「Wi-Fi、モバイル、Bluetoothをリセット」を選択しましょう。

ウェブサイトが表示される速度が遅くなった

データ通信量が制限されているわけでもないのにインターネットを使っているとサイトの表示が遅くなってくることがあります。原因として考えられるのはキャッシュデータの蓄積です。キャッシュは、ブラウザに、過去にアクセスしたことのあるサイトのデータを保存し、次回アクセスしたときに素早く表示させる機能ですが、貯まりすぎるとブラウザの動作を不安定にする原因にもなります。この場合、**余計なキャッシュデータを削除**することで解決することがあります。

また、**クッキーも削除**しましょう。クッキーは会員制のサイトを利用する際に入力したIDやパスワード情報を蓄積したデータです。

1 「設定」アプリから「Safari」を選択

iPhoneの「設定」アプリを開き「Safari」をタップします。

2 履歴とデータを消去する

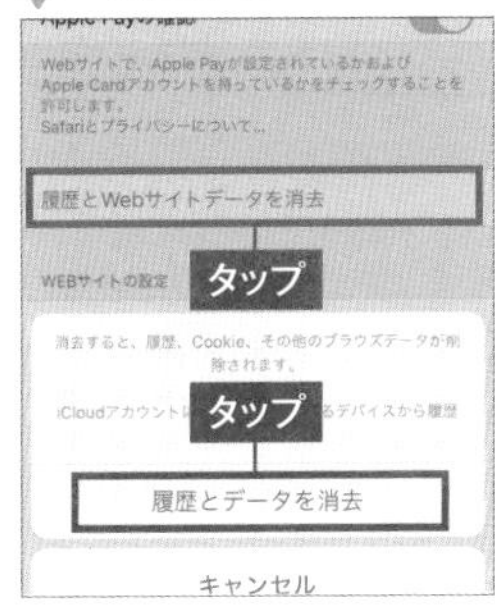

「履歴とWebサイトデータを消去」をタップして「履歴とデータを消去」をタップしましょう。

1 Chromeの設定メニューを開く

Androidの場合はChromeブラウザを開き、右上のメニューボタンをタップして「履歴」をタップし、「閲覧履歴データを削除」をタップします。

2 閲覧履歴を削除する

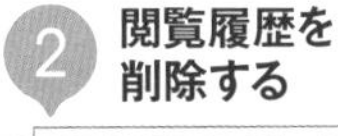

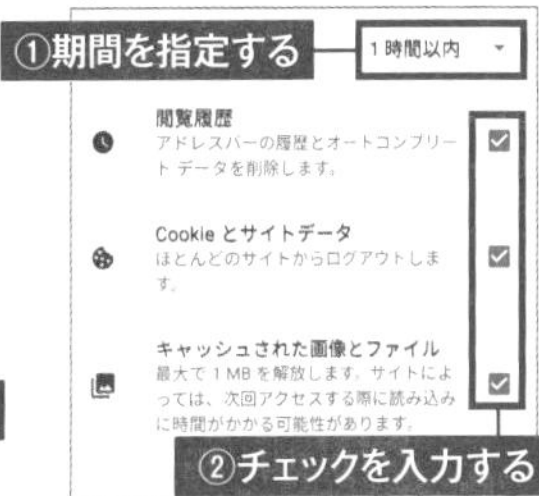

「期間」から削除対象の期間を指定し、削除するデータにチェックを入れて削除しましょう。

通信速度が以前より遅くなった！

インターネットに接続はできるものの、いつもよりネット速度が明らかに遅くなることがあります。その場合は、月に利用できるスマホ通信量がオーバーしている可能性があります。ほとんどのキャリアでは、月に利用できるスマホ通信量が決められており、**上限を超えると通信速度が制限**されます。元の速度に戻すには翌月になるまで待つか、追加料金を支払う必要があります。通信量がオーバーしているかどうかは、契約しているキャリアの公式サイトで確認できます。そのため、Wi-Fiが利用できる環境があれば、できるだけモバイルデータは使わないようにしましょう。

1 利用しているプラン

まずは自身が契約しているプランで月に利用できる通信量を確認しましょう。契約書や公式サイトで確認できます。

2 iPhoneで通信量を確認する

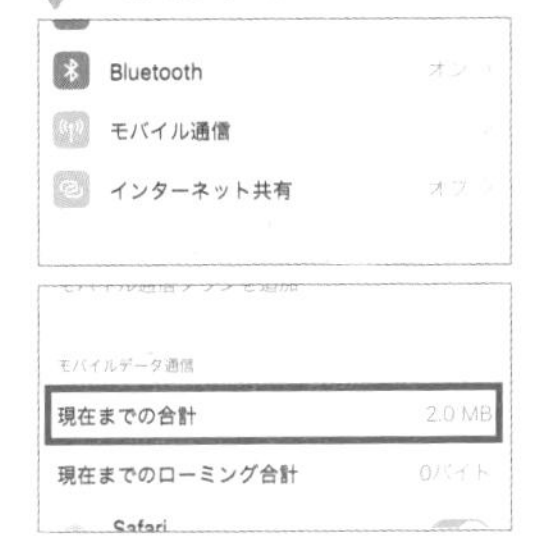

iPhoneでは「設定」アプリの「モバイル通信」で総通信量を確認できます。定期的にチェックすることで今月の使用量がわかるようになります。

3 Androidで通信量を確認する

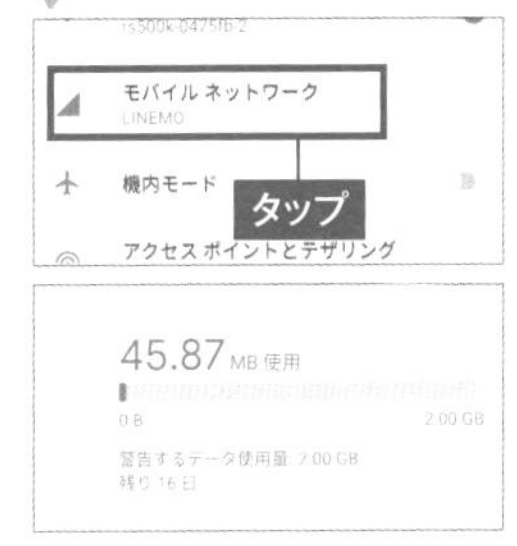

Androidでは「設定」アプリの「ネットワークとインターネット」の「モバイルネットワーク」でこれまでの総通信量が確認できます。

大手キャリアと契約しているなら通信上限が迫ると「メッセージ」アプリで通知してくれることがある！

スマホの動作が遅くなった

スマホをずっと使い続けていると動作が段々と鈍くなってきます。スマホの動作が遅くなる原因はいくつかありますが、アプリをたくさん起動しすぎて処理が追いついてない可能性が高いです。スマホで起動したアプリは画面を閉じても背後で起動したままになっています。**背後で起動しているアプリを閉じる**ことでスマホの動作が快適になります。

背後で動いている動作を終了するにはマルチタスク画面を起動させましょう。現在、起動しているアプリが一覧表示されるので1つずつ終了させましょう。

1 マルチタスク画面を起動する

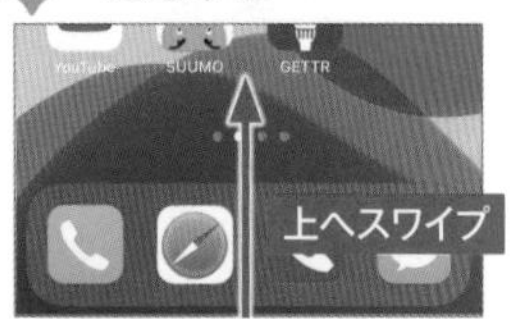

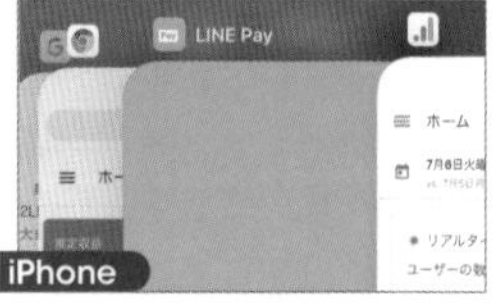

iPhoneでは画面下部からゆっくり上へスワイプするとマルチタスク画面が表示され、起動しているアプリが一覧表示されます。

2 アプリを終了させる

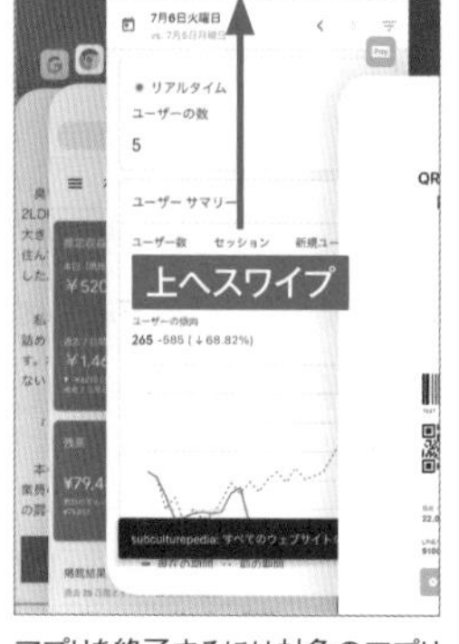

アプリを終了するには対象のアプリを上へスワイプして消去させましょう。

1 マルチタスク画面を起動する

Androidでも画面下部からゆっくり上へスワイプするとマルチタスク画面が表示され、起動しているアプリが一覧表示されます。

2 アプリを終了させる

アプリを終了するには対象のアプリを上へスワイプして消去させましょう。

画面がフリーズして動かなくなった

スマホを利用していて突然画面がフリーズしたり、真っ黒になってどこを押しても反応しなくなってしまうときがあります。そのような場合は、安易に故障と判断せずにまずはスマホを再起動させましょう。ほとんどは**再起動させることで元に戻ります。**

iPhoneで再起動する場合は、サイドボタンと音量調節ボタンを同時に長押しし、表示される電源オフスライダをスライドさせましょう。Androidの場合は電源ボタンを長押しすると表示されるメニューから「電源」または「再起動」を選択しましょう。

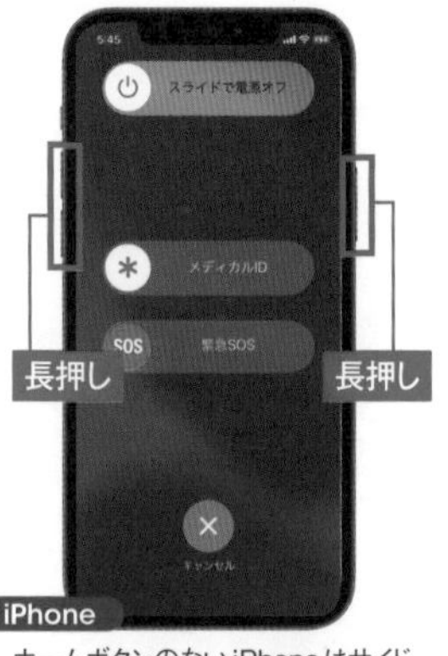

ホームボタンのないiPhoneはサイドボタンと音量調節ボタンを長押しすると電源オフスライダが表示されます。右へスライドして再起動しましょう。

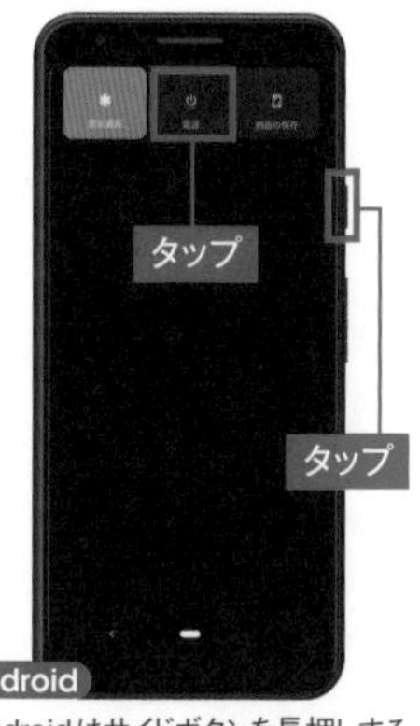

Androidはサイドボタンを長押しすると電源メニューが表示されます。「電源」または「再起動」をタップすると電源を切ることができます。

POINT
強制的に再起動する

iPhoneで再起動しようと思っても電源オフスライダが表示されず再起動できないときがあります。そんなときは強制終了させましょう。

iPhone8以降の強制終了手順
①音量を上げるボタンを押しすぐに放す。
②音量を下げるボタンを押しすぐに放す。
③サイドボタンを長押しする。
④Appleのロゴが表示されるので、表示されたらボタンを放す。
※iPhoneの機種によって強制再起動方法は異なります。

スマホでキャッシュレス決済をしてみよう

現金を使わずスマホをレジの読み取り機にかざすだけで決済を行う「キャッシュレス決済」が流行っています。キャッシュレス決済は現金を持ち歩く必要がないだけでなく、現金やトレイに触れる必要がないため新型コロナ対策にもなります。

キャッシュレス決済を行うには**スマホ決済アプリ**を使いましょう。スマホ決済アプリに銀行口座やクレジットカード、コンビニに設置されているATMから金額を振り込むことでお店で支払いができるようになります。

「PayPay」「楽天ペイ」「LINEペイ」などスマホ決済アプリの種類はたくさんあります。ここでは、一例としてユーザー数4,000万人で最もよく使われているPayPayの使い方を紹介します。PayPayはiPhoneではApp Store、AndroidではPlay ストアからダウンロードすることができます。

1 アプリをダウンロードする

PayPayのアプリをダウンロードしましょう。ダウンロード後、起動したら「新規登録」をタップします。

2 電話番号を登録する

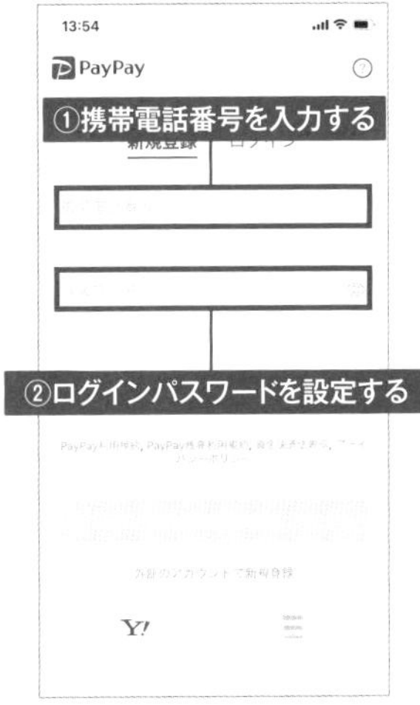

利用している携帯電話番号を入力して、ログインパスワードを設定しましょう。

3 認証コードを入力

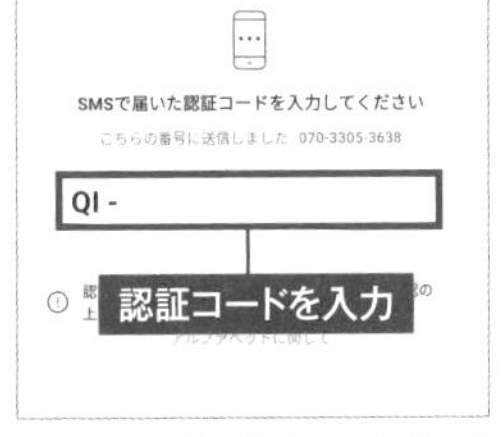

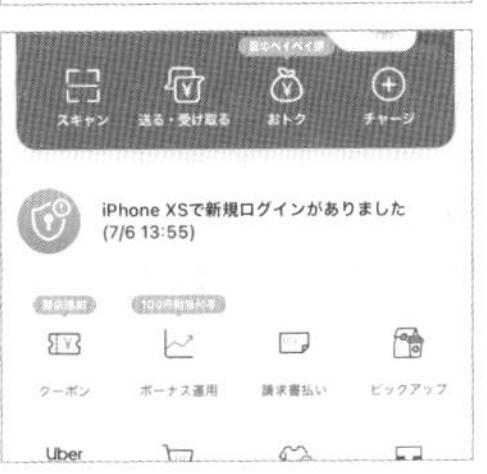

メッセージアプリに認証コードが送られてくるので認証コードを入力します。認証が完了するとホーム画面に移動します。

4 「チャージ」をタップする

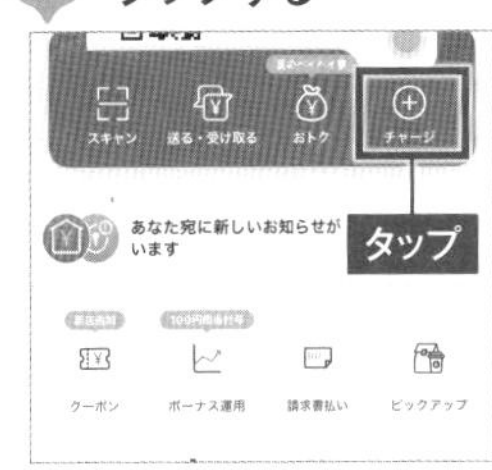

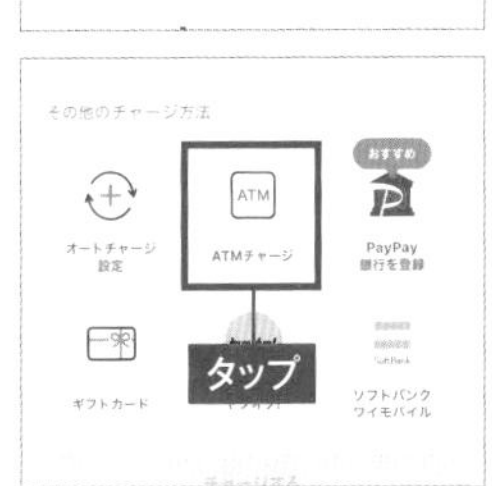

金額のチャージをするには「チャージ」をタップします。セブンイレブンでチャージするには「ATMチャージ」をタップします。

5 コンビニでチャージをする

コンビニでチャージする説明画面が表示されます。画面に従ってチャージしましょう。現在はセブンイレブンとローソンのみチャージできます。

6 チャージ金額を確認する

ホーム画面中央にあるバーコードをタップするとチャージされた金額(残金)が表示されます。この金額分だけ利用できます。

7 PayPayで支払う

お店で実際に支払うときは下部メニューから「支払い」をタップして表示されるバーコードやQRコードを読み取ってもらいましょう。

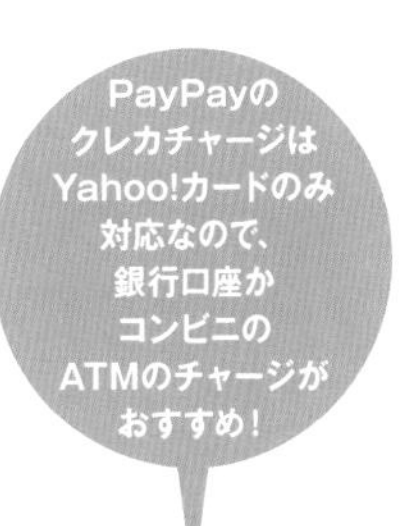

7 ▶▶ トラブルシューティング

格安SIMに切り替えて携帯料金を節約しよう

ドコモ、ソフトバンク、auなど大手キャリアと携帯電話の契約をすると月々の通信料金の負担が非常に高いです。通信料を抑えたいなら「格安SIM」への乗り換えを検討するのもいいでしょう。

格安SIMとはキャリアの通信回線を借りてサービスを提供している通信事業会社が提供しているサービスです。**とにかく料金が安くなるのが最大の特徴**です。おおよそ月額1,000～2,000円程度に抑えることができます。直接、新規の電話番号を契約することもできますが、現在利用している電話番号をそのまま利用することもできます。

ただし、格安SIMのデメリットもたくさんあります。キャリアにもよりますが、ウェブサイトなどから自分で契約設定を行い、契約後に送付されるSIMカード（電話番号や加入者の個人情報を記録されている小さなカード）を携帯端末に挿入して、ネットワークの設定を行う必要があります。

安いことは確かですが、その分デメリットも多く、機械操作が苦手でこれまでトラブルが起きたら実店舗に助けを求めることが多く、自分でウェブサイトで調べ物をするのが苦手な人にはおすすめしません。

格安SIMのメリット

●とにかく安い（月額1,000～2,000円）

格安SIMのデメリット

●店舗でのサポートが少ない
●自分でSIMカードやネットワークの設定をする必要がある
●キャリアメールが使えなくなる

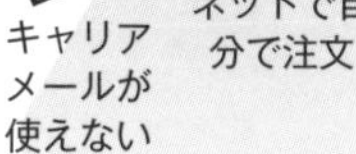

LINEMO

LINEが提供している格安SIMサービス。ウェブから契約して送付されるSIMカードを端末に挿入する必要があります。

楽天モバイル

楽天が提供している格安SIMサービス。楽天カードで月々の支払いをすると楽天ポイントが2倍貯まります。価格はデータ使用量により変動します。

UQモバイル

格安SIMながら全国にあるUQモバイル取扱販売店「UQスポット」や家電量販店で店舗スタッフがサポートしてくれます。

mineo

全国200店以上、オペレーターのサポートは多く、SIMロック解除手続き不要で始められる格安SIM。

※　このページの図は、価格の構造をわかりやすく単純化したもので、現在では、大手キャリアも格安SIMに近い価格のプランが存在しています。また、楽天モバイルやY!モバイルなどはキャリアと変わらない状態です。

スマホを紛失したときに備えるべきこと

スマホをどこかに置き忘れたり、落としたりなどして紛失してしまうトラブルはよくあります。iPhoneにもAndroidにもこうした紛失トラブルに対するセキュリティ機能が搭載されています。ただし、事前に機能を有効にしておかないと、いざというときに利用できないので、次の設定を覚えておきましょう。

iPhoneでは**「iPhoneを探す」**機能を有効にしておきましょう。位置情報サービスを利用して自分のiPhoneがどこにあるか探すことができ、個人情報を盗まれないよう端末内の情報をリセットしたり警告音を鳴らすことができます。Androidにも「iPhoneを探す」と同様の**「デバイスを探す」**機能が備わっています。

iPhone

1 「iPhoneを探す」を有効にする

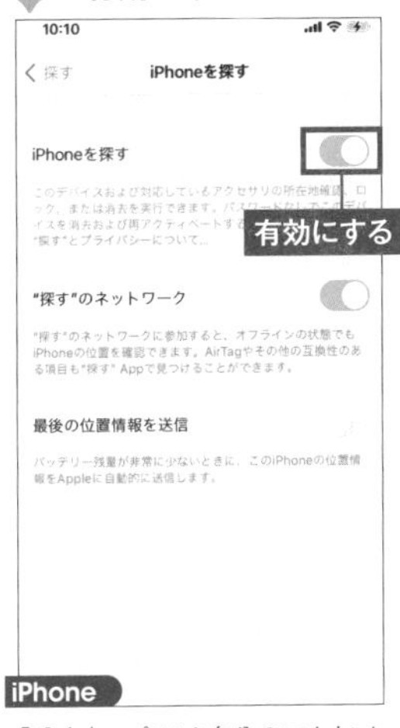

「設定」アプリから自分のアカウント名をタップし、「探す」→「iPhoneを探す」と進み「iPhoneを探す」を有効にします。

2 位置情報サービスを有効にする

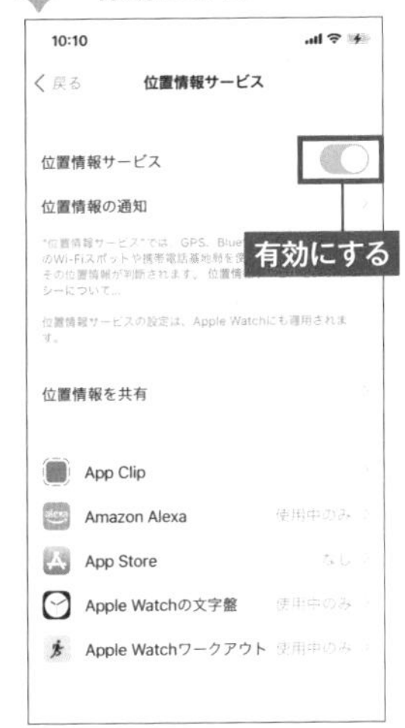

「設定」アプリの「プライバシー」画面を開き「位置情報サービス」を有効にします。

3 iCloud.comにアクセスする

パソコンやスマホのブラウザでiCloud(https://www.icloud.com/)にアクセスしてログインして「iPhoneを探す」をクリックします。

4 iPhoneの位置を特定する

「すべてのデバイス」から「iPhone」を選択すればiPhoneがどこにあるかわかります。

Android

1 「デバイスを探す」を有効にする

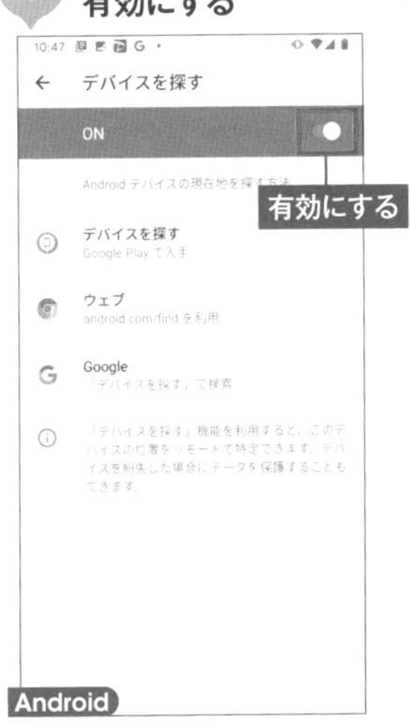

「設定」アプリから「セキュリティ」→「デバイスを探す」と進み、機能を有効にします。

2 位置情報を有効にする

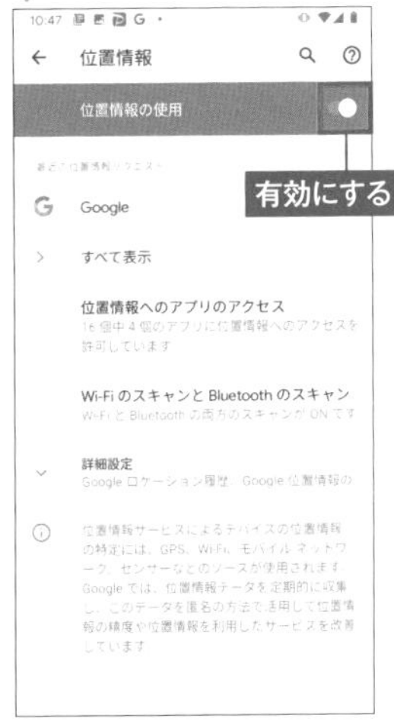

「設定」アプリから「位置情報」を開き「位置情報の使用」を有効にします。

3 ブラウザでGoogleアカウントにログインする

パソコンやスマホのブラウザでGoogleアカウントにログインして「スマートフォンを探す」のページに移動して対象のスマートフォンを選択します。

4 位置情報が表示される

Googleマップが起動してスマートフォンの位置情報を教えてくれます。

スマホを水没させてしまった!

スマホを水没させてしまったら、まず電源を切りましょう。そのままだとショートする可能性があります。次にタオルで水分を拭き取り、端末内にあるSIMカードを外して保管します。その後、端末を乾かしましょう。乾かす際にドライヤーなどを使うと壊れる恐れがあるので使わないでください。

水没後にしてはいけないこと

- **電源を入れたままにする**
- **充電する**
- **ドライヤーで乾かす**

端末内にあるSIMカードを取り外しましょう。端末側面にある穴にピンを差し込めば取り外せます。

充電ができなくなった

ケーブルを挿してもバッテリーマークが表示されず充電がうまくいかない場合は、充電ケーブルが故障している可能性があります。ほかのケーブルに取り替えてみましょう。ケーブルを変えても充電できない場合はスマホ自体に問題があるので対応している店舗に持っていきましょう。

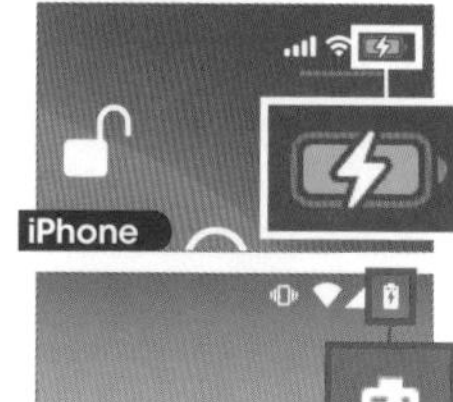

充電ができているときは稲妻マークが付きます。

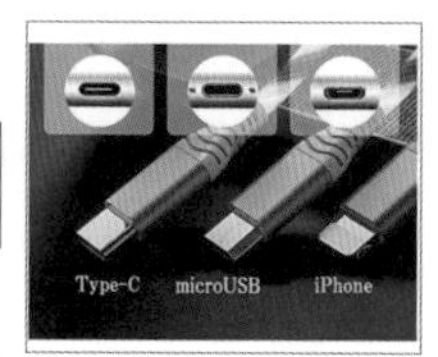

スマホの充電ケーブルは、家電量販店や携帯電話の店舗までいかなくてもコンビニや100円ショップでも購入できますが、ケーブルの形状の違いに注意しましょう。

バッテリーの減りが早くなった

スマホを使用しているといつもよりバッテリーの減りが早く感じるときがあります。特に外出時はバッテリーの減りが早く、帰宅前にバッテリーが尽きてしまうこともあるでしょう。バッテリーを節約するには次の設定を知っておきましょう。

1つは移動中はできるだけ**Wi-FiやBluetoothをオフ**にしましょう。特にWi-Fiを有効にしていると常に周囲のアクセスポイントを検索して繋ごうとするためバッテリー消耗の原因になります。

また**「省電力モード」**を有効にしましょう。アプリの通知を制限したり、背後で動いているアプリの動作を制限したりして、通常よりバッテリーを長く持たせてくれます。

省電力モードにする

「設定」アプリから「バッテリー」を開き、「低電力モード」を有効にしましょう。

POINT バッテリーの劣化を軽減する状態に設定を変更する

「バッテリー」の「バッテリーの状態」画面にある「バッテリー充電の最適化」を有効にすると、端末が日ごろどのように充電されているかを学習して、バッテリーの劣化を軽減するよう充電を自動調整してくれます。

1 バッテリーセーバー画面を開く

「設定」アプリから「電池」を開き「バッテリーセーバー」をタップします。

2 バッテリーセーバーを有効にする

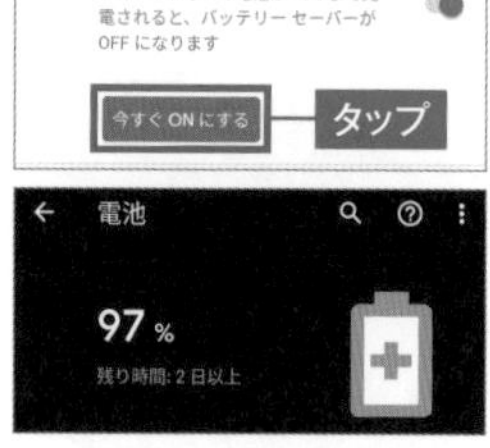

「今すぐONにする」をタップすると画面全体が真っ黒になりバッテリーセーバーが有効になっている状態になります。

バッテリーの残量を表示させる

スマホのステータスバーに表示されているバッテリーアイコンを見れば、残りのバッテリーがわかりますが、より具体的に把握したいなら**「%」表示**に変更しましょう。iPhoneでは「8」以前の機種だと「設定」アプリの「バッテリー」で「バッテリー残量」を有効にすると表示できます。「X」以降のiPhoneではコントロールセンターで表示させることができます。

Androidの場合は「設定」アプリの「電池」で電池残量の表示を有効にしましょう。画面右上に「%」で表示されるようになります。

1 iPhone 8以前の設定

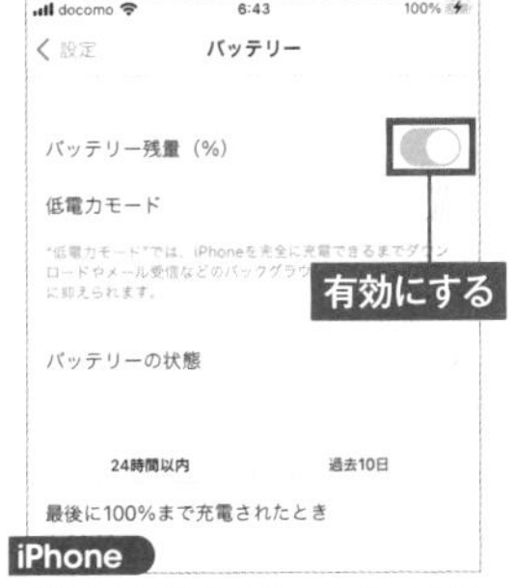

「設定」アプリから「バッテリー」を開き「バッテリー残量(%)」を有効にすると、バッテリーアイコン横にパーセント表示されるようになります。

2 iPhone X以降の設定

iPhone X以降ではコントロールセンターを表示するとバッテリーがパーセント表示されます。

1 バッテリー表示を有効にする

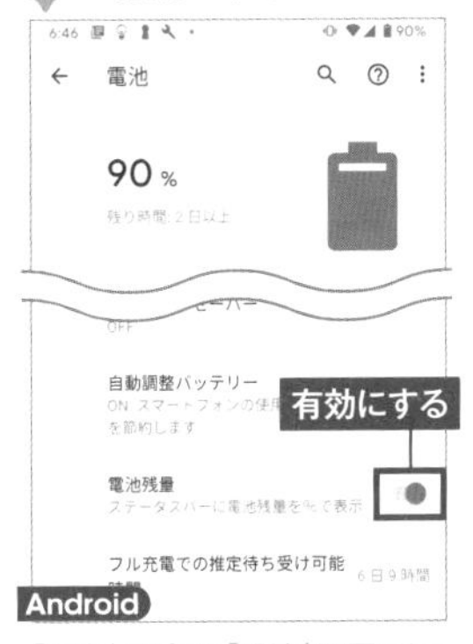

「設定」アプリの「電池」画面にある「電池残量」を有効にしましょう。

2 バッテリーが表示される

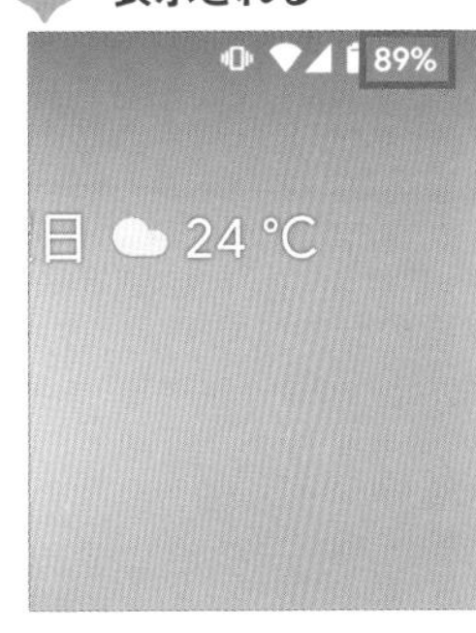

画面右上にバッテリー残量がパーセント表示されるようになります。

「容量不足」の警告が出た場合は!?

アプリに保存している写真や動画などのデータが増えてくるとスマホに「容量不足」の警告表示が出ます。そのままにしておくと新しいデータが保存できない上、端末動作も不安定になります。**余計なデータは削除**していきましょう。

iPhoneでは「設定」アプリで「一般」→「iPhoneストレージ」を開きストレージを圧迫しているアプリを確認し、問題ないなら削除しましょう。Androidでは「設定」アプリからストレージの容量を確認して、圧迫しているデータを調べ、不要なアプリは削除していきましょう。

1 「iPhoneストレージ」を開く

「設定」アプリで「一般」→「iPhoneストレージ」と進み不要なデータを削除しましょう。

2 アプリを削除する

アプリを削除したい場合は、対象のアプリをタップして「Appを削除」をタップしましょう。

1 ストレージ画面を開く

「設定」アプリで「ストレージ」をタップしてストレージの使用状況を確認します。「ストレージを管理」をタップします。

2 削除する

「削除」をタップすると端末内の不要なデータを削除して空き容量を増やしてくれます。

7 ▶▶ トラブルシューティング

パスワードを忘れたときの対処方法

iPhoneユーザーはApple IDを使ってアプリを購入したり、iCloudにログインしますが、その際に設定したパスワードを忘れてしまうこともあるでしょう。パスワードを忘れたときは**パスワードを一度リセットして、再設定**しましょう。「設定」アプリのマイアカウントのページから再設定できます。Apple ID自体にサインインできない場合は、登録しておいた電話番号を入力するとパスワードを再設定できます。

Androidユーザーは Google アカウントを使って各種サービスにログインします。このパスワードを忘れてしまった場合は、ブラウザでGoogleアカウントを起動して「パスワードを忘れた場合」をタップして画面に従ってパスワードを再設定しましょう。

iPhone

1 サインインしている状態でパスワードを忘れた場合

「設定」アプリから自分のアカウント名をタップして「パスワードとセキュリティ」をタップします。

2 パスワードを再設定する

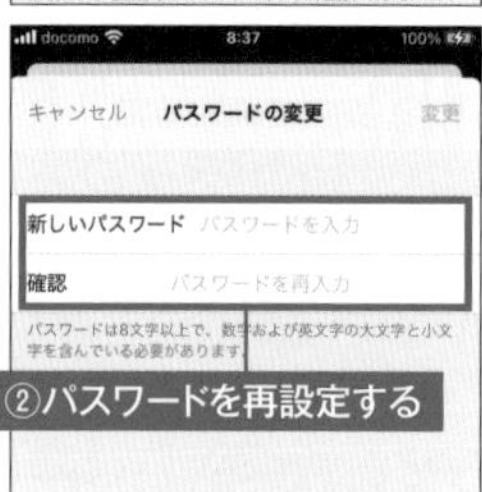

「パスワードの変更」をタップして新しいパスワードを入力しましょう。

3 サインアウトの状態でパスワードを忘れた場合

サインアウトの状態の場合は「Apple IDをお持ちでないか忘れた場合」をタップし、「Apple IDを忘れた場合」をタップします。

4 Apple IDと電話番号を入力

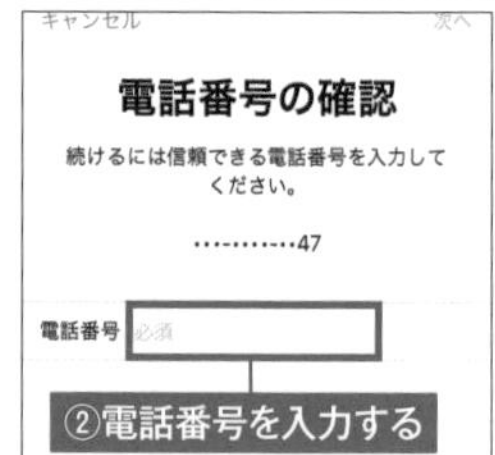

Apple IDを入力したあと登録しておいた電話番号を入力するとパスワード再設定画面に移動します。

Android

1 パスワードを忘れた場合

Googleアカウントのパスワード入力画面で「パスワードをお忘れの場合」をタップします。

2 ほかのデバイスに本人確認メールが送られる

Googleに登録しているほかの自分の端末に本人確認メールが送信されます。もし、ほかに登録端末がない場合は「別の方法を試す」をタップします。

3 確認コードを送信する

「別の方法を試す」を選択すると予備登録しているメールアドレスに確認コードが送信されるのでコードを入力します。

4 パスワードを再設定する

続いてパスワードを再設定しましょう。以前使用していたパスワードは利用できません。

スマホを初期化して動作を改善させよう

スマホから余計なアプリを削除したり、再起動を繰り返しても動作が改善しない場合は初期化してみるのもいいでしょう。初期化することで買ったときと同じ状態に戻すことができます。

初期化する際は大きく2つのメニューがあります。1つは**ネットワークやアプリの設定だけをリセット**する方法で、これらは実行してもインストールされているアプリや写真などのファイル、個人情報は削除されません。

もう1つは**工場出荷時に戻す**方法で、実行するとこれまで保存していたファイルや個人情報もすべて削除され、買ったときの状態に戻ります。

ただし、工場出荷状態に戻す前にデータをクラウドにバックアップしておくことで大切な写真やアプリ内のデータを復元することができます。

1 リセット画面を開く

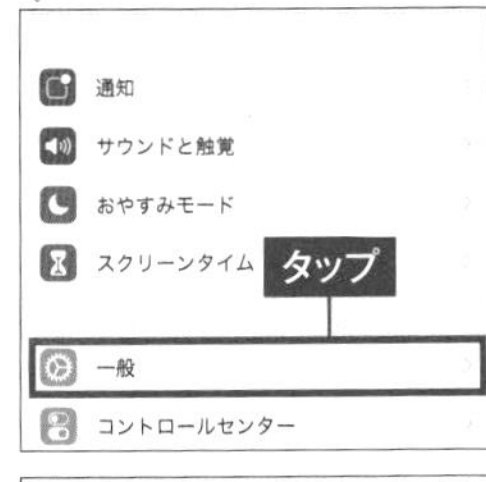

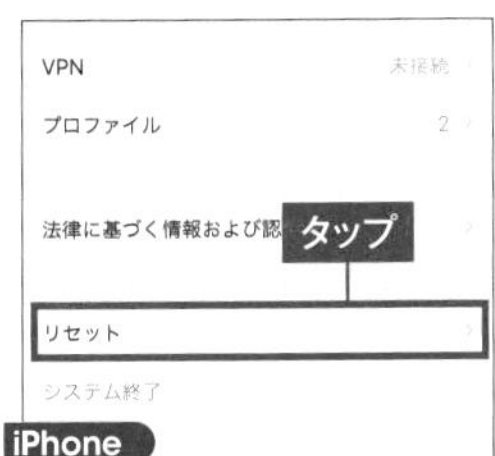

iPhone

「設定」アプリから「一般」をタップして下にスクロールして「リセット」をタップします。

2 消去方法を選択する

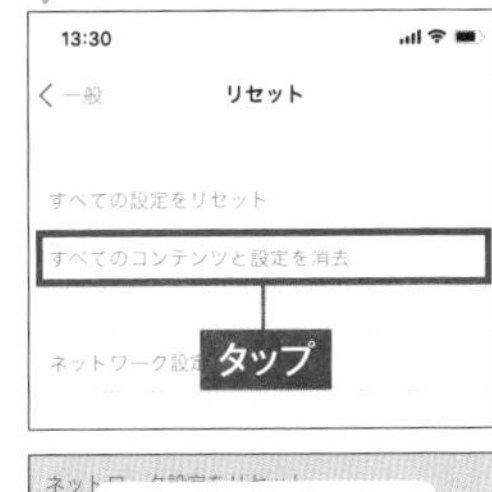

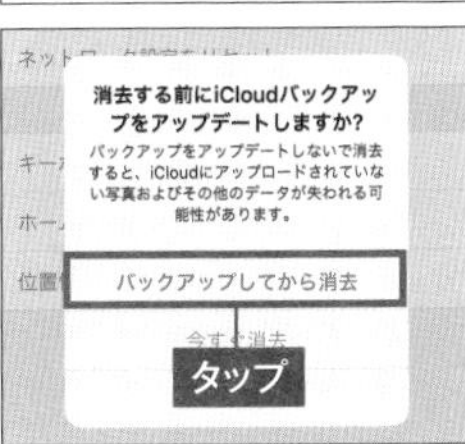

工場出荷状態に戻す場合は「すべてのコンテンツと設定を消去」を選択して、「バックアップしてから消去」を選択します。

3 データをバックアップする

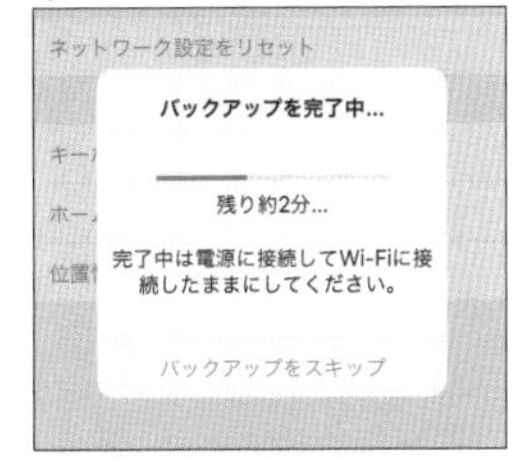

iCloudにデータがバックアップされたら、「iPhoneを消去」をタップしましょう。

4 データを復元する

初期化後、初期設定画面でバックアップしたデータを復元できます。復元を忘れた場合は「設定」アプリからApple IDにログインしましょう。

1 システム画面を開く

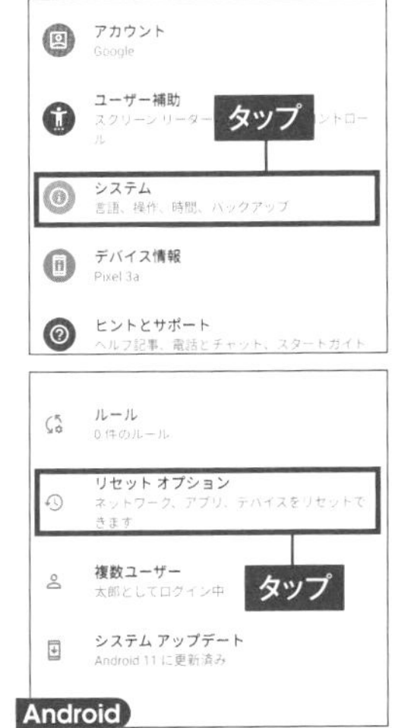

Android

「設定」アプリから「システム」を開き、「リセットオプション」をタップします。

POINT

バックアップをとっておく

データを消去する前にバックアップをとるには「システム」画面にある「バックアップ」を開き、「今すぐバックアップ」をタップしましょう。Googleアカウントにデータ内容をバックアップできます。

2 データを消去する

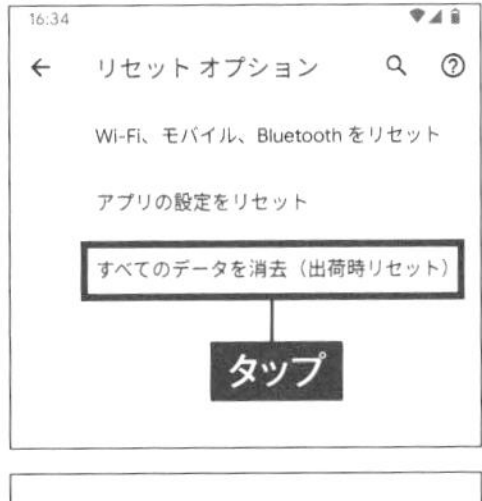

リセットオプションで「すべてのデータを消去」をタップして「すべてのデータを消去」をタップしましょう。

3 バックアップを復元する

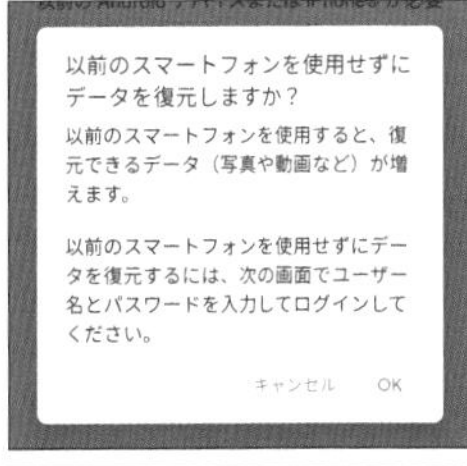

初期化したあと、初期設定画面でデータ復元を選択してGoogleアカウントを入力しましょう。データを復元できます。

4:13
日
13
FaceTime
カレンダー
写真
カメラ
4
メール
時計
280
マップ
メモ
App Store
ヘルスケア
Wallet
設定

T GUIDE FOR

本書をお読みいただき、ありがとうございます。

どこにでも持ち運びでき、調べ物からスケジュール管理、さらには仕事までできてしまう、スマホは本当に便利です。

本書を読んでいただき、ある程度スマホを使えるようになったら、あとは自分好みのアプリをどんどんインストールして、深く楽しんでください。App StoreやPlay ストアには、驚くほどたくさんのアプリがあります。

例えば、電子書籍アプリを使えば、スマホで読書ができます。バーコード決済のアプリを多数インストールして使い分けることで、さまざまなお支払いがお得になります。またスポーツやホビー、エンタメ系……などの趣味の世界には、「こんなアプリがあるんだ!?」と驚くような機能をもったアプリがたくさん存在しています。

それらアプリのインストールの際は、同じような種類のアプリの中でもできるだけ人気が高く、評判の高いものを選んだ方がいいでしょう。

また、スマホの便利さを享受しつつも、依存しすぎないように注意もしてください。四六時中スマホを触っていると視力にも影響しますし、ブルーライトも身体によくありませんので、寝る時間のある程度前までにはスマホを使うのを終了することをお勧めします。

ARTPHONE!!

初めてでもOK!

超初心者のためのスマホ完全ガイド

2021年8月31日発行

執筆
河本亮

カバー・本文デザイン
ゴロー2000歳

イラスト
浦崎安臣

DTP
西村光賢

編集人　内山利栄
発行人　佐藤孔建
印刷所:株式会社シナノ
発行・発売所:スタンダーズ株式会社
〒160-0008　東京都新宿区四谷三栄町12-4
竹田ビル3F
営業部(TEL)03-6380-6132
(書店様向け)注文FAX番号
03-6380-6136

https://www.standards.co.jp

●本書に関するお問い合わせに関しましては、お電話によるお問い合わせには一切お答えしておりませんのであらかじめご了承ください。メールにて(info@standards.co.jp)までご質問内容をお送りください。順次、折り返し返信させていただきます。質問の際に、「ご質問者さまのご本名とご連絡先」「購入した本のタイトル」「質問の該当ページ」「質問の内容(詳しく)」などを含めてできるだけ詳しく書いてお送りいただきますようお願いいたします。なお、編集部ではご質問いただいた順にお答えしているため、ご回答に1～2週間以上かかる場合がありますのでご了承のほどお願いいたします。